21世纪高职高专规划教材 · 公共课系列

创新思维训练

主　编　孔婷婷
副主编　刘培培　卢　猛

The Practice of Innovative Thinking

中国人民大学出版社
· 北京 ·

序

习近平总书记强调："创新是社会进步的灵魂，创业是推动经济社会发展、改善民生的重要途径。青年学生富有想象力和创造力，是创新创业的有生力量。"

当前，我国高度重视创新型国家建设和创新创业型人才培养。2015 年政府工作报告中提出"大众创业、万众创新"的号召，随后国务院办公厅颁布了《关于深化高等学校创新创业教育改革的实施意见》，明确了未来高校创新创业教育改革发展的方向。高职院校作为高等教育的重要组成部分，担负着为各行业输送高素质应用型、技能型人才的重要使命。结合新时代主题，高职院校必须将创新创业理念融入职业生涯规划的教育中，融入人才培养的全过程中，重视培养大学生的创新精神、创业意识和创造能力，引导大学生科学规划职业生涯，提高大学生的核心竞争力。

自 2008 年江苏省教育厅遴选建设 13 所首批大学生创业教育示范校以来，全省进入创新创业教育的蓬勃发展阶段。苏州农业职业技术学院是江苏省首批创业教育示范校、苏州市首家创业就业指导站，先后获江苏省教育厅认定的省大学生创业示范基地、省大学生创新创业示范基地等称号，是江苏省人社厅认定的省大学生创业园、苏州市人社局认定的市大学生创业园、苏州市大学生校园创业孵化基地。2019 年 1 月，苏州农业职业技术学院与苏州市地方政府联手打造全市首家校地合作姑苏创新创业学院，共同推进"师资、课程、教材、赛训"四个维度的建设和发展。《职业生涯规划与就业指导》《通用职业能力训练》《创新思维训练》三本系列教材在此背景下应运而生，分别对应高职院校职业生涯规划及创新创业教育相关课程，以此打造全员化开展职业规划教育促就业能力提升、普及化实施双创教育教学促创新意识养成、精英化开展双创实践教育促创业实战、专创融合促“一院一品”产创的创新创业教育“四促”课程体系。

专业教育是创新创业教育的基础，创新创业教育是专业教育的有力补充，两者密不可分。职业生涯规划教育可以引导大学生根据自身专业背景，结合能力、特长、兴趣爱好、未来职业预期，以及社会需求、家庭期望等主客观因素，选择和规划自身的就业领域、就业方向、职业目标，并有针对性地学习知识、提升能力，依照职业规划来实现人生目标。只有将专业教育、创新创业教育和职业生涯规划教育有机融合，才能切实有效地推动高职院校人才培养的高质量发展。

中华民族历来是勤劳勇敢、富有创新精神的民族。加强创新创业教育，有助于推进职业教育综合改革；提高人才培养质量，有助于把面向市场需求和弘扬人文精神结合起来；善聚善用各类人才，有助于为人类文明进步做出应有贡献。我们身处最好的时代，冲锋的号角已经吹响，祝愿广大大学生在“大众创业、万众创新”的热潮中，带着对人生的期待和壮志、青春的赤诚和热血、梦想的纯真和执着，砥砺前行，不忘初心，筑梦扬帆，不负韶华！

苏州农业职业技术学院党委书记、教授

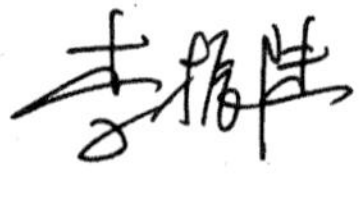

前 言

本书秉持以学生为中心的教育理念，立足于学生基础创新能力的培养，从创新思维理论与方法的本源出发，以创新思维案例为引导，采取任务式学习的模式，将课程总体框架分为相互联系的三个模块：(1) 创新思维概述，主要介绍创新思维的概念和分类，以及创新思维的产生过程；(2) 创新思维训练方法，着重介绍智力激励创新思维训练方法、设问创新思维训练方法、组合创新思维训练方法、逆向创新思维训练方法和联想类比创新思维训练方法；(3) 创新思维的应用，旨在引导学生将理论学习与社会实践紧密结合。本书在编写过程中，凝聚了编写团队在教学实践中的经验和思考，引入了大量通俗易懂的鲜活案例，力求最大限度地激发学生的潜在创新思维和创新能力。

本书由孔婷婷担任主编，刘培培和卢猛担任副主编。参加编写的人员及分工如下：模块一中的任务一由刘培培编写，任务二由卢猛编写；模块二中的任务一由杨振编写，任务二由朱冰清编写，任务三由谢君娜编写，任务四由徐海霞编写，任务五由万婷婷编写；模块三由董荣鑫编写。孔婷婷负责整体策划和统稿。

本书在编写过程中参考了大量专家、学者的著作和研究资料，除参考文献中列举的以外，还参考了很多报刊及网络资源中的精彩案例，在此一并表示感谢！由于编者水平有限，书中难免有疏漏之处，敬请各位读者不吝赐教。

编者

2020 年 9 月

目　录

模块一　创新思维概述 …… 1

任务一　认识创新思维 …… 1

任务二　创新思维的产生 …… 12

模块二　创新思维训练方法 …… 28

任务一　智力激励创新思维训练方法 …… 28

任务二　设问创新思维训练方法 …… 50

任务三　组合创新思维训练方法 …… 76

任务四　逆向创新思维训练方法 …… 107

任务五　联想类比创新思维训练方法 …… 131

模块三　创新思维的应用 …… 156

参考文献 …… 190

模块一 创新思维概述

任务一 认识创新思维

知识目标

1. 理解创新、创新能力和创新思维的概念。
2. 理解创新能力与创新思维的关系。
3. 理解创新思维与一般思维的区别。

能力目标

1. 掌握创新思维的特点与分类。
2. 树立想创业必须学会思维创新的理念。

案例导入

"米老鼠"的诞生

美国的华特·迪士尼（Walt Disney）曾一度从事美术设计工作，后来他失业了。本来他和妻子住在一间老鼠横行的公寓里。失业后，因付不起房租，夫妻俩被迫搬出了公寓，不知该去哪里。一天，二人呆坐在公园的长椅上，正当他们一筹莫展时，一只小老鼠突然从迪士尼的行李包中钻出来。望着老鼠机灵滑稽的面孔，夫妻俩感到非常有趣，心情一下子就变得愉悦起来，忘记了烦恼和苦闷。这时，迪士尼头脑中突然闪过一个念头，对妻子惊喜地大声说道："好了！我想到了一个好主意！世界上有很多像我们一样穷困潦倒的人，他们肯定也都很苦闷。我要把小老鼠可爱的面孔画成漫画，让千千万万的人从小老鼠的形象中得到安慰。"风行世界的"米老鼠"就这样诞生了。

在失业前，迪士尼一直住在公寓里，每天从早到晚都同老鼠生活在一起，并没有产生这样的设想，却在穷途末路、面临绝境的时候出现了这样的灵感，原因何在？其实，"米老鼠"就是触发了灵感后的产物。迪士尼说："米老鼠带给我的最大礼物，并非金钱和名誉，而是告诉我，倒霉到极点时，正是捕捉灵感的绝好机会。"

资料来源：根据互联网公开信息改编。

一、认识创新

（一）创新的概念

“创新”一词从字面意思来看就是创造新的事物，其含义为提出有别于常规或常人思路的见解，能够利用现有的知识和物质，在特定的环境中，本着理想化的需要或为满足社会需求而改进或创造新的事物、方法、元素、路径、环境，并能获得一定有益效果的行为。

习近平总书记曾说：“国际经济竞争甚至综合国力竞争，说到底就是创新能力的竞争。谁能在创新上下先手棋，谁就能掌握主动。我们要大力实施创新驱动发展战略，加快完善创新机制，全方位推进科技创新、企业创新、产品创新、市场创新、品牌创新，加快科技成果向现实生产力转化，推动科技和经济紧密结合。”可以说，创新就是引领发展的第一动力。

苹果公司创始人史蒂夫·乔布斯（Steve Jobs）指出，创新就是把各种事物整合到一起。有创意的人总能看出各种事物之间的联系，再整合形成新的东西，这就是创新。

华为的发展史是一部融合了华为创新的理念与逻辑、光荣与梦想、经验与教训、故事与传奇的“炼狱史”。在华为的创新体系中，任正非的企业家精神是华为创新的思想之魂，“以客户为中心”的核心价值观是华为创新的动力之源，全体奋斗者是华为创新的成功之本。

俞敏洪对于创新的解释是，必须有从 0 到 1 的本领，然后从 1 到 N，这是一个增量积累的问题。俞敏洪拿自己举例，他说当年从北大出来创办新东方，就是从 0 到 1 的突破。新东方的不断发展——从最早只有 13 个学生的一个小教室，发展到在美国上市，现在依然是国内规模最大的综合性教育集团——是从 1 到 N 的过程。

掌管美国好乐公司 30 亿美元资产的副总裁艾丽莎·巴伦，20 岁时曾当过一家糖果店的店员。来店的顾客特别喜欢找她买东西，总是等着她给自己售货。有人好奇地问艾丽莎：“为什么顾客都喜欢找你，而不找其他服务员？是你给得特别多吗？”艾丽莎摇摇头说：“我绝对没有多给他们，只是别的服务员称糖果时，起初都拿得太多，然后一点点地从磅秤上往下拿，而我是先拿得不够，然后一点点地往上加，顾客自然喜欢我了。”

大量的事实证明，无论是企业精英，还是专家学者，或是普通职业人，对于什么是创新、怎么样去创新都会从自己所从事的工作角度给出不同的解释和方法。可以看出，无论是治理国家还是创办企业，都必须创新，而创新必须突出一个“新”字，要创造出新的东西，可以是新的产品，也可以是新的服务，可以是一种新的商业模式，也可以是一种新的应用。总之，创新者能创造出当前环境下没有的事物，当然这种新的事物并不一定多么惊天动地。

因此，创新就是在现有环境下，利用已有的知识、资源、技术，打破常规，重新整合出新的事物，从而改进现有事物的不足，或产生新的社会效益和经济效益的行为。

（二）创新的分类

1. 理论创新

理论创新是指人们在社会实践活动中，对出现的新情况、新问题作新的理性分析和理性解答，对认识对象或实践对象的本质、规律和发展变化的趋势作新的揭示和预见，对人类历史经验和现实经验作新的理性升华。简单地说，就是对原有理论体系或框架的新突破，对原有理论和方法的新修正、新发展，以及对理论禁区和未知领域的新探索。

2. 知识创新

知识创新是指通过科学研究，包括基础研究和应用研究，获得新的基础科学和技术科学知识的过程。知识创新的目的是追求新发现、探索新规律、创立新学说、创造新方法、积累新知识。知识创新是技术创新的基础，是新技术和新发明的源泉，是促进科技进步和经济增长的革命性力量。知识创新为人类认识世界、改造世界提供新理论和新方法，为人类文明进步和社会发展提供不竭动力。

3. 科技创新

科技创新是指创造和应用新知识、新技术、新工艺，采用新的生产方式和经营管理模式，开发新产品、提高产品质量、提供新服务的过程。

马克思曾斩钉截铁地说，随着工业的发展，现实财富的创造较少地取决于劳动时间和已消耗的劳动量，而是取决于一般的科技水平和技术进步，或者说取决于科学在生产上的应用。随着大数据、“互联网＋”的广泛运用，科技创新不断地改变我们的生活，同时涌现了大批以科技创新为主体的90后、00后创业者们。

信息技术、人工智能、绿色能源、太空探索、海洋科学等方面的不断发展，为前沿技术、颠覆性技术提供了更多创新源泉，学科之间、科学和技术之间、技术之间、自然科学和人文社会科学之间日益呈现交叉融合趋势，科学技术从来没有像今天这样深刻影响着国家的前途命运，从来没有像今天这样深刻影响着人民的生活。

4. 管理创新

管理创新是指组织形成创造性思想并将其转换为有用的产品、服务或作业方法的过程，即富有创造力的组织能够不断地将创造性思想转变为某种有用的结果。当管理者说到要将组织变革得更富有创造性的时候，他们通常指的就是要激发创新。管理创新意味着组织把新的管理要素（如新的管理方法、新的管理手段、新的管理模式等）或要素组合引入管理系统以更有效地实现组织目标。

5. 制度创新

制度创新是指在人们现有的生产和生活环境条件下，通过创设新的、更能有效激励人们行为的制度、规范体系来实现社会的持续发展和变革的创新。企业中的制度创新则是指企业作为制度主体通过创造新的制度安排获得更多利益的活动。

6. 文化创新

文化是包括知识、理想、信仰、审美、价值、道德、思想、风气、态度等在内的一种复杂的、较稳定的精神整体，是人的生命活动和行为方式、思维方式、生活方式、价值尺度及能力的总和。文化创新一般是指文化内容、形式、体制、机制以及传播手段的创新。

然而，任何形式的创新都需要一个良好的社会环境，需要克服人自身的思维惰性。很多时候，人缺乏的不是“小目标”——成功的能力，而是实实在在的努力——克服自己的惰性。克服惰性确实是个让人觉得痛苦的过程，但是一旦克服了惰性，无论是在思维还是在行动上，你会发现一个新世界、一个新自己。

二、创新能力

创新能力是民族进步的灵魂、经济竞争的核心。当今社会的竞争，与其说是人才的竞争，不如说是人的创造力的竞争。在科技飞速发展的今天，创新意识和创新能力越来越成为一个国家国际竞争力和国际地位的最重要的决定因素。

（一）创新能力的概念

创新能力是运用知识和理论，在科学、艺术、技术和各种实践活动领域不断提供具有经济价值、社会价值、生态价值的新思想、新理论、新方法和新发明的能力。

原国家劳动和社会保障部（现人力资源和社会保障部）职业技能鉴定中心编制的《职业核心能力培训评测标准（试行）》中把创新能力定义为：从所有职业活动的工作能力中抽象出来、具有普遍适应性和可迁移的一种核心能力，它是在工作活动中，为改变事物现状，以创新思维和技法为主要手段，提出改进或革新的方案，以推动事物不断发展的能力，它是从事各种职业必备的一种社会和方法能力。

（二）创新能力的分类

创新能力是由多种能力构成的一种综合能力，包括学习能力、分析能力、想象能力、批判能力、创造能力、解决问题的能力、实践能力、组织协调能力，以及整合多种能力的能力。

1. 学习能力

学习能力是指观察和参与新的体验，把新知识融入已有的知识，并以快捷、简便、有效的方式获取准确知识、信息，从而改变已有知识结构的能力。我们平时所说的一般学习能力是指在多种基本活动中表现出来的能力，如观察力、记忆力、抽象概括能力、注意力、理解力等。

2. 分析能力

分析能力是指把一件事情、一种现象、一个概念分成较简单的组成部分，找出这些部分的本质属性和彼此之间的关系，并单独进行剖析、分辨、观察和研究的一种能力。

3. 想象能力

想象能力是指人在已有形象的基础上，在头脑中创造出新形象的能力。例如：当提到汽车，我们马上就想象出各种各样的汽车形象来。因此，想象一般是在掌握一定知识的基础上完成的。

4. 批判能力

批判能力又称批判性思维能力，是指能抓住要领、质疑辨析、严格推断，清晰敏捷的日常思维能力。批判能力在美国特别受到推崇，是美国公认的优秀人才的标准之一。无论是在美国的著名学府还是在顶级企业，批判能力都是选才、用才的重要标准。

5. 创造能力

创造能力是指运用已有的知识和经验，在创造性想象、创造性劳动、创造性胆识的共同作用下产生新的、具有社会价值的产物的能力。

6. 解决问题的能力

解决问题的能力是一种高素质、高层次的能力，就是一种面对问题的习惯和处理问题的能力。这种能力体现在：一个人在遇到问题时，能自主地、主动地谋求解决方法，能有规划、有方法、有步骤地处理问题，并能适宜地、合理地、有效地解决问题。

7. 实践能力

实践能力是指保证个体顺利运用已有知识、技能去解决实际问题所必须具备的那些生理和心理特征。教育学中一般把实践能力定义为个体解决实际问题的能力，包括语言实践能力、音乐实践能力、数理逻辑实践能力、空间实践能力、人际交往实践能力和自然实践能力。

8. 组织协调能力

组织协调能力是指根据工作任务，对资源进行分配，同时控制、激励和协调群体活动过程，使之相互融合，从而实现组织目标的能力。组织协调能力主要包括组织能力、授权能力、冲突处理能力、激励和协调团体成员活动的能力。

（三）创新能力与创新思维

创新能力是人们从事创新活动所需的各种能力的总称，是一种综合素质，包括创新思维、创新技法、创新实践及创造性解决创新过程中的新问题，从而取得良好的创新成果等。

创新能力具有普遍性和可开发性。研究表明，人的创新能力与先天的智力发育关系并不大。相反，创新能力与许多非智力因素关系密切，包括创新意识、创新精神、创新勇气、创新信念、创新思维、创新技法等。因此，并不是智力高、专业技能强的人就具有较强的创新能力，而是人人都可以具有创新能力。同时，创新能力的提高，并不仅仅是对知识的获取，更重要的是对非智力因素的培养。

一个完整的创新过程会经历发现问题、产生解决问题的构想、将构想付诸实践三个过程。其中，产生解决问题的构想是创新的关键，也是最困难的部分，而构想就来源于创新思维。

创新思维是一切产生崭新内容的思维形式的总和，是人的创新活动的灵魂和核心。因此，可以通过对创新思维的培养，提高创新思维能力，从而达到提高创新能力的目的。

三、创新思维

（一）创新思维的概念

创新思维是指以新颖独创的方法解决问题的思维过程，通过这种思维，能突破思维的界限，以超常规甚至反常规的方法、视角去思考问题，提出与众不同的解决方案，从而产生新颖的、独到的、有社会意义的思维成果。创新思维是人们在发现、发明、创造、创新活动中的一种工具，是一种创造性思维，是创新过程中心理活动的最高形式。

创新思维是以唯物辩证法为指导，以全面而深厚的理论和实践经验为基础，以现实的需要为导向的思维方式。创新思维又称为“独创思维”或“反常思维”，旨在摆脱固有思维（常规思维）的束缚，即非传统的、独特的思维。简言之，就是想一般人没有想到的事，办过去没有办到的事。如邓小平同志提出的“一国两制”、社会主义市场经济等，都是创新思维的伟大成果，是创新的典范。

创新思维是可以培养的。因为人人都是可造之才，所以无论智商怎么样，每个人都具备创新思维的潜力，只要通过科学合理的训练，每个人都可以在创新思维方面得到一定程度的锻炼，从而提高自身的创新能力。创新并不是一种天赋，而是一种可以学习的技巧，我们将在下面的模块中详细介绍如何训练创新思维。

创新、创新能力、创新思维，这三个概念是密切相关的，只有具备创新能力和创新思维的人，才有可能实现创新；没有创新能力，创新是艰难的；没有创新思维，创新更是难上加难。所以，要想实现创新，就必须具备创新能力和创新思维。

大学生所处的年龄阶段，正是思维表达的新颖性、流畅性，思维结构的广阔性、灵活性，思维进程的突发性、跨越性，思维方向的多向性、求异性的最佳阶段。同时，大学生的生理因素、心理因素决定了其正处于最佳创新年龄的开始阶段，对创新活动和创新成果充满渴望。因此，在这一时期开展一些有关创新思维的训练和课程的学习，对拓展大学生的创新能力大有益处。

（二）创新思维与一般思维的区别

创新思维可以更多面、更多变地看待同一事物、产生不同的想法，比一般思维更有前沿性、更有创造力。创新思维相对于一般思维的不同之处在于：

1. 思维形式的反常性

这经常体现为思维发展的突变性、跨越性或逻辑的中断性，这是因为创新思维主要不是依靠对现有概念、知识的循环渐进的逻辑推理，而是依靠灵感、直觉或顿悟等非逻辑思维形式。

2. 思维过程的辩证性

这主要是指创新思维既包括抽象思维，又包括非逻辑思维；既包括发散思维，又包括收敛思维；既包括求同思维，又包括求异思维等。由此形成创新思维的矛盾运动，从而推动创新思维的发展。创新思维实际上是各种思维形式的综合体。

3. 思维空间的开放性

这主要是指创新思维需要从多角度、全方位、宽领域地考察问题，不再局限于逻辑的、单一的、线性的思维，而是形成开放式思维。

4. 思维成果的独创性

这是创新思维的直接体现或标志，常常具体表现为创新成果的新颖性及唯一性。

5. 思维主体的能动性

这表明了创新思维是创新主体的一种有目的的活动，而不是客观世界在人脑内简单、被动的直映，充分显示了人类活动的主动性和能动性。

（三）创新思维的特点与分类

1. 创新思维的特点

创新思维的本质在于将创新意识的感性愿望提升到理性的探索上，实现创新活动由感性认识到理性思考的飞跃，它具有以下基本特征：

（1）联想性。联想是创新者在创新思考时经常使用的方法，也是比较容易见到成效的创新思维方式。通过联想能将表面上互不相干的事物联系起来，从而达成创新。联想性思维有助于人们利用自己已有的经验创新，如我们常说的由此及彼、举一反三、触类旁通；也可以利用别人的发明或创造进行创新。任何事物之间都存在一定的联系，联想的最主要方法是积极寻找事物之间的一一对应关系。

（2）求异性。创新思维在创新活动过程中，尤其在初期阶段具有明显的求异性特征。它要求关注客观事物的不同性与特殊性，关注现象与本质、形式与内容的不一致性。科学研究工作就是设法走到事物的极端来观察它有无特别现象的工作。一般而言，人们对司空见惯的现象和已有的权威结论怀有盲从和迷信的心理，这种心理使人很难有所发现、有所创新。而创新思维则不拘泥于常规，不轻信权威，以怀疑和批判的态度对待一切事物和现象。

创新思维就要求标新立异，把常规的“不可能”变成“可能”。航海家哥伦布发现新大陆后，有些西班牙人不服气。一天，在餐桌上，哥伦布拿起一个鸡蛋问他们：“谁能让鸡蛋保持直立?”他们一一试过，都没能成功。哥伦布拿着鸡蛋，将其在盘子里轻敲了一下，鸡蛋就稳稳地直立在桌子上了。哥伦布说：“只要动脑筋就能办到。”这里的“动脑筋”就是创新。但其他人并不知道，哥伦布在这之前掌握了鸡蛋的构造，只要力度恰到好处，敲破蛋皮之后，蛋清也不会流出来。

（3）发散性。创新思维是一种发散性思维，其过程是从某一原点出发，任意发散，既无一定方向，也无一定范围。它主张打开大门，张开思维之网，冲破一切禁锢，尽力接受更多的信息。人的行动自由可能受到各种条件的限制，而人的思维活动却有无限广阔的天地，是任何外界因素都难以限制的。创新思维能够产生众多的可供选择的方案、办法及建议，能提出一些别出心裁、出乎意料的见解，使一些似乎无法解决的问题迎刃而解。

（4）反向性。创新思维也会有意识地从常规思维的反方向去思考问题，这就是创新思维的反向性。如果把传统观念、常规经验、权威言论当作金科玉律，就会阻碍创新思维活动的展开。面对新的问题或长期解决不了的问题，不要习惯于沿着前辈或自己长久形成的、固有的思路去思考问题，而应从相反的方向去寻找解决问题的办法。欧几里得几何学建立之后，从公元5世纪开始，就有人试图证明作为欧氏几何学基石之一的第五公理，但始终没有成功，人们对它似乎陷入了绝望。1826年，俄罗斯数学家尼古拉斯·罗巴切夫斯基（Nikolas Lobachevsky）运用与过去完全相反的思维方法，公开声明第五公理不可证明，并且采用了与第五公理完全相反的公理。从这个公理和其他公理出发，他终于建立了非欧几何学。非欧几何学的建立解放了人们的思想，扩大了人们的空间观念，使人类对空间的认识产生了一次革命性的飞跃。

（5）综合性。综合性是指创新思维把对事物各个侧面、部分和属性的认识统为一个整体，从而把握事物的本质和规律。综合性不是把对事物各个侧面、部分和属性的认识随意地、主观地拼凑在一起，也不是机械地简单相加，而是按它们内在的、必然的、本质的联系，把整个事物在思维中再现出来。创新思维不可能单凭个人的新发现，不可能是无源之水，而是善于借鉴别人的成果，贵在综合集成和二次开发应用。无论是伽利略还是爱迪生，无论是弗洛伊德还是爱因斯坦，他们的创新思维都有一个共同特点——吸收并综合运用他人的成果。爱因斯坦相对论方程式中，光的本质、质量、速度等范畴的内容早在爱因斯坦之前就已被揭示出来，他只是以广阔的视野、新颖的方式把它们融合起来，成就了划时代的伟大创新。

2. 创新思维的分类

一般而言，创新思维主要有发散思维、收敛思维、联想思维、逆向思维和非逻辑性思维等几种。

（1）发散思维。发散思维是大脑在思考时呈现的一种发散状态的思维模式，是指从一个目标出发，沿着各种不同的途径去思考，探求多种答案的思维方式。这种思维方式不墨守成规，不拘泥于传统的做法，容易引起一连串的创意，具有更多的创造性。

发散思维具有流畅性、变通性、独特性和非逻辑性的特点。流畅性是以思维的量来衡量的，要求思维活动畅通无阻、灵敏迅速，能在短时间内表达较多的概念；变通性是指思维开阔、思维跳跃，能从多个视角探索、解决问题；独特性是指思维的新颖性，能积极地克服思维定式；非逻辑性则是指创新思维通常来源于想象、直觉、灵感等非逻辑性思维活动。

以物品的功能、构成物品的材料和形态、事物产生的原因、事物之间的关系等作为发散思维的出发点，可以把发散思维分为功能发散、组合发散、方法发散和因果发散。

1）功能发散：从某事物出发，设想事物的多种功能，或者从某一个功能出发，构想出获得该功能的各种可能性。

2）组合发散：以某事物为发散点，尽可能多地把它与别的事物组合成新事物。

3）方法发散：以某种方法为发散点，设想出利用该方法的各种可能性。

4）因果发散：以某个事物发展的结果为发散点，推出造成该结果的各种原因，或者由原因推测出可能产生的各种结果。

（2）收敛思维。收敛思维是指在解决问题的过程中，尽可能地利用已有的知识和经验，把众多的信息和解决问题的可能性逐步引导到条理化的逻辑序列中，最终得出合乎逻辑的结论。

收敛思维是一种求同思维，要集中各种想法的精华，达到对问题系统、全面的考察，为寻求一种最有实际应用价值的结果而把多种想法理顺、筛选、综合、统一。而发散思维是一种求异思维，在广泛的范围内搜索，要尽可能地放开，把各种不同的可能性都设想到。

发散思维向四面八方发散，收敛思维向一个方向聚集，它们在思维方向上是互补的。同时，在解决问题的早期，发散思维起到更主要的作用，在解决问题的后期，收敛思维则扮演着越来越重要的角色，它们在思维过程上也是互补的。

收敛思维与发散思维是一种辩证关系，既有区别又有联系，既对立又统一。发散思维得到的结果必须经过收敛思维的认真整理、精心加工，才能形成有意义的创新结果；而收敛思维的加工对象必须经过发散思维的广泛收集、多方搜索。只有两者协同工作，交替运用，一个创新过程才能圆满完成。

（3）联想思维。联想思维是人们在头脑中将一种事物的形象与另一种事物的形象联想起来，探索它们之间相同或类似的规律，从而解决问题的思考方法。联想思维就是做到由此知彼、举一反三、触类旁通。

根据联想产生的方式不同，可将联想分为相似联想、相关联想和对比联想。

1）相似联想：是指形态上、性质上或意义上对相似的事物产生的联想。

2）相关联想：是指在时间和空间上将相关、相近的事物联系起来而产生的联想。

3）对比联想：又称为“反向联想”，是指在对某一事物感知时，对该事物的某些特性产生相反特点的联想。对比联想往往会通过反义词产生联想，如黑与白、冷与热、大与小、光明与黑暗等。

（4）逆向思维。人们的思维习惯是沿着事物的发展方向去思考问题，这样的思考方式比较有效、便利，能解决大多数问题。但在创新中，正向思维会形成思维定式，会束缚人们的思路，影响创造性。因此，可以从相反方向去思考，从结论往回推理，倒过来思考，往往会使问题简单化，使解决问题变得轻而易举。

逆向思维一般会从事物的原理、功能、程序等多方面进行逆向思考。

1）原理逆向思考：是指从事物原理的反方向进行思考，获得新的设想。

2）功能逆向思考：是指从事物功能的反方向进行思考，获得新的设想。

3）程序逆向思考：是指反向思考事物发生的过程，从中获得新的解决思路或设想。

（5）非逻辑性思维。非逻辑性思维主要是指灵感、直觉、想象等一系列没有逻辑性的思维方式。它们的产生通常没有特定的条件，可能通过一件小事、一次回忆、一个经验判断就发生了。

1）灵感：一般是长期执着于某一个待解决的问题时，被某个事物或情景诱发产生。灵感是突如其来、瞬间产生的，是思维过程中的一个短暂的最佳状态。

2）直觉：是指人们根据现有的知识、经验，对事物未来的发展做出的判断和猜想。直觉具有高效性、敏感性和预见性，但直觉也具有不确定性，也就是不能确定直觉正确与否。因此，直觉产生后，要对结论进一步验证。

3）想象：是指人们对记忆中事物的形象进行加工、改造和重组，产生新形象的思维过程。

非逻辑性思维的产生没有固定的逻辑程序，具有一定的偶然性，但它也是创新思维的重要组成部分。

能力训练

一、案例分析

大象的悲剧

一家马戏团突然失火，人们四处逃窜，所幸无人员伤亡。但令马戏团老板伤心的是，那只值钱的大象被活活烧死了。“这怎么可能呢？拴住大象的仅仅是一条细绳和一根小木桩啊！”老板怎么也想不通。

通常，在没有表演节目时，马戏团人员会用一条绳子绑在大象的后腿上，以免大象逃跑。为什么一条小小的细绳就能拴住一头力大无比的大象呢？原来在大象很小的时候，人们就拿铁链拴住它的脚，然后绑在大树上。每当小象企图挣脱时，它的脚就会感到疼痛，经过无数次的尝试，小象都没有成功逃脱，久而久之就形成了一种腿上有捆绑物就无法逃脱的印象。虽然长大后拴住它的只是一条细绳子和一根小木桩，但是它也不会再尝试逃脱了。

思考：长大后的大象力气大到足以将一棵树连根拔起，但案例中的大象却无法挣脱一条细细的绳索，是什么束缚住了它呢？

二、创新能力测试

创新人才在企业中越来越重要，这类人才能够创造性地完成工作，不会被困难吓倒，不会因为条件不具备而放弃努力。在寻找创新、开发、管理这方面的人才时，必须考虑人才的创新思维能力、创造力和工作创意能力。

（一）创新思维能力测试

下面有10道题目，如果符合你的情况请回答“是”，不符合请回答“否”，不确定请回答“不确定”。

（1）你认为那些使用古怪和生僻词语的作家，纯粹是为了炫耀。

（2）无论什么问题，要让你产生兴趣，总比让别人产生兴趣要困难得多。

（3）对那些经常做没把握事情的人，你不看好他们。

（4）你常常凭直觉来判断问题的正确与错误。

（5）你善于分析问题，但不擅长对分析结果进行综合、提炼。

（6）你的审美能力较强。

（7）你的兴趣在于不断提出新的建议，而不在于说服别人接受这些建议。

（8）你喜欢那些一门心思埋头苦干的人。

（9）你不喜欢提那些显得无知的问题。

（10）你做事总是有的放矢，不盲目行事。

评分标准如表 1－1 所示。

表 1－1　评分标准

题号	“是”评分	“不确定”评分	“否”评分
1	－1	0	2
2	0	1	4
3	0	1	2
4	4	0	－2
5	－1	0	2
6	3	0	－1
7	2	1	0
8	0	1	2
9	1	1	3
10	0	1	2

评价：

如果得分在 22 分以上，说明被测试者有较高的创新思维能力，适合从事环境较为自由、没有太多约束、对创新性有较高要求的职位，如美编、装潢设计、工程设计、软件编程等。

如果得分在 10～21 分，说明被测试者善于在创造性与习惯做法之间找到均衡，具有一定的创新意识，适合从事管理工作，也适合从事其他许多与人打交道的工作，如市场营销。

如果得分在 10 分以下，说明被测试者缺乏创新思维能力，属于循规蹈矩的人，做人总是有板有眼，一丝不苟，适合从事对纪律性要求较高的职位，如会计、质量监督员等。

（二）创造力测试

下面有 20 道题目，如果符合你的情况，请在括号里打“√”，不符合的请打“×”。

（1）在别人说话时，你总能专心倾听。（　　）

（2）完成了上级布置的某项工作，你总有一种兴奋感。（　　）

（3）你观察事物向来很细致。（　　）

（4）你在说话、写文章时经常采用类比的方法。（　　）

（5）你总能全神贯注地读书、书写或者绘画。（　　）

（6）你从来不迷信权威。（　　）

（7）你对事物喜欢寻根问底。（　　）

（8）你平时喜欢学习或琢磨问题。（　　）

（9）你经常思考事物的新答案和新结果。（　　）

（10）你能够经常从别人的谈话中发现问题。（　　）

（11）在从事具有创造性的工作时，你经常忘记时间。（　　）

（12）你能够主动发现问题，以及和问题有关的各种联系。（　　）

（13）你总是对周围的事物保持好奇。（　　）

（14）你能够经常预测事情的结果，并正确地验证这一结果。（　　）

（15）你总是有些新设想。（　　）

（16）你有很敏感的观察力和提出问题的能力。（　　）

（17）遇到困难和挫折时，你从不气馁。（　　）

（18）在工作中遇到困难时，你常能采用自己独特的方法去解决。（　　）

（19）在问题解决过程中找到新发现时，你总会感到十分兴奋。（　　）

（20）在遇到问题时，你能从多方面、多途径探索解决它的可能性。（　　）

评价：如果20道题目答案全部是打“√”的，说明被测试者创造力很强；如果有14～19道题目答案是打“√”的，说明被测试者创造力良好；如果有10～13道题目答案是打“√”的，说明被测试者创造力一般；如果低于10道题目答案打“√”，说明被测试者创造力较差。

（三）工作创意能力测试

下面有10道题目，请在括号中的备选答案中选择一个。

（1）在接到任务时，你是否会问一大堆关于如何完成任务的问题？

（肯定0分，否定1分）

（2）在完成任务过程中，你是否不善于思考，而习惯于找他人帮忙，或者会不断问别人有关完成任务的问题？（肯定0分，否定1分）

（3）在任务完成得不好时，你是否会找出一大堆理由来证明任务太难？

（肯定0分，否定1分）

（4）对待多数人认为很难的任务，你是否有勇气和信心主动承担？

（肯定1分，否定0分）

（5）当别人说不可能时，你是否就会放弃？（肯定0分，否定1分）

（6）你完成任务的方法是否与其他人不一样？（肯定1分，否定0分）

（7）在完成任务时，如果领导针对任务问一些相关的信息，你是否总能回答？

（肯定1分，否定0分）

（8）你是否能够立即行动，并且工作质量总能让领导满意？（肯定1分，否定0分）

（9）工作完成得好与不好，你是否很在意？（肯定1分，否定0分）

（10）对于已完成的工作，你能否很有条理地分析成功的原因和不足？

（肯定1分，否定0分）

评价：如果能够得10分，说明被测试者工作创意能力很棒；如果能够得7分以上，说明被测试者工作创意能力过得去；如果得分低于7分，说明被测试者工作创意能力不尽如人意；如果得分低于5分，说明被测试者应该自我反思。

任务二　创新思维的产生

知识目标

1. 了解思维、创新思维产生的基本过程。

2. 了解创新思维产生过程中常见的思维障碍。

3. 理解创新思维障碍突破的对策。

能力目标

1. 掌握创新思维产生的四阶段理论。

2. 破除思维定式和思维偏见，养成独立思考、勇于创新的习惯。

案例导入

谷歌公司把创新思维融入员工的血液里

1996 年，两名斯坦福大学的博士生——拉里·佩奇（Lawrence Edward Page）和谢尔盖·布林（Sergey Brin）开发了一个对网站之间的关系做精确分析的搜索引擎 BackRub，当他们准备出售这个搜索引擎时，当时的各大门户网站却对其不感兴趣。因此他们决定休学，自己创业，并于 1998 年 9 月在加州朋友的车库里成立了谷歌公司。这个当时名不见经传的小型创业公司，现在已经发展成为跨国高科技企业，2016 年的总营收 900.95 亿元、净利润 194.84 亿元，业务包括互联网搜索、云计算、广告技术、开发大量基于互联网的产品与服务，以及移动设备的 Android 操作系统等。2017 年 6 月，“2017 年 BrandZ 最具价值全球品牌 100 强”发布，谷歌公司位列第一。

谷歌公司把创新摆在首位，每年都有大量的新产品做支撑，如 AlphaGo 的人工智能技术、Daydream View VR、神经网络翻译、自动驾驶汽车等。谷歌公司不断激活员工的创新能力，大到一个全新领域的开发（如无人驾驶汽车），小到每一个人日常工作的改进。谷歌公司会定期组织 Dom Day（演示日）的活动，让员工留出一个星期的时间，从全新的角度去考虑解决方案，考虑新产品方向并快速写出一份雏形方案，展示给同事们讨论和评选，有许多谷歌公司的新方向就是从中提炼出来的，这个活动还帮助谷歌公司开发了大量富有创意的产品。谷歌允许“犯错”，没有人会因为在程序中写了 bug 造成公司的损失而被问责撤职，但要做完整的“尸检报告”以防同样问题再犯。员工在谷歌公司只会解决问题是远远不够的，要有发现问题、定义问题的能力。谷歌公司在招聘员工时，除了看重应聘者的基本功外，更看重其潜能，即有没有去探索和挑战新事物的好奇心和激情。谷歌公司注重辩论的训练，习惯在“争吵”中让问题更加清晰，把潜在问题充分暴露，再去尝试处理问题，使方案更加成熟和全面。在软件开发流程中，谷歌公司非常注重对整体设计的讨论，从讨论到文书，再到各个部门的落实，都要进行反复论证。创始人的情怀往往对企业和员工的思维模式有着深刻的影响，佩奇曾宣布，去世后不会把钱捐给慈善机构，而是要交给一个能有所创新的公司。

资料来源：根据互联网公开信息改编。

一、创新思维的产生过程

（一）思维过程

思维是以感觉和知觉为基础的认知的高级阶段，它是通过分析与综合、比较与分类、抽象与概括、具体化与系统化等基本过程完成的。

1. 分析与综合

分析与综合是思维的基本过程。思维的过程总是以对事物的分析为开端。分析是在头脑中把整体分解为部分，把复杂事物分解为简单要素。例如：我们把植物分解为根、茎、叶、花、果实、种子；把动物分解为头、尾、足、躯干；把几何图形分解为点、线、面、角、体；分析一个句子由哪些语言成分构成等，都属于分析过程。综合则是把事物的各个部分、各种属性、各个细节、各种情况联结为一个整体进行归纳、整理，再有所提炼的思维活动。例如：把单词组成句子；把文学作品的各个情节串联成完整的场面；把一个学生的思想品德、智力水平、学业成绩、健康状况等方面联系起来，加以评价，做出结论等，都属于综合过程。

分析与综合在同一思维过程的两个侧面，彼此相反而又紧密相连，是相互依赖、互为条件的。分析是以事物综合体为前提的，没有事物综合体，就无从分析。综合是以对事物的分析为基础的，分析越细致，综合越全面；分析越准确，综合越完善。对事物只有分析而没有综合，只能形成片面的、支离破碎的认识；只有综合而没有分析，只能形成表面的认识。只有把分析与综合有机地结合在一起，才能发现事物的联系和关系，才能更好地认识事物。

2. 比较与分类

比较是在头脑中把各种事物或现象加以对比，确定它们之间的异同点的思维过程。人们认识事物，把握事物的属性、特征和相互关系，都是通过比较来进行的。只有经过比较，区分事物间的异同点，才能更好地识别事物。例如：教师要讲清“思维”这个概念，必须将之与相近的“思想”这个概念相比较，找出它们的共同点和差异点。

分类是根据事物或现象的共同点和差异点，把它们区分为不同种类的思维过程。分类是在比较的基础上，先将有共同点的事物划为一类，再根据更小的差异将它们划分为同一类中不同的属，以揭示事物一定的从属关系。

3. 抽象与概括

抽象是在思想上抽引出各种事物或现象之间的本质特征，舍弃非本质特征的思维过程。概括是在思想上把同类事物的本质特征加以综合并推广到其他同类事物的思维过程。

抽象与概括彼此紧密相连，抽象是概括的基础，没有抽象就不可能有概括；概括是抽象的升华，抽象只有通过概括才能使认识更加深化，才能更正确、更完全、更本质地反映事物。

4. 具体化与系统化

具体化是指把抽象、概括出来的一般概念、理论同事物联系起来的思维过程。具体化常常展现为引证具体事例来说明理论问题，或者应用一般原理来解决特殊问题。在具体化的思维过程中，只有把理论和实际结合起来，把一般和个别结合起来，才能使认识更加深入。因此，具体化不仅是一个十分复杂的思维过程，也是一个十分复杂的实践过程。

系统化是在头脑中把所学的知识分门别类地按照一定程序整理成层次分明的系统的知识结构的思维过程。例如：中国人中有汉族和少数民族，汉族人中有男性和女性，女性中又有大人和孩子。这就是用分类的方法把知识系统化。系统化是思维过程中不可缺少的环节，它是在复杂的分析、综合、比较、概括的基础上实现的，只有具有系统化的知识结构，才算是真正融会贯通地理解知识，才能在不同条件下灵活运用。

分析与综合、比较与分类、抽象与概括、具体化与系统化是思维的基本过程，这些过程在整个思维中相互联系、相互制约，这些过程的不同组合，使我们对客观事物的认识由简单到复杂，由感性到理性，实现认识活动的飞跃和升华，进而指导我们提出和解决生活实践中的问题。

（二）创新思维过程

美国教育学家约翰·杜威（John Dewey）认为，每一思维的两端，开始都是一个迷惑、纷乱或困难的情境，结尾都是一个澄清、统一或解决的情境，思维就在这两端之间开展着。在这两端之间，思维的过程经历了五个步骤：感受到困难或难题，即有疑难的情境引发思维的冲动；定位和定义困难或难题，即确定疑难究竟在什么地方；提出解决问题的种种假设，即想到可能的答案或解决办法；对联想进行推理，即看哪个假设能解决当前困难；通过进一步观察、试验和证实，肯定或否定自己的结论，即树立信念或放弃信念。

创造性地解决问题比常规性地解决问题有着更复杂的思维过程。创新思维过程不是单一思维类型、思维方式的思维过程，而是一种综合思维，是各种思维类型、思维方式相互联系、相互渗透、相互作用的过程。不同的人、不同的工作领域、不同的创造环境和创造对象，产生的思维有着明显的差异。

在对创新思维的研究中，比较典型的理论是“过程论”，该理论认为，人的创新思维是以发现问题为中心，以解决问题为目标的高级心理活动。“过程论”的典型代表人物——英国心理学家格雷厄姆·华莱斯（Graham Wallas）通过对创造性过程的分析，提出创新思维的四阶段理论，把与创造活动相联系的创新思维过程分为准备阶段、酝酿阶段、豁朗阶段和验证阶段。

1. 准备阶段

创新思维从发现问题、提出问题开始。爱因斯坦曾说过，提出一个问题往往比解决一个问题更重要，因为解决问题也许仅是一个数学上或实验上的技能而已，而提出新的问题需要有创造性的想象力，标志着科学的真正进步。因此，提出有意义、有价值的问题成为这个阶段的重要一环。提出问题的深度决定着创新的意义和价值，往往引导着思维的方向。

提出问题后就要进行周密的调查研究，搜集与问题有关的研究成果，然后进行资料分析、信息识别，同时进行初步的试验，认识问题的特点，通过反复思考和尝试来努力解决问题。

2. 酝酿阶段

酝酿阶段是对前一阶段的资料和事实进行消化、吸收，明确问题的关键所在，提出解决问题的假设和方案的过程。在此阶段，非逻辑思维和逻辑思维互补，潜意识和显意识交替，人们会采用分析、抽象和概括、归纳和演绎、推理和判断等思维方法进行反复的思考。只有经过了酝酿阶段，新的思想和方案才逐渐成熟起来。正如日本创造心理学家高桥浩认为的，创新思维的产生和造酒一样，都需要酝酿期。

酝酿在性质和持续时间上的变化很大，它可能是短暂的，也可能是漫长的，甚至会进入“冬眠”时期。但是“冬眠”并不是思维活动的静止，它仍然存在于脑中，有时候转化为一种潜意识，当受到一定的刺激作用后，又会转入意识领域，并让人处于高度兴奋的状态，给人如痴如醉的狂热感。例如：“牛顿把手表当成鸡蛋煮”就是典型的酝酿阶段的代表。一旦酝酿成熟，新思想、新观念就会脱颖而出，问题也会迎刃而解。

3. 豁朗阶段

豁朗阶段是创新思维产生的关键阶段。新观念、新思想、新方法，以及整个解决方案几乎都是在这个阶段提出的。经过充分酝酿之后，在这一阶段，头脑会从“踏破铁鞋无觅处”的困境中摆脱出来，百思不得其解的问题会意想不到地、闪电般地迎刃而解，让人有一种“得来全不费功夫”的感觉。

豁朗一般不是通过有意识的努力得来的，它常出现在长期深度思索不得而小憩休息之后，或者转移注意力于其他事情，却被一件毫不相干的事触动之时。这种顿悟一出现，就不同于别的许多经验，它是突然的、完整的、强烈的，以致让人会脱口喊出“是这样的!”“哈！没错儿!”——华莱斯把它称为“尤瑞卡经验”。

4. 验证阶段

这是在豁朗阶段获得了解决问题的构思或假设后，在理论和实践上进行反复检验，多次补充和修正，使之趋于完善的过程。这一阶段多采用逻辑思维方法，是有意识进行的。在验证阶段，创新者必须经过理论及实践上的反复论证和实验，才能验证或改进构思或假设，有时候甚至被全盘否定，重新回到酝酿阶段。

创新思维产生过程中的四个阶段并不是简单的阶段模式的串联，有时甚至很难区分出各阶段明确的起止和先后时间。因此，我们解释创新思维产生的四阶段，并不是要求创新者机械套用，而只是说明创新思维的产生是一个过程，在这个过程中，有时可能是“得来全不费功夫”，但更多时候是“踏破铁鞋无觅处”。创新思维的产生是艰苦复杂的脑力劳动的结果，如果没有怀疑意识和批判精神，没有创新的问题意识，没有坚强的毅力，没有执着的追求，就难以获得。

二、创新思维产生过程中的障碍

创新思维产生过程中的障碍主要来自两个方面：一是“思”，当思维受到心理因素的影响时，就会形成“思维偏见”，如迷信、刻板、固执等；二是“维”，当思维受到规则、习惯等的制约或束缚时，就会形成“思维定式”，如陈规旧律、规则、习惯等。无论是思维偏见还是思维定式，都是创新思维产生过程中的枷锁，是创新思维产生的障碍。

（一）思维偏见

1. 思维偏见的概念

思维偏见是指人们根据一定表象或虚假的信息做出判断，从而出现判断失误或判断本身与判断对象的真实情况不相符合的现象。一旦产生思维偏见又不及时纠正，扭曲后或可演变为歧视。我们经常说的经验偏见、刻板印象、文化偏见、位置偏见等，都是思维偏见导致的。思维偏见严重地影响着创新思维的出现，和思维定式一样会成为人们的心智枷锁，如果不能及时去除这种心智枷锁，创新思维就很难产生。

2. 思维偏见的分类

（1）经验偏见。

一头驴子背盐渡河，在河边滑了一跤，跌进水里，盐溶化了。驴子站起来时，感到身体轻松了许多。驴子非常高兴，获得了经验。后来有一次，它背了棉花，以为再跌倒，可以同上次一样减轻重量，于是走到河边的时候，便故意跌倒在水中。可是棉花吸收了水后更沉了，驴子非但不能再站起来，还一直向下沉，直到淹死。

这则小故事中的驴子为何死于非命？一个很重要的原因是它机械地套用了经验，受了经验偏见的影响，未能对经验进行改造和创新，没有跳出经验偏见的束缚产生创新思维。

其实，过去的经验既是我们的财富，某种程度上又是我们的包袱。过去的经验有时会导致我们思维上形成偏见，阻碍创新思维的产生。我们都有这样的经验：水浇在衣服上，衣服会湿。但是如果有人演示水浇在了衣服上而衣服不湿，水一抖就抖掉了，这件衣服又是全毛的，你就会惊讶：为什么他敢把水倒上去？原来，这衣料的纤维经过了特富龙（杜邦的一种材料，既厌油又厌水，涂在锅底做饭时饭不会粘锅）处理，所以既不沾水也不沾油。这就是一个新的改变。如果我们完全依赖过去的经验，就会产生经验偏见，导致判断失误。

（2）刻板印象。

《三国演义》中曾与诸葛亮齐名的庞统去拜见孙权，“权见其人浓眉掀鼻，黑面短髯，形容古怪，心中不喜”。庞统又见刘备，“玄德见统貌陋，心中不悦”。孙权和刘备都认为庞统这样面貌丑陋之人不会有什么才能，因而产生不悦情绪，这是通过相貌刻板印象产生的偏见。其实，“北方人豪爽耿直、南方人精明细致”“上海人精细、东北人豪爽”“德国人严谨、法国人浪漫、美国人开放、中国人含蓄”等对特定地域的人的特征评论，都是人们心目中传统的地域刻板印象。

通过上面的故事，我们可以看出，人们不仅对接触过的人和事会产生刻板印象，还会根据一些不是十分真实的间接资料对未接触的人和事产生刻板印象。刻板印象其实是一种偏见，它使人倾向于按照既有概念的轨道来认识和解释有关对象。

（3）文化偏见。

著名华裔人类学家许烺光（曾任美国人类协会主席）在《美国人与中国人》一书中十

分严肃地举了一个例子——在一部中国电影中，一对青年夫妇发生了争吵，妻子提着衣箱愤怒地跑出公寓。这时，镜头中出现了住在楼下的婆婆，她出来安慰儿子："你不会孤独的，孩子，有我在这儿呢。"看到这里，美国观众会发出一阵哄笑，中国观众却很少会因此发笑。这两种截然不同的反应所透露出的文化差异是明显的，在美国人的观念中，婚姻是两个人的私事，而中国观众却能恰当地理解婆婆所说的含义。正如一些美国的学生在读了《红楼梦》后，总是不解地问中国教授："为什么宝玉和黛玉不偷些金银财宝然后私奔呢?"他们没有理解到其中的文化差异。

我们所有的人都受到所在地域、国家、民族长期积淀的文化影响，看待问题的角度不可避免地会打上文化、宗教、习俗的烙印，并因此产生文化偏见。

(4) 位置偏见。

有四个盲人很想知道大象是什么样子，可他们看不见，只好用手摸。胖盲人先摸到了大象的牙齿，他就说："我知道了，大象就像一个又大、又粗、又光滑的大萝卜。"高个子盲人摸到的是大象的耳朵，他就说："不对，不对，大象明明是一把大蒲扇嘛!""你们净瞎说，大象只是根大柱子。"原来矮个子盲人摸到了大象的腿。而那位年老的盲人却嘟囔："大象哪有那么大，它只不过是一根草绳。"原来他摸到的是大象的尾巴。四个盲人争吵不休，都说自己摸到的才是大象真正的样子。而实际上呢？他们一个也没说对。这就是我们熟知的盲人摸象的故事，四个盲人通过对大象的不同位置的触摸而勾勒大象的整体形象，是典型的位置偏见。

位置偏见是指因所处的位置观察事物所得出的结果与真实情况之间的无意识的、微妙的偏离。苏轼的《题西林壁》里写道："横看成岭侧成峰，远近高低各不同。不识庐山真面目，只缘身在此山中。"这首诗描写庐山的风景因所处位置的不同而不同，如果以一个位置看到的景象对庐山的风景做出判断，就会形成位置偏见。

(二) 思维定式

1. 思维定式的概念

思维定式是由先前的活动而造成的一种对活动的特殊的心理准备状态，或活动的倾向性。如果对自己长期从事的事情或日常生活中经常发生的事物产生了思维惯性，多次以这种思维惯性来对待客观事物，就形成了"思维定式"。

思维定式存在积极的一面，表现为思维活动的稳定性、模式化、一致性和趋同性。在环境不变的条件下，思维定式使人能够应用已掌握的方法迅速解决问题或形成良好的秩序。例如："红灯停、绿灯行"是全世界普遍遵循的交通规则，通过长时间的训练，人们逐渐形成了惯性心理，即一看到红色就会自然地产生"停止"的行为反应。这类思维定式对于规范个体的行为、形成良好的秩序是非常必要的。而思维定式消极的一面表现为思维活动的惰性、僵化、求同性、封闭性和单向性，在情境发生变化时，它会妨碍人采用新的方法和手段。法国生理学家克劳德·伯纳德（Claude Bernard）说，构成人们学习的最大障碍，并不是未知的东西，而是已知的东西。这种已知的东西构成思维定式，往往成为人们认识事物、判断事物的思维障碍。思维定式的力量很强大，且难以察觉，在解决问题时，潜意识中的抑制力促使人们沿着“思维惯性的方向”去做事，将人的思维方式局限在已知的、常规的解决方案上，从而阻碍了新方案的产生。因此，从创新的角度看，思维定式是有害的，是束缚创造性思维产生的枷锁。

2. 思维定式的分类

（1）习惯型思维定式。

想一想

艾萨克·阿西莫夫（Isaac Asimov）是美籍俄国人，世界著名的科普作家。他曾经讲过这样一个关于自己的故事：阿西莫夫从小就很聪明，年轻时多次参加智商测试，得分总在160分左右，属于“天赋极高”之人。有一次，他遇到了一位汽车修理工，是他的老熟人。修理工对阿西莫夫说：“嗨，博士，我来考考你的智力，出一道思考题，看你能不能正确回答。”阿西莫夫点头同意。修理工便开始出题：“有一位聋哑人，想买几枚钉子，就来到五金商店，对售货员做了这样一个手势——左手食指立在柜台上，右手握拳做出敲击的样子。售货员见状，先给他拿来一把锤子，聋哑人摇摇头。于是售货员明白了，他想买的是钉子。聋哑人买好了钉子，刚走出商店，接着进来一位盲人。这位盲人想要一把剪刀，请问，盲人将会怎么做?”阿西莫夫顺口答道：“盲人肯定会这样……”他伸出食指和中指，做出剪刀的形状。听了阿西莫夫的回答，汽车修理工大笑起来：“哈哈，答错了吧！盲人想买剪刀，只需要开口说‘我想买一把剪刀’就可以了，他为什么要做手势啊?”

资料来源：http://www.795.com.cn/dz/dzxt/907.html.

[思维索引] 在这则故事中，智商测试160分的阿西莫夫沿用前一个思考路径，依照已有的套路和模式去思考和解决问题，并暂时封闭了其他的思考方向，产生了习惯型思维定式。

习惯型思维定式，又称“惯性思维”，通俗地说就是“习惯成自然”，是指人们按习惯的、比较固定的思路去考虑问题、分析问题，仿佛物体运动的惯性，如短跑运动员冲过终点后仍然会向前冲一样。习惯型思维定式几乎人皆有之，它无处不在，是一种非常强大的保守力量，在我们思考的时候，习惯的套路和模式常常会给我们制造盲点，成为创新思维产生过程中顽固的阻碍。

（2）权威型思维定式。

读一读

有一次，哲学家伯特兰·罗素（Bertrand Russell）来中国讲学，听讲的多数是研究部门的学者。罗素登上讲台，首先在黑板上写了一个“2+2=?”，接着向听讲者寻求答案。会场上鸦雀无声，他们心里暗暗琢磨：黑板上写的绝不是简单的算术题，大哲学家可能发现了鲜为人知的哲学新观点。尽管罗素一再希望有人将答案告诉他，但仍无人敢贸然回答。当罗素邀请台下一位先生谈谈自己的答案时，这位先生竟面红耳赤、支支吾吾地说尚未考虑成熟。罗素见状笑着说："2+2就是等于4嘛！"崇尚创新的大哲学家罗素并非在故弄玄虚，而是幽默地告诫人们：过于崇拜权威会使人失于迷信，会束缚人的思想、扼杀人的智慧，在权威面前连简单的事实都分不清楚。

资料来源：根据互联网公开信息改编。

权威型思维定式是指人们对权威人士言行的一种不自觉的认同和盲从。权威型思维定式的形成主要有两种途径：一种是儿童在走向成年的过程中所接受的"教育权威"；另一种是由于社会分工的不同和专业技能的差异所导致的"专业权威"。权威型思维定式的思考者把权威作为判断是非与处理问题的唯一标准，对领导和专家权威唯命是从。这其实是一种思维惰性的表现。如果我们一味迷信权威，不去独立思考，或将权威们的理论视为不可逾越的顶峰而止步不前，是不可能产生创新思维，更不可能做出创造性的贡献的。

（3）从众型思维定式。

读一读

社会心理学家所罗门·阿希（Solomon E. Asch）做过著名的从众现象实验：他找来七名大学生坐在一起，请他们判断两张卡片上的线段长度。第一张卡片上画着一条"标准线段"，其余的每张卡片上画着三条线段，其中只有一条线段与"标准线段"长度相等。阿希要求大学生们找出其余卡片上与"标准线段"长度相等的线段，并且按照座位顺序说出自己的答案。

其实，那七位大学生中，只有倒数第二位是蒙在鼓里的受试者，其余六位事先已经"串通"好了，他们的答案保持一致，但三分之二都是错误的，以此来测试那位受试者能在多大程度上不受周围人的影响而坚持自己的正确答案。实验结果发现，有33%的受试者由于屈服于群体的压力而说出了错误的答案。

资料来源：根据互联网公开信息改编。

有趣的是，从众型思维定式不仅存在于人类的思维中，也存在于其他群居动物之中。

读一读

法国心理学家约翰·法伯（John Farber）曾经做过一个著名的"毛毛虫实验"：把许多毛毛虫放在一个花盆的边缘上，使其首尾相接，围成一圈，并在花盆周围不远的地方，撒了一些毛毛虫喜欢吃的松叶。毛毛虫开始一个跟着一个，绕着花盆的边缘一圈一圈地走，一小时过去了，一天过去了，又一天过去了……这些毛毛虫还是夜以继日地绕着花盆的边缘转圈，一连走了七天七夜，它们最终因为饥饿和精疲力竭而相继死去。法伯在做这个实验前曾经设想：毛毛虫会很快厌倦这种毫无意义的绕圈而转向它们比较爱吃的食物，遗憾的是，毛毛虫并没有这样做。导致这场悲剧的原因就是毛毛虫的盲目从众。

资料来源：根据互联网公开信息改编。

从众型思维定式的形成原因，就是抱着从众心理，不带头、不冒尖，一切都随大流的心理状态，一般表现为大家怎样做，我就怎样做；大家怎样想，我就怎样想。在实际生活中，从众现象非常普遍，大多数人都有可能因为从众心理而盲目做错，明明稍加独立思考就能做出正确的决策，偏偏跟着大家去走弯路，这就是从众型思维定式。

（4）直线型思维定式。

读一读

一位卡车司机开着一辆空卡车经过海关。海关关员例行检查，没有发现任何走私物品，就放他过关了。第二天，那位卡车司机照样开着一辆卡车，又要过关。这位海关关员还是例行检查，仍然没有发现走私物品，照例放他过关。这样几次以后，那位海关官员起了疑心，隐约感觉到那位卡车司机在走私什么。检查的次数多了，双方也就彼此熟悉了，那位海关关员用戏谑的口吻说："我知道你一定在走私什么东西，我一定会找到的。"那位卡车司机说："你都查过了，我是一个很诚实的人。"十多年后，已经离开海关的关员与卡车司机不期而遇，双方攀谈起来。海关关员问卡车司机到底在走私什么，卡车司机这才道出原委，原来他走私的就是卡车。那位海关关员总以为卡车是用来运载走私物品的，没有想到卡车本身就是走私物。

资料来源：https://zhidao.baidu.com/question/1895765780582738700.html.

直线型思维是一种单维的、定向的、思路狭窄的思维方式，一切思考都基于初始条件，不懂得变通，非此即彼，缺乏辩证性。这种思维方式在解决简单问题的时候很奏效，但是在解决复杂问题的时候就容易把多元问题变成一元问题，并用非此即彼的直线思考方式去解决，从而掩盖事物的真相或者只得到片面的认知。直线型思维定式不利于思维的发散，从而成为创新思维产生过程中的"拦路虎"。

三、创新思维障碍的成因

创新思维的产生过程中常常会遇到思维偏见和思维定式两大障碍，产生这两大障碍的因素有多重，比较普遍的有文化与环境的影响、知识的贫乏、个体感性障碍——成见和保守、个体情感障碍——畏惧和惰性。

（一）文化与环境的影响

我们每个人都生活在真实的社会，而非真空的环境，成长过程中都不可避免地受到历史传统文化和民族心理等因素的影响，它们以某种约定俗成的规定，潜移默化地影响着我们的思考和判断。1972 年，联合国教科文组织出版的《学会生存——教育世界的今天和明天》一书指出，人的创造力是最容易受文化的影响的，是最能开发并超越人类自身成就的能力，也是最容易受到压抑和挫伤的能力。这说明，社会文化可以促进创新的发展，也可能成为创新的障碍。从古往今来的案例中可以看出，文化禁忌越多的民族，其创新性就越弱一些。因为禁忌会限制人的思维，使思维的流畅性和灵活性大打折扣，创新的可能性就会降低，创新也自然会受到阻碍。

这里的环境指的是个体与个体、个体与群体、群体与群体之间各类人际关系所构成的人际环境。就我们的成长环境而言，同学、老师、朋友、家长、领导、亲戚、陌生人等，所有的人际关系都会给个人的思想、观念、行为、思维方式等带来影响。很多人从小接受的是“填鸭式”教育，经常被教导要“听话”“服从”，不要质疑家长、老师的权威，要严格遵循标准答案，“特立独行”的人通常不被欣赏等。这种独断的环境极大地阻碍了创新思维的产生，在这种环境下很难培养学生自由学习、自我指导、自我发现的能力，创新意识的养成更无从谈起。

（二）知识的贫乏

知识在创新思维中的作用虽然不是万能的，但没有知识是万万不能的。创新必须建立在一定的知识积淀的基础上，否则就是空想。知识越多，就越容易使人有能力产生许多想法，并把较多的想法互相比较，从而更容易进行创新。相反，知识越少，创新思维就越受限制，越难以充分发挥。

（三）个体感性障碍——成见和保守

人们在现实生活中的所观、所感有时候会与事实出现偏差，从而影响人们在解决问题时的判断。比较典型的个体感性障碍是人们总是根据头脑中已有的印象来判断人和物，例如：人们看到椅子，会先入为主地认为椅子是供人坐的，而不会去想其是否还会有别的用途。又如：贴标签也是一种个体感性障碍，人们根据自己头脑中最初存储的信息给人或事物贴上相应的标签，一旦形成标签，就会很容易忽略人或事物的其他特征，很难保持客观、公正的立场来看待问题。

我们知道，创新就是要将似乎不相干的信息结合为一个有机的、有价值的整体。但是大脑里已有的分类系统则阻碍着人们把那些表面互不相干的信息结合为一个新的整体，难以产生创新思维。

（四）个体情感障碍——畏惧和惰性

情感是人对客观事物态度的体验，是人的需要是否被满足的反应。归属感和安全感是人类在生活中很重要的两种需要。人都是群居动物，在群体中，人们为了不使自己成为少数而被孤立，常常选择随大流，少数服从多数，以满足自己的归属需要和安全需要，这就产生了从众思维。而创新需要打破常规，追求新颖和与众不同，这在一定程度上和人的情感需要是相悖的，人们为了照顾情感需要而选择牺牲创新，从而使创新思维的产生受阻。

惰性思维也是人类思维深处存在的一种保守的力量。这种思维下的人过分追求秩序感，渴望井井有条、波澜不惊的生活，不能忍受不确定性，这种情感障碍延伸出惰性思维，即按部就班、循规蹈矩、不换思路，给创新思维的产生带来了很大的局限性。

四、创新思维障碍的突破

（一）树立开放意识，突破思维定式

想一想

课堂上，老师问："什么东西同时具有以下三个特征——黄的、圆的、酸的？"

同学们的回答多是橘子、柠檬、苹果……这些好像都侧重人们味觉的一种体验，老师说："请同学们把思维打开，想想除了味觉的体验，我们还有什么样的感觉？通过视觉、嗅觉、听觉等是否也能想出其他的事物？"在老师的引导下，有同学回答是奶酪、发酸的网球、芒果味的冰激凌球，还有同学回答是一个黄色圆脸的哭泣着的孩子……

在课堂结尾，老师给出了总结："可以从不同的层次来展现具有这三种特征的事物——第一层是味觉，如柠檬、杏、橘子、黄西红柿、黄苹果等（自然生长的、可食用的）。第二层依然是味觉，如维生素糖、奶酪、药丸、冰激凌球等（人工制造的、可食用的）。第三层是嗅觉，如发酸的网球、酸蛋黄、黄色脏袜团等（虽不能吃，但也可以是酸的）。第四层是视觉，如一个黄色圆脸的哭泣着的孩子等（比喻意义上的酸）。最高层次的是情绪，如一切不能满足我们需要的，会使我们感到心酸、失望、不满的东西等。"

你是否可以展开思维的翅膀，列举出一个或者多个案例中课堂问题的答案呢？

资料来源：根据互联网公开信息改编。

[思维索引] 通过这个案例，我们可以看到思维开放的巨大能量，其实只要你敢想，就远远不止这些答案。通过发散思维，我们经常可以得到"一题多解""一物多用""一因多果"等意想不到的效果。

我们应该突破观念的固着，保持思维的开放性，尽可能地增加头脑中的思维视角，学会从多个角度观察问题。只要跳出常识的框架、摆脱旧有的联系，就可以实现跳跃式思考和跨界思考，进而得出独特的、有价值的新创见。

当然，保持思维开放并不意味不着边际瞎想、胡乱联系，而是基于事物自身规律的延伸和拓展，通过对已知的信息进行多维度、多方向、多渠道的思考，从而悟出新事物、新问题、新结论、新知识。

（二）树立怀疑意识，克服权威心理

想一想

19 世纪，有一些科研人员已经开始研究人类上天的可能，并着手研制飞机。可是，反对的力量十分强大，当时世界上的科技名流并不看好这项研究，最有代表性的是法国著名天文学家勒让德（Legendre Asrien-Marie），这位最早用三角方法测量地球与月亮之间距离的大师认为，企图制造一种比空气重的东西到空中飞行是永远不可能的。这一观点得到德国大发明家维尔纳·冯·西门子（Ernst Werner von Siemens）的支持。西门子认为，飞机根本上不了天。能量守恒定律的发明者之一、德国物理学家赫尔曼·赫尔姆霍茨（Hermann Helmholtz）也大泼冷水，认为想将沉重的机械送上天纯属空谈。美国天文学家西门·纽康（Simon Newcomb）经过对各种科学数据的反复计算，也得出结论：飞机根本无法离开地面。由于众多科学大师与学术权威的坚决反对，金融界、工业界对飞机的研制也持不合作态度，飞机研制陷入重重困难之中。

1903 年，没有上过大学的美国人莱特兄弟（Wright Brothers）首次将飞机送上天。莱特兄弟学历不高，有关知识都是自学得到的。他们如初生牛犊，不惧虎狼，不在乎权威的反对。他们细心观察鸟类的体态结构及翅膀的动作，从中受到启发，并运用科学原理反复试制、修改，终于取得突破性成功。

资料来源：根据互联网公开信息改编。

[思维索引] 权威理论是相对的，既有先进性，也有局限性。案例中的莱特兄弟初生牛犊不怕虎，敢于挑战权威，对科技名流的观点提出质疑，并因此取得了突破性的成功。而权威人士有时候更倾向以自己头脑中已经定型的见解，甚至是自己苦心研究得到的有效成果为依据，遇到同类事物总是以之为标准去衡量，不愿去思考别人的意见，哪怕是更好、更有效的办法。

我们知道，传统的、权威的事物总是为大多数人所承认和接受的事物，突破它们就意味着向大多数人支持的事物挑战。克服“唯上”的倾向是需要勇气的，但是没有否定和怀疑，就不会有创新。青年人一方面要不断丰富、扩充自己的知识面，提高对权威真伪的辨别能力，不盲目迷信权威；另一方面要有意识地树立怀疑意识，敢于质疑，敢于挑战权威，养成独立思考的习惯。

（三）树立独立意识，摆脱盲目从众

想一想

19 世纪中叶，美国加州传来发现金矿的新闻。很多人以为这是一个百年不遇的发财机会，于是纷纷赶赴加州。一个小农民亚摩尔也加入了这支庞大的淘金队伍，

他同大家一样，历尽千辛万苦赶到了加州。淘金梦是美好的，做这种梦的人很多，越来越多的人一拥而上，一时间加州遍地都是淘金者。这不仅使金子越来越难淘，淘金者的生活也越来越艰难。当地气候干燥，水源奇缺，许多可怜的淘金者不但没有圆了致富梦，反而葬身于此。亚摩尔经过一段时间的努力，跟大多数人一样，没有淘到黄金，反而被饥渴折磨得半死。

一天，望着睡袋中一点点舍不得喝的水，听着四周人对缺水的抱怨，亚摩尔突发奇想："淘金的希望太渺茫了，还不如卖水呢！"于是，亚摩尔将手中挖金矿的工具变成挖水渠的工具，从远方将河水引入水池，用细沙过滤成清凉可口的饮用水，再将水装进桶里，挑到山谷一壶一壶地卖给找金矿的人。当时有人讥笑亚摩尔没有大志："你千辛万苦地到加州来，不挖金子发大财，却干起这种蝇头小利的交易，这种生意哪儿不能干？何必跑这里来干？"亚摩尔满不在乎，不为所动，继续卖水。他觉得，哪里还会有这样的好买卖，可以把毫无成本的水当商品卖出去赚钱，并且有这样好的市场？结果可想而知，淘金者都空手而归，亚摩尔却在很短的时间内靠卖水赚到了几千美元，这在当时可是一笔相当可观的财产。

资料来源：根据互联网公开信息改编。

[思维索引] 亚摩尔在大家仍然盲从地淘金的时候，拒绝随大流，主动跳出了从众型思维定式的包围，选择售卖清凉可口的饮用水，最终获得相当可观的财产，这无疑是创新思维的结果。

通过模仿他人的行为来选择策略并无大碍，有时模仿策略还可以有效地避免风险。但是，如果不顾是非曲直地一概服从多数，随大流就会成为阻碍进步和创新的"毒瘤"，需要割除。盲目从众意味着丢失了个体色彩的思维和行动，会让人在喧哗与骚动中麻木自己，"创新意识"在头脑中只成了四个机械的汉字。作为新一代大学生，我们要摆脱这种盲目从众心理，有自己的想法和创意，做有个性的人，活出属于自己的精彩。

（四）树立突破意识，勇战僵化保守

想一想

托马斯·爱迪生（Thomas Edison）一生共有 2 000 多项发明，被美国人誉为"大众英雄"。可是，在年轻的时候，只读过小学三年级的爱迪生却常被别人瞧不起。爱迪生曾经有个助手，名叫阿普顿。阿普顿毕业于普林斯顿大学数学系，他常嘲笑爱迪生是个"只会瞎摆弄的莽汉"。为了让阿普顿谦虚些，也为了让阿普顿对科学有真正的认识，爱迪生决定出个难题给他。

一天，爱迪生把一只有孔的废玻璃灯泡交给阿普顿，让他计算灯泡的体积。阿普顿拿着灯泡看了看，觉得灯泡应该是梨形的，心想：虽然计算起来不容易，但还是难不住我！阿普顿拿尺子量了量灯泡，并按灯泡的形状画了张草图，然后列出了一

大堆密密麻麻的计算公式。他算得非常认真。几个小时过去了，桌上堆满了算过的稿纸。又一个小时过去了，爱迪生来看他算好了没有，阿普顿边擦汗边摇头："快了，算了一半多了。"爱迪生强忍住笑："还是换个别的办法试试吧。"阿普顿头也不抬："我这个办法是最简单、最精确的，你还是等着看结果吧。"阿普顿根本没有快要完成的样子。于是，爱迪生拿过灯泡，把它一下沉到洗脸池中，让灯泡灌满了水，然后把灯泡里的水倒入量筒中。阿普顿这才恍然大悟。

资料来源：https://wenku.baidu.com/view/1728fc0c708al284ac850ad02de80d4d 8068.html.

[思维索引] 案例中的阿普顿受到了思维定式和思维偏见的影响，用常规的做法去计算非常规的题目，自然是费力的。而爱迪生巧妙地利用创新思维，扩展思维视角，将水灌入灯泡，利用灯泡里水的体积和灯泡的体积是一样的原理，再将水倒入量筒，量出了灯泡的体积。

思维偏见常常会变为保守的思想和对外在变化的反抗。我们应该树立突破意识，转换问题，获得新视角，把复杂问题简单化，把生疏问题熟悉化，从而解决问题。

能力训练

一、案例分析

（一）案例一：狗鱼思维

有一种鱼叫作狗鱼，这种鱼富有攻击性，喜欢攻击一些小鱼。科学家做了这样一个实验：把狗鱼和小鱼放在同一个玻璃缸里，在两者中间隔上一层透明玻璃。狗鱼一开始会试图攻击小鱼，但是每次都撞在玻璃上。慢慢地，狗鱼就会放弃攻击。

后来，实验人员拿走了中间的玻璃，狗鱼仍没有攻击小鱼的行为，这个现象被叫作"狗鱼综合征"。狗鱼综合征通常具有以下几个特点：对差别视而不见；自以为无所不知；滥用经验；墨守成规；拒绝考虑其他的可能性；缺乏在压力下采取行动的能力。

资料来源：http://wjiyifa.cn/siwei/816126.html.

思考：（1）这个案例带给你什么启示？

（2）你是否在学习或生活中有过相似经历？与大家分享一下。

（二）案例二：斯隆与福特的思维博弈

在变幻莫测、充满竞争的市场经济中，企业家的思维定式带来的经营后果有时候是异常惨重的。1913 年，美国著名企业家亨利·福特（Henry Ford）受屠宰流水作业的启发，设计了汽车装配流水线，大批量生产统一规格的黑色 T 型车。这一在福特脑中酝酿了整整 10 年的新想法，推动了管理史上著名的"福特制"的诞生。

"福特制"开创了一个新的工业生产技术时代，也使福特成为一度占有世界汽车市场 68%份额的"汽车大王"。但是，福特在陶醉于自己创新思维所取得的巨大成就的同时，在大脑中埋下了思维定式的种子，他公开宣称，福特公司从此以后只生产黑色的 T 型车。

当美国汽车市场渐趋饱和，早期购车人需要更换车辆，对汽车的档次、性能、外观有了更高要求时，福特的思维定式让他大吃苦头。

美国另一著名企业家、通用汽车公司总裁艾尔弗雷德·斯隆（Alfred Sloan）看到福特产品单一、款式陈旧这一致命弱点，设计、制造出了不同价格、档次的汽车，并且首创了“分期付款、旧车折旧、年年接代、密封车身”的汽车生产四原则，一举击败福特，使通用汽车公司登上了“世界第一汽车制造企业”的宝座。斯隆的思维创新击败了福特由思维创新退化而成的思维定式。

资料来源：http://wwifcs/si/l5681. html.

思考：目前，随着创新驱动发展战略的深入实施，产业升级步伐明显加快，我国汽车产业也正在进行深度变革，新能源、互联网和人工智能技术已经极大颠覆了传统汽车行业的思维。请站在消费者的角度，突破创新思维障碍的束缚，提出你对未来汽车行业发展的建议和展望。

二、解决问题——突破思维定式训练

下列为突破思维定式的训练题，请你充分拓展思维，得出解决方法。

(1) 广场上有一匹马，马头朝东站立，后来它向左转了270度。请问：这时它的尾巴指向哪个方向？

(2) 如何把10枚硬币放在同样的3个玻璃杯中，并使每个杯子里的硬币都为奇数？

(3) 天花板下悬挂两根相距5米的长绳，在旁边的桌子上有些小纸条和一把剪刀。请问：如何做到站在两绳之间不动，伸开双臂，双手各拉住一根绳子？

(4) 玻璃瓶里装着橘子水，瓶口塞着软木塞，既不准打碎瓶子或弄碎软木塞，又不准拔出软木塞。请问：怎样才能喝到瓶里的橘子水？

(5) 钉子上挂着一只系在绳子上的玻璃杯，你能既剪断绳子又使杯子不落地吗？（剪的时候手只能碰剪刀）

(6) 有10个玻璃杯排成一行，左边5个内装有汽水，右边5个是空杯。现规定只能移动2个杯子，使这排杯子实现实杯与空杯交替排列。请问：如何移动那2个杯子？

(7) 有一棵树，树下有一头牛被一根2米长的绳子牢牢地拴住了鼻子。牛的主人把饲料放在离树恰好5米之外就走开了，但牛很快就将饲料吃了个精光。请问：牛是怎么吃到饲料的？

(8) 有一只网球，需要使它滚一小段距离后完全停止，然后自动反过来朝相反方向运动。要求既不允许将网球反弹回来，又不允许用任何东西打击它，更不允许用任何东西把球系住。请问：该怎么办？

模块二 创新思维训练方法

任务一 智力激励创新思维训练方法

知识目标

1. 理解智力激励创新思维的概念。
2. 理解智力激励法的基本原则。
3. 理解智力激励法的实施步骤。
4. 理解奥斯本智力激励法衍生方法的实施步骤。

能力目标

1. 掌握智力激励法的运用机理。
2. 掌握奥斯本智力激励法及其衍生方法的实施步骤。
3. 掌握如何运用奥斯本智力激励法及其衍生方法进行创新思维训练。

案例导入

电线上的积雪

有一年，美国北方格外寒冷，大雪纷飞，电线上积满冰雪，大跨度的电线常被积雪压断，严重影响通信。虽然许多人试图解决这一问题，但都未能如愿以偿。后来，一家电信公司的经理应用头脑风暴法，尝试解决这一难题。他召开了一场座谈会，参加会议的是不同专业的技术人员，会议要求与会者遵守以下原则：

第一，自由思考。即要求与会者尽可能解放思想，无拘无束地思考问题并畅所欲言，不必顾虑自己的想法或说法是否“离经叛道”或“荒唐可笑”。

第二，延迟评判。即要求与会者在会上不要对他人的设想评头论足，不要发表“这主意好极了!”“这种想法太离谱了!”之类的“捧杀”或“扼杀”言论。对设想的评判要留在会后组织专人开展。

第三，以量求质。即鼓励与会者尽可能多而广地提出设想，以大量的设想来保证质量较高的设想的存在。

第四，结合改善。即鼓励与会者积极进行智力互补，在提出设想的同时，注意思考如何把两个或更多的设想结合成一个更完善的设想。

按照这种会议规则，大家七嘴八舌地议论开来。有人提出设计一种专用的电线清雪机；有人想到用电热来化解冰雪；也有人建议用振荡技术来清除积雪；还有人提出带上几把大扫帚，乘坐直升机去扫电线上的积雪……对于“坐直升机扫雪”的设想，大家心里尽管觉得滑稽可笑，但在会上也无人提出批评。相反，有一名工程师在百思不得其解时，听到这个想法后，突然有了灵感，一种简单、可行且高效率的清雪方法冒了出来。他想，如果每次大雪过后，出动直升机沿积雪严重的电线飞行，依靠高速旋转的螺旋桨就可将电线上的积雪迅速扇落。他马上提出“用直升机扇雪”的新设想，顿时又引起其他与会者的联想，有关用直升机除雪的主意一下子又多了七八条。不到一小时，与会的 10 名技术人员共提出 90 多条设想。

会后，该电信公司组织专家对设想进行分类论证。专家们认为，设计专用清雪机、采用电热或电磁振荡等方法清除电线上的积雪，在技术上虽然可行，但研制费用大、周期长，一时难以见效。那些因“坐直升机扫雪”激发出来的设想，倒是大胆的新方案，如果可行，将是既简单又高效的好办法。经过现场试验，工作人员发现“用直升机扇雪”真能奏效，一个久悬未决的难题，终于在头脑风暴会中得到了巧妙的解决。

资料来源：http://singaporeteambuilding.com/teambuilding/brainstorming-in-a-team.htm.

一、认识智力激励创新思维

（一）智力激励创新思维概念的由来和发展

智力激励创新思维是指以专题会议讨论的形式，通过思维发散进行信息催化，激发大量的创造性设想的一种创新思维方式，该思维方式产生的主要催化剂就是头脑风暴法（Brain Storming）。头脑风暴法是由美国人亚历克斯·奥斯本（Alex Faickney Osborn）在 1938 年首创的，智力激励创新思维训练方法是在头脑风暴法的基础上发展完善而成的，也称智力激励法。因为翻译的不同，它还被称为头脑激荡法、脑力冲击波法、畅谈法、集体思考法等。

奥斯本在青年时期曾经失过业，在寻找工作的过程中，他逐渐意识到创造力和创新思维的重要性。在之后的工作中，他也格外注意创新思维的开发和创造力的激发。1938 年，奥斯本在担任美国 BBDO 广告公司副总经理时，提出了“头脑风暴法”。此后，他又提出“延迟评判原则”以及设问和检核表等多种创造发明技法，对创新思维训练、创造力开发和创造发明活动的发展做出了巨大的贡献，被誉为“创造工程学的伟大先驱”和“创造工程的奠基人”，是当今世界最著名的创造学家和教育专家之一。

“头脑风暴”的原意是指精神病人的胡思乱想，奥斯本借用这个词来形容创新思维的自由奔放和打破常规。头脑风暴法最初被用在广告的创造性设计活动中，取得了很大成功，被称为“创造力开发史上的重大里程碑”。奥斯本提出的“头脑风暴”的观点曾得到他在 BBDO 的商业合伙人查尔斯·克拉克的充分肯定。克拉克指出："这样的会议是完全必要的，在广告设计工作中，许多新的设想是非常有生命力的。这种方法抨击了那些缺乏创造性的会议。"克拉克发现，他所参加的每一次会议都笼罩着一种否定的气氛：一旦人们提出新的设想，这些设想就会遭到拒绝和否定；一些熟悉情况又有设想的人在会议中却沉默寡言，整个会议被某个人或者被那些有名无实的人所操控和垄断。

1949 年，奥斯本在布法罗大学开办夜间训练班教授头脑风暴法以训练创新思维。到了 20 世纪 50 年代，他提出了延迟评判原则，认为形成完善的观点构思应在建立标准之前，并总结多年的实践经验，著书公布了"头脑风暴法"这一发明。他还创建了专门教授创造工程的夜校。这一方法经过一些创造学领域的专家完善和发展，成为一种普遍应用的方法。20 世纪 50 年代中期，许多大学相继开设讲授智力激励法的相关课程，并在社会上逐渐形成了专门的研究和培训机构，掀起了一个开发创造力的热潮。

接着，欧洲及日本等国家的创造力开发领域的学者，也积极在本国推广、普及这一方法，并根据各自国情对此法加以改造，衍生出了多种类型的智力激励法。目前，这一方法是在世界范围内最普及的创新技法，在技术革命、管理革新、社会问题处理、预测、规划等多个领域获得了广泛的应用。以交通问题为例，美国一直被认为是世界上交通问题最多的国家之一。自从运用智力激励法解决交通问题后，奥斯本的家乡——布法罗市一直被美国国家安全委员会列为"预防交通事故先进大城市"之一。这要归功于该市地方安全保障小组的负责人在"解决交通问题的激励会议"上提出了"应该给那些守规则的司机必要的奖赏"这一令人吃惊的设想。这一设想后来得以实施，司机所得到的不是口头表扬，而是交通警察送去的鲜花。仅在一个晚上，2 名警察就让 25 名女司机将车子停靠在路边，感谢她们的谨慎驾驶，并送给她们芬芳的鲜花。正如奥斯本所说："只要遵循头脑风暴会议的规则，头脑风暴会议几乎可以解决你能想象到的各种类型的问题。"

（二）为什么要运用智力激励法

1. 集体活动有助于创造发明

考察科学技术的发展历史，你会发现，每一个创造和发明，最初的创造性设想都是某一个人单独提出的。从这种意义上说，创造发明活动是属于个人的活动。但是，进行创造发明活动的个人并不是完全封闭且不与外界接触的个人。任何一个人的经验和思维都是与外界相联系的，会受到外界的影响和启发。奥斯本就是抓住了这一点，认定可以通过小组会议的形式让组员们互相影响和启发，提高每个人的创新思维能力和创造力，促进创造发明活动的开展。

首先，智力激励法可以弥补个人的能力不足。

古代的发明是由天才发明家关闭在研究室里长年苦研做出来的。例如：伽利略发现摆的等时性原理等，就是靠自己苦苦研究而创想出来的。

到了现代，科学技术迅速进步、更为复杂，单靠一个人就能做出伟大发明的领域越来越少了。原子弹、人造卫星、彩色电视、电子计算机等都是由许多科学家分部分进行创造发明，然后加以综合的成果。现代的重大科学技术发明已是归功于集体的创造，而不再是天才发明家一个人的事业。

研究当下科技发明的趋势，可以说，时代已发展到这样一个阶段：发明由个人的事业变成集体协作的成果。那些初创公司的创业经历告诉我们，他们在创业的时候一定是有一个团队在协作运行而不是一个人孤胆行军。科研团队也已经形成了由科学家带领研究人员的集体协作的模式。当然，在这里我们应该指出集体协作中的一种错误概念，即有一些人错误地认为集体协作旨在代替个人的劳动。实际上，集体协作只是为了进一步完善个人提出的设想。

其次，智力激励法有相当大的价值。

组织集体的创造性活动的最实用的方法之一，就是智力激励法。很多国家现在已经开始以各种不同的形式利用智力激励法来收集各种各样的解决问题的方法，以便日后对这些方法进行估价，促进发明创造活动。集体内的每个人都是普通成员，在这种情况下，人们摆脱了内外的各种束缚，取消了对价值的判断，冲破了观念的局限，用各种不同的方法提出大量的设想，并估量这些设想对解决具体问题的作用。即使这种方法对一些人没有太大的效用，这些人仍然需要有一个集体来帮助他们提出一系列解决问题的设想。

智力激励法需要提出大量的设想。当一个与会者提出一种设想的时候，他提出的设想会激发组内其他成员的联想能力。当人们卷入“头脑风暴”的洪流之后，一个人提出的设想就像水漂一样，会引起一系列的设想。更确切地说，就像放鞭炮一样，只要点燃一个爆竹，就势必引爆一连串的爆竹，这也就是我们常说的“连锁反应”。

为了确定设想能在哪种程度上引起一连串的其他设想，曾经有一个机构参与了 38 次头脑风暴会，并收集资料专门研究了这种互相刺激的现象。研究发现，在 4 356 个设想中，有 1 400 个是在别人提出设想之后，经过这种连锁反应才被其他人提出来的。

科学实验同样也证明了智力激励法的重要价值。一些测试表明，当集体进行联想的时候，成年人“自由联想”的效率可以提高 65%～93%。无论是青年还是老年，也无论是男人还是女人，集体的创新思维能力都要比个人的创新思维能力强得多。

同时，这种方法也激励竞争精神。一些心理学试验已经证明了人类的好胜心理。另外，一些心理学家也证实了这种竞争精神可以使思维效率提高 50%，甚至更多。这个发现对提出设想来说很有价值，因为真正的创新思维能力主要取决于人们所付出的努力，而不是其他的大脑功能。

2. 互相鼓励有助于提出设想

实施智力激励法的基本前提之一是人人都具有创造潜力。但为什么不是人人都有创新思维能力呢？这是因为，这种人人都具有的创造潜力上面笼罩着各种迷雾，使人们的创新思维能力不能显现。那么，什么气氛最适宜创新思维能力的发挥呢？这就是使心灵无拘束、自由的气氛。爱因斯坦曾多次谈到心灵的自由对于科学家创造的重要性。这种心灵的自由是指打破各种思维定式和抛弃一些已知规律的束缚，自由怀疑、大胆设想的心理状态。在头脑风暴会议中，始终要坚持这样一种自由畅谈的融洽的气氛，只有一直保持这种气氛，才能有助于人们提出设想，以便更大限度地发挥每个人的创造力。

一些大公司、大企业发现，越是鼓励员工提出建议，员工的生产状况就越好。美国古德里奇公司（Goodrich Corp.）在这方面做得尤为突出，甚至对提出比较荒谬设想的员工也都给予鼓励。公司还建立了意见箱，意见箱里有这样一条建议："我建议在男、女厕所的门上镶上玻璃窗，标注男、女字样，这样人们在使用厕所时可避免弄错，产生误会。"意见办公室的负责人很有分寸地回答："出于谨慎的原因，没有必要在厕所的门上镶上玻璃窗。"但是他在回信的最后表示："不管怎样，今后你们如果有新的意见，我们将非常高兴地认真研究。"还有一个例子，一个不太识字的工人似乎有一个想法。于是，意见办公室的负责人就派了一名工程师和他接触，经过两个小时的交谈之后，终于弄懂了他所要提出的意见。这个工人的设想非常有价值，以致所有的工程师都为得到这个设想而感到兴奋。

3. 互相学习有助于知识互补

在当前知识大爆炸的时代，技术更迭周期逐渐缩短，技术创新工作也越来越复杂。对于创新者来讲，在进行一项创新活动时需要更多的知识储备，而且这种知识呈现多元化的特点。事实上，每个创新者在各类知识上的禀赋存在差异，随着创新活动的日益复杂，创新者仅依靠自身的知识积累往往无法完成创新活动。此时，就可以在头脑风暴的过程中，汲取其他创新者的知识以实现知识的互补，进而进行有效的创新活动。

实践经验表明，智力激励法可以排除折中方案，通过对所讨论问题进行客观、连续的分析，找到一组切实可行的方案，因而智力激励法在军事决策中得到了较广泛的应用。例如：美国国防部在制定长远的科技规划时，曾邀请50名专家采取头脑风暴法开了两周会议。专家的任务是对事先拟订的长远规划提出异议，通过讨论使原规划文件变为协调一致的报告。最终，在原规划文件中，只有25%～30%的规划得到保留。由此就可以看出智力激励法的价值。

当然，智力激励法实施的成本（时间、费用等）是很高的。另外，智力激励法要求参与者有较好的素质。这些因素是否满足，会影响智力激励法实施的效果。

（三）智力激励法的主要特点

智力激励法的主要特点集中在"激励"两个字上，简而言之，智力激励法是通过给予与会者激励，促使与会者产生联想和创造思维，激发其创造灵感，产生创造性解题方案及设想。这是智力激励法与其他创新思维方法的最大不同之处。这里的"激励"可以从以下两个方面来理解：

第一，"激励"是指该方法能够给予与会者的大脑大量的信息刺激，促使与会者相互填补知识空隙，相互激励，诱发新观点的碰撞，产生连锁反应，促进与会者的大脑把已有知识和所得信息围绕着要解决的问题重新排列组合，从而产生出大量的新设想。按照我国台湾的翻译习惯，还有人把此法称为"脑轰法"，比较形象地体现了这一特点，即持续地对大脑进行强烈刺激。头脑风暴会议上发表的每一条意见和设想，对于每一个与会者都是一种信息刺激。这种刺激如果被理解，就会被纳入自己的知识结构里，从而对于新的意见和设想的形成产生作用，如将新旧信息、不同信息相融合，产生新的设想；或者在新的刺激下，通过联想作用激活另一个有价值的设想，这些新设想的发表，又会引起新的反应，从而形成创造性思维的共振。

第二，“激励”是指该方法能够造成一种鼓励与会者大胆思考和提出新设想的气氛，提高与会者的创新思维发散的积极性。鼓励对于创新来说是一种有效的刺激形式，它有助于与会者克服胆怯、倦怠、创新意识弱、从众、过分自我批评等一系列阻碍创新思维充分发挥的个人心理因素。智力激励法通过明确规定、主持人引导等，保证了讨论会上形成一种鼓励创造、敢于自由思考、不怕说出哪怕是可笑的设想的良好气氛。这种气氛不仅可以激发与会者寻求异常设想的强烈兴趣，刺激新思路的开拓，而且使人们易于接受并发展违反常规的新设想，从而产生出更多的新设想。美国斯坦福大学教授约翰·爱德华·阿诺德（John Edward Arnold）曾经说过，在头脑风暴会议这个集体活动中，你可以把自己完全融入想象的环境中来充实自己的设想。人们在这个环境里，可以获得心理学家们所称的心理安全和心理自由，可以完全摆脱外部对价值判断的压力，可以不必担心被别人讥讽为疯子，甚至可以消解个人的偏见，因为所有其他人都要求你尽可能地提出一些可以让他们猝不及防的设想。为了达到这些速度和数量方面的要求，你根本就不会有时间去细致地考虑自己的设想。

一般而言，智力激励法只适用于解决比较简单的问题。如果问题涉及面很广，包含因素太多，或者需要仔细推敲研究，在运用智力激励法的时候就要谨慎审视考虑。此外，对会议中所形成的设想的整理和评选工作量较大，有时费时过多。这些可视为智力激励法的局限性，但这些局限性无损其在创新活动中的作用和各种创新技法中的地位。

（四）智力激励法的运用机理

头脑风暴不仅可以集中多人智慧，而且可以通过营造创新性的会议氛围，强化信息刺激。通过剖析智力激励法的运用过程可知，在头脑风暴过程中，与会者在主持人的引导和刺激下，相互影响、相互启发，强化信息刺激，填补知识空隙。整个过程会促使与会者展开丰富的想象，从而引起思维扩散。与会者的联想思维、逆向思维、质疑思维、移植思维等不断地被释放出来，引发连锁反应，在短期内产生大量的创新设想，进一步刺激与会者的形象思维和逻辑思维，形成思维的大面积发散，最后聚合到具体问题的解决上来，诱发创新设想，从而为构思创新方案打下基础。当然，在与会者的形象思维和逻辑思维形成阶段以及在创新思维发散的过程中，都可能直接产生灵感思维，直接得到满意的创新方案。智力激励法的运用机理可以由图 2－1 来展示。

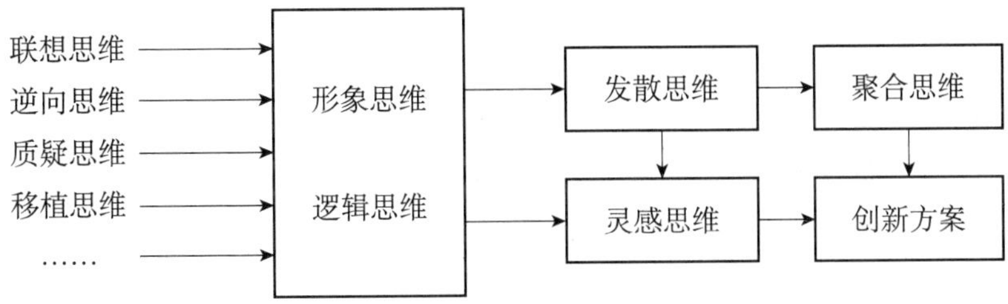

图 2－1　智力激励法的运用机理

智力激励法是如何激发创新思维的呢？根据奥斯本和其他研究者的观点，主要有以下几个方面：

第一，热情感染。集体的无限制讨论能够激发与会者的热情。在不受任何限制的情况下，人人都能够自由发言、相互感染并且相互影响，进而形成讨论热潮，刺激与会者突破固有的观念和思想的束缚，最大限度激发创新思维能力。

第二，联想反应。联想是创新思维的基础。爱迪生曾说，在发明道路上如果想有所成就，就要看是否有对各种思路进行联想和组合的能力。在进行集体讨论问题的过程中，每个人提出一个新的观点，都会引发其他人员的联想。在一个个联想的基础上，会接连产生一连串新观点，新观点的累积为创造性解决问题提供了更多的可能性。

第三，竞争意识。竞争是一种促进创新的机制，在竞争意识的促使下，每位与会者都会争先恐后发言，不停开发脑力，推动思维机器运转，力求能够想出更多新奇的观点和独到的见解。从心理学的角度来说，人人都有争强好胜的心理，在竞争意识的激发下，人类心理活动的效率可以迅速提高。

第四，畅言欲望。在集体讨论解决问题的过程中，个人畅所欲言的欲望不受任何干扰和控制是非常重要的。智力激励法有一条原则——延迟评判，并且很多情况下不允许有任何怀疑的动作、表情，甚至神色。每个人在这个原则的驱动下，都会尽量促进自己的畅言欲望得到全方面发挥，从而提出更多、更好的新观点。

（五）智力激励法的基本原则

智力激励法成功的关键在于探讨的方式，其有四个基本原则用于减轻与会者的群体压力，从而激发思考，帮助进行充分的、非评价性的和无偏见的交流，增强集体创造力。

1. 数量优先原则

数量优先原则要求会议强调在有限的时间内提出设想的总量越多越好，与会者要抓紧时间尽可能多地提出设想。要确定产生设想的口号是“尽可能多的大量的设想”，只有数量多了才能保障质量。这就如同船舶在海上航行，只有不断地确定船舶的位置，才能够尽可能最快到达目标港口。单位时间内提出的设想尽可能多，其中具有创造性的设想出现的概率就会越大。在追求数量的活跃气氛中，与会者为了尽可能多地提出设想，就不会对于提出的观点进行严格的自我评价了。

奥斯本认为，在坚持创造性解决问题的过程中，初期往往不太容易提出相对理想的设想。然而在后期提出的设想中，有实用价值的设想所占的比重要比前期大得多。因此就需要人们尽可能地提出大量的设想，设想越多，越可能得到高质量的方案。例如：爱迪生在做发明电灯的试验的时候就想过应该用什么材料来做灯丝，为此他试验了 1 600 多种耐热的材料和不计其数的植物纤维。尽管如此，他还是没有能够找到理想的灯丝材料。最后，他试验了从日本寄过来的竹片，得到了比较好的效果，于是他又派人去日本对当地产的350 多种竹子进行了调查，最终才找到了理想的材料。

2. 延迟评判原则

延迟评判原则是指在与会者畅谈期间，对所有提出来的设想不允许做任何肯定或者否定的判断，更加不允许批判反驳。坚持这一原则是为了防止评判对创新思维产生抑制。创造性设想的提出有一个诱发、深化、发展、完善的过程，多数好的创造性设想在提出的时候经常是不合逻辑的，甚至是杂乱无章的，会让人看起来是毫无价值的。然而这些看起来毫无价值的设想却能够激发出其他有价值的设想，或者在分析验证的过程中发现其在开始的时候没有被看出的价值。为了防止一些好的设想因为过早的评判而被扼杀，评判就必须延迟。

这里的评判包括自我评判和相互评判。自我评判会使自己的思想受到头脑中已有的知识、逻辑、感情等方面原则和准则的束缚，会导致思想僵化，进而提不出或不敢提出创造性设想。相互评判则会抑制积极性，引导众人追求他人认可，这样容易造成紧张气氛。这些都会阻碍创造性设想的提出。因此，坚持延迟评判原则，不仅要在讨论时禁止相互评判，也要自觉地禁止对自己的评判。

延迟评判还包括在讨论时禁止肯定性评判，也就是同意他人的设想，特别是有些没有必要的赞美之言，同样是不利于创造设想的产生的。恭维话不仅会使其他与会者产生受冷落感，从而阻碍创造的发挥，而且极易造成一种“我们已经找到大家认同的答案，所以已经没有必要再继续下去”的假象。

3. 自由思考原则

自由思考原则是指与会者要有多而精的设想，提倡与众不同，并且不受传统的逻辑思维和其他常态思维的束缚和限制，即思维长期处于自由驰骋的状态。研究表明，教育和经验知识虽然是创新思维的基础，但过于依赖的话也会成为对人类思维的一种抑制，过多的抑制会使思考问题的方法变得刻板，思维变得不灵活，同时缺乏创造性。

与会者要善于从多个角度，有些时候甚至是从反常的角度来思考问题和提出设想，暂时抛弃脑中的各种准则和原则，故意做违背传统和一般逻辑思维的思考。坚持开放性的独立思考，不怕别人嘲笑，敢于提出看似幼稚甚至荒诞的想法。这些设想往往出自新观点或者被忽略的假设中，这种坚持与众不同的思维方式也往往会带来更好的设想。

4. 综合改善原则

综合改善原则是指与会者要积极地把别人提出的设想加以综合、改善，继而发展成新的设想，或者提出可以帮助他人综合改善的思路。这首先是因为创新就在于综合，在于将头脑中已有思想、设想和新获得的外来思想、设想进行碰撞，形成新的组合，产生新的功能。因为与会者会上提出的设想大多数是没有经过仔细揣摩、很不完善、仍有很大的加工和完善空间的初步设想，有些甚至仅仅是一种思路。对这些思想和思路进行综合改善，往往能产生事半功倍的效果。

为了使综合改善工作能够自觉和有效，与会者可采用自我提问的方法，不断地向自己提出有关问题，时刻提醒自己。奥斯本曾经指出，最有意思的组合大概是设想的组合。为了达到综合改善的目的，与会者可以在参与讨论的过程中不断向自己提出以下问题：我们可以将哪些设想组合在一起？这些设想组合在一起会产生怎样的效果？还有哪些设想可以加入进来一起讨论？等等。

二、智力激励法的实施步骤及应用实例

（一）奥斯本智力激励法的实施步骤

奥斯本智力激励法力图通过一个相对标准的讨论程序和讨论规则保证实施的创造性和讨论的有效性，因此奥斯本智力激励法的实施步骤是该方法能否成功的一个关键因素。一般而言，可以将整个活动分为以下几个阶段：前期准备、引导热身、明确问题、畅谈设想、整理和加工，如图 2-2 所示。

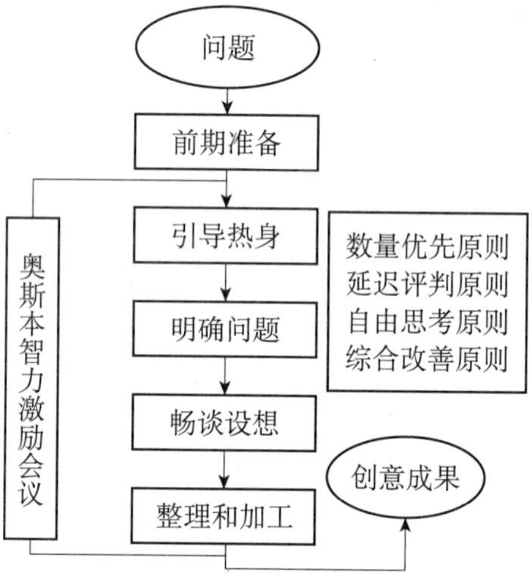

图 2-2　奥斯本智力激励法的实施步骤

1. 前期准备

准备工作要在会议开始之前进行，主要包括以下几个方面：

（1）选择理想的会议主持人。奥斯本智力激励会议能否取得成功，很大程度上取决于所选择的主持人是否能够胜任主持工作。较为理想的主持人应该对智力激励法非常熟悉，能够在必要的时候给予会议流程一定的引导，对与会者产生恰当的启发。会议主持人要在会议之前准备好自己关于解决问题的一些相关的设想，以备在会议进行的过程中给予与会者必要的启发。当然，主持人最重要的作用是能够在会议中激励自由、无限制的思考，以及及时制止违背四个原则的现象发生。

（2）制作背景资料。背景资料是指给与会者的邀请函中提供的关于会议背景的材料。背景资料应包括会议的名称、论题、日期、时间、地点。论题以提问的形式描述出来，可以列举一些设想作为参考。背景资料要提前分发给与会者，这样他们可以事先思考。

（3）选择与会者。主持人要负责组建会议专家小组，一般而言，小组由 10～15 个成员组成比较行之有效。组合方式可以多样，但建议遵循以下原则：

1）人员结构合理。应确保大多数与会者都精通该问题或者是该问题在某一方面的专家或内行，应注意与会者知识结构的多样性，凡是可能涉及的领域或者专业，都要有擅长的人员参加。同时，要有少数项目之外的人员参加，目的是保证会议提出设想的广度，在

一些情况下能够突破专业习惯和老思路的束缚。需要注意的是，这些项目之外的成员要对会议讨论的问题有足够的兴趣，且对于问题涉及的领域所知不多，但对于其从事的领域却很精通。另外，会议还需要一名记录员，负责记录与会者提出的设想。

2）人员等级的统一性。与会者的知识水平、职务、资历和级别等应尽可能做好统一。人员等级的不统一，容易造成会议进行中某些等级较高的与会者的观点被过于推荐或者等级较低的与会者的观点被过于忽视的违反四个原则的情况。

3）要有几名运用该法的有经验的成员。有几名经验丰富的核心成员，能够很大程度上提高会议的效率。可以从一些参与过奥斯本智力激励会议的成员中优先推举其成为此项目成员，然后根据问题的特点补充或者调整小组的其他人选，这样就可能收到更好的效果。

2. 引导热身

引导热身的目的是促进与会者尽快进入角色。通过热身的方式，可以让与会者第一时间放下之前忙于的工作，集中注意力参与到会议中。况且，每个与会者达到畅所欲言的状态的过程所需要的时间是不同的，大多数人很难第一时间进入状态，这就需要有一个升温和强化的过程。

热身阶段只需要几分钟即可，具体的方法可以视情况而定，如提出几个与本次问题毫无关系但是需要大家调动思维的简单问题，用以活跃气氛、促进思维；也可以会前进行柔化训练，对缺乏创新的与会者进行打破常规、转变思维的训练活动，减少惯性思维，把与会者从紧张的工作环境中解脱出来，以饱满的创新激情投入会议中。

3. 明确问题

明确问题的目的是通过对问题的分析和陈述，让与会者全面了解问题、拓展思路。

（1）介绍问题。由主持人向与会者介绍需要解决的问题，介绍过程要简明扼要，可以让与会者简单讨论一下，看一看对于要解决的问题的理解是否一致和正确。要在确认全体成员都对于问题没有误解之后，再转入下一个步骤。

在介绍问题时，主持人切忌将背景材料介绍得过于详细，应该只向与会者提供有关问题的最低数量信息，尤其不能把主持人自己初步的设想也表露出来，因为这样不仅无助于启发其他与会者的思维，反而会起到束缚作用，难以拓展思路。对于外行人而言，他们所需要的只是对问题实质的通俗解释。

（2）重叙问题。重叙问题就是把问题进行重新叙述，改变对问题的表述方式。其目的是加深与会者对问题的实质性理解，防止问题的重要方面被遗漏；同时可以启发多种解题思路，为提出设想做准备。例如：假定要解决的问题是如何增加某企业的营业额，则可以重叙问题如下：

1）如何赢得更多顾客？

2）如何降低成本？

3）如何销售得更多？

4）如何战胜竞争者？

5）如何劝说人们多买一些？

6）如何使那些犹豫不定的顾客下定购物决心？

7）如何鼓励顾客多买些高档货？

所有的重叙问题都要由记录员写下来，按照顺序编号，并放在醒目地方，让全体与会者都能随时清楚地看到，以便与会者随时思考，全面参与讨论。

该步骤实施需要注意两点：一是不要急于提出设想，二是鼓励与会者尽可能多地以不同形式重叙问题。

（3）选择最具有启发性的重叙形式。一般重新叙述问题之后，就可以围绕其进行畅谈。但有时为了保证在与会者的思维状态最佳、创造力发挥处于顶峰时，能够考虑到解决问题的关键点，就需要选出最有启发性、最有可能促使问题得到创造性解决的重叙形式。重叙形式既可以由会议主持者或问题提出者选择，也可以由与会者全体来选择。选择后就可以此作为议题，开始畅谈。

4. 畅谈设想

畅谈设想阶段是与会者充分发挥自己的创造力，突破思维羁绊，克服内外心理障碍，让思维自由驰骋，借助与会者之间的知识互补、信息刺激和情绪鼓励，通过联想和想象提出大量创造性设想的阶段。它是奥斯本智力激励法各阶段中的实质性、关键性阶段，所以此阶段需要极其浓厚的鼓励和激励的氛围，需要调动与会者高度的积极性。

畅谈设想阶段结束后，一般都已经形成了大量无限制的设想，此时由主持人宣布会议结束，同时要求与会者在会后继续考虑、提出设想，必要时可以择时再次集会对设想进行补充。

需要注意的是，主持人在主持会议的过程中，应允许参会人员轮流发言，每轮每人简明扼要地说清楚一个创意设想，避免形成辩论会和发言不均；要以赏识和激励的词句、语气和微笑点头的行为语言，鼓励与会者多提设想，如“对，就是这样！”“太棒了！”“好主意！”“这一点对拓展思路很有好处！”等；禁止使用下面的话语，如“这点别人已说过了！”“实际情况会怎样呢？”“请解释一下你的意思。”“就这一点有用。”“我不赞赏那种观点。”等；要经常强调设想的数量，如平均5分钟内要发表10个设想；遇到人人都无计可施、出现暂时停滞时，可采取一些措施，如休息几分钟，自选休息方法——散步、唱歌、喝水等，在休息后再进行几轮头脑风暴；也可发给每人一张与问题无关的图画，要求讲出从图画中所获得的灵感等。根据问题和实际情况的需要，引导大家一次又一次进行脑力激荡。例如：会议课题是某产品的进一步开发，可以把思考产品改进配方作为第一激波、把思考降低成本作为第二激波、把思考扩大销售作为第三激波等。又如：对某一问题解决方案进行讨论，引导大家掀起“设想开发”的激波，及时抓住“拐点”，适时引导进入“设想论证”的激波。要掌握好时间，会议持续1小时左右为宜，形成的设想应不少于100种。但最好的设想往往是在会议快要结束时提出的，因此，预定结束的时间到了之后，可以根据情况再延长5分钟，这是人们容易提出好的设想的时间。在5分钟的时间里再没有新主意、新观点出现时，会议可宣布结束或告一段落。

5. 整理和加工

与会者在会上提出的设想大多数都未经过仔细考虑或评价，这些设想只有在整理和加工之后才可能具有实用价值。因此，对于设想的整理和加工也是非常有必要的，该阶段的任务包括设想的增加、评价和升华等。

（1）设想的增加。在畅谈会的第二天，由主持人或指定人员用电话或拜访的形式收集与会者会后产生的新的设想。这个步骤也不容忽视，因为通过会后的休息，与会者的思路往往会有新的转化或发展，很有可能会提出一些新的、有价值的设想。奥斯本在总结他以往运用该法解决问题的经验的时候曾说，在某一次会议中，与会者共提出了100余条设想，第二天通过多方联络，与会者又补充了20多条设想，其中有4条设想比前一天提出的所有设想都更有实用价值。

（2）设想的评价和升华。评价设想和升华设想是相互联系的两个方面，既需要判断性思维，又需要进一步改善的综合工作，对评选出的好设想加以完善和升华。为了便于评价工作有效进行，一般会先拟订一些评价指标。例如：

1）这个设想是否简单？

2）这个设想是否恰当？

3）这个设想能否被人们采纳？

4）这个设想能否实现？

具体拟订哪些指标，要视问题的性质及对解决问题方案的要求而定。评价设想的人员不一定要是设想的提出者，但最好是对问题本身有责任的人；人数应该是奇数，一般以5～7人较为恰当。在美国，这一工作一般会委托专家或问题提出人进行。在日本，则多是召开第二次会议，设想提出人自己来做集体评议，其好处是可以省去设想说明的时间。

以上为运用奥斯本智力激励法进行创新思维训练的一般实施步骤，具体运用时可以视问题和实际情况的不同而有所调整，如热身的组织形式，确定问题的方式和用时，畅谈设想的间断式方法等。总之，实施的过程不是固定的模式，只要在奥斯本智力激励法的四个原则的基础上，都可以加以灵活运用。

（二）奥斯本智力激励法的应用实例

在了解了奥斯本智力激励法的实施步骤后，肯定会有人提出疑问：人们在短时间内提出大量的、无限制的设想，这些设想就真的一定有实用价值吗？

答案是肯定的，当然这些设想是否能有效果或者最终是否可行，在很大程度上还是取决于人们在此方向上所做的努力的程度，也就是在整理出一些设想之后，人们会不会尽力去升华和实施，促进创造性设想的完善。我们提出的设想就是一块刚刚出土的玉石，在一般人看来就是一块很丑但是有点特殊的石头，这块玉石如果不经过大师的雕刻，也许就是一块特殊的石头，反之，它将可能成为一件千古流芳的艺术品。

对此，我们可以举出很多例子来证明奥斯本智力激励法在训练创新思维上起到的积极作用。

1. 奥斯本智力激励法在国外的应用

（1）美国某企业为了提高核桃裂开的完整率，对“如何使核桃裂开而不破碎”进行了一次小型的头脑风暴，会上提出了近100个奇思妙想，但似乎都没有实用价值。其中有一个人提出“培育一个新品种，使这个新品种在成熟时自动裂开”的设想。当时，与会者认为这是天方夜谭，但有人沿着这个设想的思路继续思考，想出了一个核桃被完好无损取出的简单有效的好方法：在外壳上钻一个小孔，灌入压缩空气，靠内部压力使核桃裂开。这个想法随后被技术人员进一步开发出来并应用到实际生产过程中。

（2）美国某学院的管理部门估计，为了修建学校要借用 85 万美元，预计会碰到困难。该学院院长召集了一个小组，主持了智力激励会议来解决这个问题：以“在不妨碍教学质量和建筑材料质量的情况下，怎样缩减建筑一所学校的经费开支”为主题进行讨论，小组人员积极参加会议并提出自己的设想，这些设想最终使经费开支缩减到 73.5 万美元，也就是节省了 11.5 万美元。

（3）瑞士某生活保险公司利用智力激励会议探讨“如何找到可持续更新的潜在顾客”这一问题。在一个小时内，会议共提出 225 种设想，其中有 25 种设想可以立即采纳，还有 125 种设想也能够利用。该公司积极运作这些设想，业绩达到了超越预期的效果。

（4）墨西哥某保险公司就简化工作任务问题举行了一次智力激励会议。这次会议在半小时内提出 109 个设想，其中有 23 个设想经过进一步的商讨后被采纳、施行，并取得了员工良好的反馈。

2. 奥斯本智力激励法在我国的应用

奥斯本智力激励法不仅在国外有广泛的应用，在我国也有很多应用案例。

（1）解决调速器漏油问题。

1982 年，铁道部委托大连所召开鉴定会，与会者对天津机车车辆机械厂生产的调速器进行鉴定，一致认为其加工质量和配机性能都没有问题，仅几处有漏油现象，故未能批准成为“银牌产品”。于是，部局紧急要求限期解决漏油问题。针对这个棘手的问题，天津机车车辆机械厂召开了一次专题质量攻关会议，这次会议没有像以往一样由领导主持先划框框、定调子，而是采用智力激励法激发大家的创造性，让大家创新想法，自由发言。

参加这次会议的成员为：调速器组装工人两名，调速器设计人员两名，调速器制造工艺师两名（其中车间工艺师一名，技术科工艺师一名），检查工人一名，车间管理人员（即生产调度）一名。会议主持人给每位与会者发了两张纸条：一张纸条上写明这次会议要解决的主要问题，另一张纸条要求与会者每人写二至三条解决漏油问题的设想及方案。纸条写好之后，由主持人收集起来。在畅谈之前，主持人宣布会议纪律：第一，不许对别人的意见评头论足，不许有“同意”或“不同意”之类的发言；第二，提倡大胆设想，自由思考，不受任何限制，不怕意见提得不对；第三，任何人不能进行武断性发言，不能批评他人的发言，更不能打断或限制他人的发言，不管对与否，均把话讲完；第四，设想越多越好，不局限数量和范围；第五，发言要围绕主题，而且问题要明确，发言的内容不能“出圈”；第六，参加会议的人员在发表设想方面一律平等，没有工人、工程师之分；第七，任何意见和设想都得在会上公开发表，不得在会上私下交谈，以免干扰别人的思维。这些规定宣布之后，与会者各自阐述了自己的意见和设想，有些与会者还进行了再思考和再发言。本次会议共提出了 41 条解决漏油问题的设想。

由于这 41 条设想还比较分散，根据综合改善原则，主持人又给每位与会者发了一张纸条，要求每人在 41 条设想的基础上再写出 1～2 条方案，最后，会议一共总结了 10 条解决调速器漏油的方案，供设计和工艺部门解决调速器漏油问题参考。会议一共用了约 2 个小时，迈出了解决调速器漏油问题的第一步。方向明确了，问题提出了，只等逐步实施。通过这次智力激励会，大家体会到：由于与会者心情舒畅，充分发表了自己的意见，因此，效果比以往任何一次会议都好，是解决问题的一种值得提倡的好方法。

（2）手表外观设计提高附加值。

1991 年 6 月，天津手表厂科学技术协会（以下简称“科协”）结合手表的外观改造及如何提高附加值的问题举办了一次智力激励会议，与会者有主管厂长、四位总工程师、相关工序及车间一线代表、厂级教育科代表、科协主席及成员、天津市科协领导及担任过创造学课程的教师等 20 多人。主持人在介绍问题后，与会者先用半小时的时间每人写出了 20 多条改进方案。之后，对这两个问题分两组进行畅谈，畅谈大约进行了 1 小时，形成了 100 多条有价值的方案。对有价值的方案，与会领导当场提出要立项，并给予支持，会议进行了 2 个小时，气氛热烈非常。这些方案中的十几项最终进入设计、实施流程并制出样品。

（3）研制菱镁硷包装箱。

沈阳市皇姑区菱镁苦土制品厂是一个生产菱镁制品的专业厂，年产量 3 800 立方米。1982 年初，该厂仅签订了 1 710 立方米的订货合同，还有 2 090 立方米无着落。按照当时情况，该厂不仅完不成全年产值和利润计划，而且有发不出工资的危险。为此，厂领导责成技术人员组织新产品研制来度过这一危机。但是，技术人员苦思冥想好长时间，还是一筹莫展。后来，他学习了奥斯本智力激励法，决心发动大家来开发创造性设想。他召开了一次智力激励会议，经过集思广益，终于找出了最佳设想，决定研制菱镁硷包装箱。沈阳第一机床厂、沈阳液压机床厂等单位试用后，对菱镁硷包装箱很满意。相比木材包装箱，菱镁硷包装箱不仅坚固耐用、价格低廉、外形美观、包装方便，而且节约工时，有很大的发展前途。菱镁硷包装箱的问世，为该厂产品打开了新的销路，仅 1982 年菱镁硷包装箱的订货就达到 2 300 立方米。1982 年，该厂共生产了菱镁制品 4 000 立方米，其中菱镁硷包装箱占比 57.5%，不仅完成了产值，更提前三个月完成了计划。这位技术人员也因此被评选为沈阳市皇姑区 1982 年科技工作积极分子。

（三）其他衍生智力激励法的实施步骤及应用实例

1. 卡片式智力激励法

卡片式智力激励法简称“卡片法”。这种智力激励法又可分为 CBS 法和 NBS 法两种：

（1）CBS 法由日本创造开发研究所所长高桥诚根据奥斯本智力激励法改良而成。其特点是可以对每个人提出的设想进行质询和评价。CBS 法的操作步骤如下：

1）会前确定会议主题问题，会议人数一般维持在 8 人左右，每人持 50 张名片大小的卡片，桌上另放 200 张卡片备用。

2）会议时间可以视情况而定，一般举行 1 个小时左右。最初 10 分钟为自行思考阶段，由与会者在各自的卡片上填写设想，每张卡片上填写一个设想。

3）接下来的 30 分钟，由与会者按座位次序轮流发表自己的设想，每次只能宣读一张卡片，宣读时将卡片放在桌子中间，让与会者都能看清楚。在宣读后，其他人可以提出质询，也可以将启发出来的新设想填入备用的卡片中。

4）最后，让与会者相互交流和探讨各自提出的设想，从中诱发出新的设想。

（2）NBS法是日本广播电台开发的一种智力激励法。NBS法的操作步骤如下：

1）会前明确会议主题问题，每次会议由5～8人参加。

2）每个与会者必须提出5个以上的设想，每个设想写在一张卡片上。

3）会议开始后，各与会者出示自己的卡片，并依次做出说明。在别人发表设想时，如果自己产生了新设想，应立即填写在备用卡片上。

4）待所有与会者发言完毕后，主持人将所有卡片集中起来，按内容进行分类后排列在桌上，在每类卡片上加一个标题，然后进行讨论，从中挑选出可供实施的设想。

读一读

日本著名发明家丰泽丰雄到英国访问朋友家时，看到朋友家玻璃门的外侧向里贴着吸盘，曾大吃一惊。开始，丰泽丰雄以为这只是一个普通的吸盘，仔细看时才发现里边装着一个圆形温度计。从室内就可以看到温度计正指向10℃。而室内因为有暖气，当时的室温在25℃左右。也就是说，这是一种能装一个大温度计的吸盘。为什么需要这样一个吸盘呢？原来，英国的冷暖气设备非常完善，即使室外降至0℃，室内也温暖如春。有时候如果不注意跑到外面就会患感冒，所以需要经常了解外面的气温。

丰泽丰雄由此得到启发，回国后立即召集他的助手和有关专家，用“卡片式智力激励法”的形式召开会议，收集、整理出几百条研制发明多种形式吸盘的设想。其中的几条设想很快就得以实现，并获得了发明专利。例如：在吸盘的内侧镶上天鹅绒，将宝石和首饰装在里边，然后吸在窗户的内侧的适当高度，过往的顾客就会驻足观赏；制作可装手表的吸盘；制造可装入小灯泡的吸盘，这也成了一种相当高明的照明方法，过圣诞节时，能在室内做成装闪烁灯的吸盘……丰泽丰雄还准备把“在吸盘内形成空间”作为今后的发明课题。

资料来源：根据互联网公开信息改编。

2. 默写式智力激励法

默写式智力激励法又称“635法”，是德国学者鲁尔巴赫对奥斯本智力激励法加以改进提出的。这一方法是针对由于数人争着发言易使点子遗漏的缺点对奥斯本智力激励法进行的改进，其操作要点如下：

（1）选择熟悉默写式智力激励法基本原理和做法的人来主持会议，确定会议的主题，并邀请6名与会者参加。

（2）在会议主持人宣布主题并对与会者提出的疑问进行必要的解释之后，每位与会者便可开始默写自己的设想。主持人给每人发几张卡片，每张卡片上标有序号，在每两个设想之间留出一定空隙，以便其他人能够在这些空隙中补充填写新的设想。

（3）在第一个5分钟，每个人要针对会议主题问题在卡片中填写3个设想，然后将设想传递给右邻的与会者。在第二个5分钟，每个人要在参考了他人的设想后，再在卡片上填写3个设想。

(4) 卡片上填写的设想既可以是对自己设想的修正和补充，也可以是对其他人设想的完善，还可以是对几种设想进行取长补短的综合，填写好后再向右传给他人。这样，半个小时内可传递交流6次，共可以产生108条设想。

当然，在具体应用默写式智力激励法时，可以对这些规定进行一些变通处理，例如：根据实际情况，参加人数可以介于4～8人；填写设想的时间也可以根据会议进行的情况进行适当延长；填写的设想数目不仅限于3个等。

此方法比较适合德国人的行事特点，在当时的德国非常流行。当然也有学者提出，尽管与会者也能在一定程度上交流思想，但难以达到奥斯本智力激励法那样使思想自由奔放、新奇生动的效果。同时，由于受到文字表达思想的限制，人们倾向于花时间完善地表达思想。因此，这一方法产生的设想虽然比奥斯本智力激励法更加谨慎，但不易于获得独创性高的设想。

读一读

装在汽车引擎盖上的一个被圆环套住的金属三角星，象征着德国奔驰汽车的技术、舒适、安全和幸运。在百余年的历史中，奔驰汽车一直享有良好的声誉。就以1982年的经济危机为例，其他的汽车公司或多或少地受到危机的冲击，奔驰的销售额却增加了6.1%。在大量日本车冲击西欧市场的情况下，奔驰汽车不仅顶住了日本车的压力，还增加了对日本的出口，尽管一辆奔驰汽车的价钱可买两辆日本车，但其始终能在日本市场占据一席之地。

奔驰汽车之所以能取得这样大的成就，其中最重要的一点是因为它充分认识到，公司提供给顾客的产品不仅仅是一个交通工具，还应包括汽车的质量、造型、功能、维修服务等，即要以产品整体来满足顾客的需求。

为此，奔驰汽车的总经理召开了"默写式智力激励"会议，从产品的构想、设计、研制、试验、生产直至维修提出了大量有价值的设想，制定了一条"使质量首屈一指并以此取胜"的产品开发与竞争策略。

此外，奔驰汽车进一步采用"默写式智力激励法"，收集设想，对车型、工艺进行了大胆创新。先后设计和研制出了"纽尔堡460式"八缸六座汽车、柴油发动机轿车、梅尔塞斯高级车等。1984年初，奔驰上市了一种小型车，这种车体积小、重量轻、能耗少，深受顾客欢迎。目前，奔驰公司生产的车辆从一般小轿车到几百吨大型载重车，有上百种类、数千种型号，"以创新求发展"是公司上下的一句流行口号。

默写式智力激励法不难掌握，但必须要结合国情、民族特点和实际情况进行运用，奔驰汽车正是结合自己的特点，在运用默写式智力激励法时树立、贯彻产品整体的观念，才使自己成了世界汽车工业的一颗明星。

资料来源：根据互联网公开信息改编。

3. 三菱式智力激励法

奥斯本智力激励法虽然能够激发大量的创造性想象，但由于其评判的延迟性，不能使思想交锋，因而难以对设想进行评价和集中。日本三菱树脂公司对此进行改进，创造出一种新的智力激励法——三菱智力激励法，亦称“MBS 法”。MBS 法的操作步骤如下：

（1）提出会议的主题，使与会者明确创新或发明的技术目标。

（2）会议参加人数一般设置为 4～8 人，总体时间控制在 1 个小时左右，由与会者各自在纸片上填写 1～5 个设想，时间为 10 分钟。

（3）与会者按照座位次序或主持人制定的顺序轮流发表自己的设想，每人限 1～5 个，由主持人记下每位与会者发表的设想。在这个阶段，别的与会者也可以根据其他人提出的设想，填写新的设想。

（4）与会者将设想写成正式提案，并加以分析和说明。

（5）与会者相互质询，对提案做进一步完善和修订。

（6）由主持人将每个与会者的提案用图解的方式写在黑板上，让与会者进一步研讨，直至获得最佳方案。

读一读

1978 年，日本柯尼卡公司的新产品——C35AF 型自动调距照相机问世不久就畅销日本国内外市场，销售额远远超过预期。这家公司能够获得这样的成功，关键在于真正做到了按市场需求来开发新产品。

他们首先深入市场了解需求，提出了以下四个问题：

（1）为什么有些人不愿意购买照相机？

（2）人们对市场上的照相机有些什么意见？

（3）人们使用照相机的目的是什么？

（4）人们在使用照相机时最容易出哪些毛病？

在经过摸清市场行情、走访相片洗印室和征求顾客意见等多种方式的调查活动后，公司了解到：目前销售的 SLR（单镜头反射式）照相机只适用于职业摄影师，而且市场供应已达饱和；一般顾客抱怨市场上的照相机操作复杂，不好掌握；洗印室的统计材料表明，有 80%的相片属于纪念性质，其中 50%以上是在室内拍摄的，经常出现影像模糊的现象，造成相片质量不佳的主要原因是焦距不准和曝光不足。调查的初步结论是：市场需要一种操作简便、效果良好的新型照相机。

为此，该公司以“市场需要什么样的照相机”为主题，召开“三菱式智力激励”会议。首先，由与会者在纸上填写设想并轮流发表自己的意见；其次，将设想写成提案并加以分析和说明；最后，形成最佳方案。与会者认为，新相机应该具备以下几个特点：

（1）袖珍式，重量在 0.5 千克以下。

（2）有自动调距装置。

（3）有内置闪光灯。

（4）有自动曝光调节装置。

（5）售价不超过200美元。

在此基础上，该公司全力突破研制中的关键环节。新产品的研制遇到了两个需要解决的问题：一个是内置闪光灯，另一个是自动调距装置。该公司当时掌握的技术很难解决自动调距装置这个问题。为此，公司继续开展调查，终于发现有种叫作“Visitronic”的互补型金属氧化物半导体集成电路片可用于自动调距。这种微型组件是美国霍尼韦尔公司制造出来的，但从未用于商业相机。柯尼卡公司决定购进这种组件，在经过精心改良后，第一次把它安装到照相机中，从而实现了全部的设计方案。

资料来源：根据互联网公开信息改编。

4. 专家函询法

专家函询法又名专家意见法，该方法主要是由调查者拟订调查表，按照既定程序，以函件的方式分别向专家组成员进行征询，专家组成员以匿名的方式提交意见。经过几次反复征询和反馈，专家组成员的意见逐步趋于集中，最后获得具有较高准确率的集体判断结果。专家函询法的具体做法是：

（1）成立领导小组。对于专家函询法而言，领导小组非常重要，不仅要负责拟订主题，也要负责制定相应的调查表函件以及对结果进行处理。当然，最为重要的是，领导小组要负责对参加函询的专家进行确定和选聘。领导小组需要由对于要解决的问题有直接责任的人员组成，包括责任领导、项目负责人、专业咨询人员以及必要的文秘工作人员。

（2）选聘专家。是否能够准确地选聘出一批接受函询的专家是运用专家函询法成败与否的关键。进行专家的选聘要注意以下几个方面：第一，专家是来自各领域的精英，一般情况下可以从与主题相关的部门或系统内挑选。第二，选聘的专家要对主题有兴趣，能够有恒心完成任务，不可半途而废。因此，在进行专家选拔时，要完全征得专家本人的同意，要把完成该任务的具体要求和所占用的时间解释清楚，并在发出邀请函的时候简单介绍相关情况。第三，专家人数要根据实际情况确定，目的是在保证函询意见质量的情况下尽可能以结果为导向，从几人到几十人不等。需要注意的是，在实际操作中，一般人数越多，专家函询法所持续的时间会越长。

（3）制作函询调查表。函询调查表是专家函询法中主要的信息载体和途径，调查表的质量对结果影响非常大。制作调查表要坚持方便专家理解阅读的原则。表上所列的问题要归纳分类，题意明确；表要简化，有助于专家理解和填写，其目的在于让专家把有限的时间多用在问题的思考上，而不是用在对调查表的理解上；要确定专家应答的方式。值得注意的是，切忌把领导小组的意见体现在函询调查表中，以免引起不必要的错误引导。

（4）函询调查。正式调查阶段是实施专家函询法最实质的阶段，函询过程要创造条件使专家能够独立思考，无干扰判断的因素。同时应注意做好反馈工作。为保证函询匿名的特点，不可在反馈中署名，一般只能将整理成的综合设想报告反馈给他人。另外，应允许专家在后一次回答中修改前一次回答的意见。

（5）整理加工结果。函询后，要对专家提出的设想进行整理加工，此项流程在每一轮函询之后都要进行，最后一轮结果的整理加工更需要认真实施，一般需要利用统计学相关技术进行分类排列、归纳概括以及发展完善，最后才可以根据统计内容评选最为实用的设想作为问题的备选方案。

读一读

1978 年，我国引进年产 30 万吨乙烯的装置，有关方面提出将其中一套放在上海石化总厂投建，上海石化总厂据此编写了投建该装置的可行性研究报告。为供有关部门决策参考，上海市技术经济和管理现代化研究会对此报告进行了论证。在评价指标系统的设计阶段，论证组运用了专家函询法，完整地制定出评价指标体系，以此作为评价方案优劣的标准。运用此法的过程大体如下：

首先，根据项目要求和规模，论证组选聘了国内 44 位专家担任顾问。绝大多数专家长期从事与论证项目有关的技术工作，或在相关管理部门任职，他们精通业务、知识广博、善于分析、有一定声望。

其次，制定函询表。表中将目标分为 10 大类 39 条指标，并将指标的重要程度划分成 5 个等级：极重要、很重要、重要、应考虑、意义不大，并对其含义做出明确规定。

然后，轮间反馈、沟通情况。论证组对专家进行了两轮函询，第二轮后专家的意见基本趋于一致，故不再征询。论证组对结果进行统计，并将 10 大类 39 条指标分别用表格和直方图列出。

最后，论证组提出了修改方案，为在上海石化总厂投建年产 30 万吨乙烯装置的项目提供了决策依据，得到了国家技术经济研究中心和上海市委领导的肯定。

资料来源：根据互联网公开信息改编。

5. 纸片法

1954 年，日本文化人类学家川喜田二郎整理他在喜马拉雅山探险过程中所获得的资料时，尝试使用了“纸片法”，后来他对该方法进行了修改和完善，在创造学界引起了较大的轰动，并在一些领域广为流传。为纪念川喜田二郎先生，人们以他的姓名首字母命名该方法为“KJ 法”。KJ 法的主要操作步骤如下：

（1）确定问题对象。KJ 法适用于解决那些非解决不可，但又允许用一定时间去思考并解决的问题。对于要求迅速解决的问题，KJ 法在大多数情况下是不适用的。

（2）收集语言、文字等资料。既可以直接到现场去采集信息，也可以通过面谈访问来收集资料，还可以由个人叙述、回忆或总结获取资料。

（3）制作卡片。把所有收集到的资料，包括想法、观点或者其间碰撞出来的思想火花等，都写在卡片上。

（4）整理卡片。对于这些杂乱无章的卡片，不要按照已有的理论和分类方法来整理，而是凭借自己的感觉，把相似的内容整理在一起，逐步整理出新的思路。

（5）总结和分类。把同类的卡片集中起来，总结这些卡片的内容并写出分类卡片。

（6）使用卡片。根据不同的目的，选用分类完成的卡片，整理出思路，写出文章。

这一方法是从杂乱的现象和资料中，用一定的方式来整理思路、根据需要抓住思想实质、找出解决问题新途径的方法。其主要特点是用事实说话，依靠“灵感”发现新思路、解决新问题。

6. 名义群体法

名义群体法（Nominal Group Technique，NGT）是指在决策过程中对群体成员的讨论或人际沟通加以限制，但群体成员是独立思考的。就像召开传统会议一样，群体成员都出席会议，但群体的每个成员要首先进行个体决策。名义群体法适用于决策环境复杂的情况，其与奥斯本智力激励法最大的区别在于，该法要通过个人偏好的汇总来进行小组的决策，因此它是一种主要适合于小型决策小组的方法。名义群体法的主要操作步骤如下：

（1）确定问题主题和对象，推选会议主持人。

（2）与会者在作为一个群体进行任何讨论之前，每个成员独立地写下对问题的看法。

（3）经过一段时间的思考和判断，每个成员要将自己的想法提交给主持人。然后按照座次顺序或者由主持人指定顺序依次详细阐述自己的想法，直到每个人的想法都表达完毕并被记录下来为止（通常记在一张活动挂图或黑板上）。所有的想法都记录下来之前不进行任何讨论。

（4）记录完毕后，与会者开始讨论，以便把每个想法整理清楚，并做出评价。每个人都应该按对每个想法的赞成程度在心中进行自己的排序。

（5）每一个与会者独立地把各种想法排出次序，最后由主持人统计、决策并选出综合排序最高的想法。

名义群体法的适用范围相对较小，对于问题的特性也有一定的要求，并且要在会议结束后能形成一个结果，所以在运用时要注意准备充分、组织得当。对任务的陈述一定要准确，且每个人的观点都要表达清楚。名义群体法的主要优点在于它可以使群体成员像在正式开会，但是又不像传统会议那样因自由发言而限制人们的思考的独特性和创造性。

7. 反奥斯本智力激励法

反奥斯本智力激励法与奥斯本智力激励法的某些原则完全相反，它要求与会者对他人提出的设想百般挑剔，设想提出者也要对自己的设想据理力争，在这种争论中激励思维震荡，从而使设想更加成熟和完美。

由于反奥斯本智力激励法违背奥斯本智力激励法所规定的“延迟评判原则”，因此只适合在训练有素的与会者之间使用。此外，在使用反奥斯本智力激励法时，还要注意以下三点：

（1）适宜在初步设想经筛选后使用，以利于最终评选出有价值的最佳设想。

（2）讨论过程中要就事论事，不要伤和气。

（3）会议主持人要能够在出现问题时及时控制会议走向。

能力训练

一、概念回顾

（1）请简述智力激励法的运用机理。

（2）请简述智力激励法的四项基本原则，以及每个原则对于智力激励法的实施起到的作用。

（3）请简述奥斯本智力激励法的实施步骤。

二、创意思考

（1）在现代城市中，如何解决停车难的问题？请你使用智力激励法提出 5 种设想。

（2）针对改进未来人类居住房屋设备的问题，你能提出一些新设想吗？

（3）请提出早上将人唤醒的方法（不少于 5 种），要求这些方法既要柔和，又要有实效。

三、应用训练

（1）中央处理器（CPU）是计算机的核心，问世至今式样不断翻新，产品性能突飞猛进，有力地带动了信息产业的发展。CPU 所用材料、封装技术及布线技术等的飞速发展促进了 CPU 计算性能的大幅提升，但伴随而来的是 CPU 的发热及散热问题。请尝试组建讨论小组，明确小组成员分工，运用智力激励法，针对计算机的 CPU 发热问题开展头脑风暴，提出解决方案。

（2）高速公路的发展缩短了城市之间的距离，促进了城市之间的交流与经济发展。而在高速公路上遇到拥堵是人们最不想碰到的情景，特别是在假期。其中，高速公路收费站被认为是高速通行拥堵的一个重要节点，试运用智力激励法分析如何提高高速公路收费站的通行能力，使其不再成为拥堵点。

（3）我们现在经常享受上网的快乐，如可以通过网络传递信息、查找和下载资料、玩游戏等。可是盲人要和我们一样上网就会遇到很大困难。如何能让盲人和其他人一样上网？请分析盲人上网的主要困难，并结合奥斯本智力激励法及其衍生方法，选择其中之一，以小组的形式讨论并提出解决方案。

四、户外拓展

（一）抢渡“金沙江”

生活在云南金沙江边的一个少数民族，每年春江水暖的时候，都要举行声势浩大的传统渡江比赛。有趣的是，他们的渡江工具并不是“船”而是“桥”，而且除了渡江速度外，桥的美观度、比赛选手的配合熟练程度等都是决定胜负的重要因素。这种朴素的民间游戏中蕴含着丰富的团队管理思想。

1. 活动目标

体验统一的目标和行为规范对于团队绩效的重要性；领导能力和创新精神训练；练习“分析、目标、战略、计划、分工”的工作流程；强化团队沟通和团队合作意识；回归自然，娱乐身心。

2. 活动内容

（1）分组：每 10 个人为一组，按照龙、虎、狮、豹等命名。

（2）任务：每组按照组织者事先提供的各种原材料和工具（包括纸板箱、封箱带、百得胶等），自行设计、制作两座相同的桥，并以这两座桥作为“渡江”工具，渡过规定宽度的“金沙江”。其中，所用原材料和工具较少、制作时间较短、“渡江”速度较快、桥身强度及美观度较高、计划性较好、队员的分工配合较优的组获得优胜。

3. 活动要求

同组的 10 个人全部站在 A 桥上，然后把 B 桥移到 A 桥前，10 个人再全部转移到 B 桥上……如此不断前进。在此过程中，桥不能塌陷、任何人不得从桥上下来。

（二）超级三人组

一个团队中的成员来自四面八方，他们不仅有着不同的文化背景、丰富的个性，而且各有所长。但是他们亦不乏共同和共通之处。一个真正富有竞争力的团队正是恰到好处地融合了成员的同与异。

1. 活动内容

（1）目标：了解团队成员的异同点，思考如何充分发挥成员的才能。

（2）时间：30～40 分钟。

（3）人数：12～18 人，最好是 3 的整数（也可安排 4 人一组）。

（4）教具：每人一张纸和一枚别针。

2. 活动过程

（1）活动准备。

1）目标：让所有成员造句，句型为“我是一位……”。

2）要求：完成十句完全不同的造句。将答案写在纸上，并用别针将纸固定于自己的衣服上。

（2）活动流程。

1）成员自由组合，三人一组。

① 要求：小组成员所造句子的共同点要尽可能多。

② 时间：3 分钟。

③ 总结：其实人们之间的共同点要比我们看到的多。

2）成员自由组合，三人一组。

① 要求：小组成员所造句子的不同点要尽可能多。

② 时间：3 分钟。

③ 总结：即使在成员差异最大的小组中，还是存在某些共同点。

如果每组成员所造句子都不同（虽然此种可能性很小），那么可邀请所有人集体讨论，一起总结出该组成员至少十点相似处。

3）成员随意进行三人组合。

① 要求：共同提出一个有创新精神的创业计划，开办一家公司。要求最大限度地挖掘小组成员的不同能力，充分利用三个人的智慧。

② 时间：5 分钟。

③ 成果：每个小组详细阐述创业计划。所有人投票选举最佳创业计划。

④ 总结：小组若善于融合不同的智慧，就可以使整体在激烈的竞争中始终处于领先地位。

任务二 设问创新思维训练方法

知识目标

1. 了解设问创新思维的概念。
2. 理解 5W1H 法、奥斯本检核表法、和田十二法的具体内容。

能力目标

1. 掌握 5W1H 法。
2. 掌握奥斯本检核表法。
3. 掌握和田十二法。

案例导入

故宫淘宝

说起故宫，你的印象是什么？是气势恢宏、庄严肃穆，还是佳丽三千、深宫幽怨？说起博物馆纪念品商店，你的印象是什么？是仿古的商品、高昂的价格，还是可近不可亲的姿态？

2016 年 7 月，一个《穿越故宫来看你》的 H5 火爆朋友圈，明成祖朱棣从画中“走”来，唱着 Rap，戴着 VR，发着 QQ 表情，刷着朋友圈……这是“腾讯 NEXT IDEA x 故宫表情及游戏创意大赛”的宣传广告，在这流行的节奏中，一脸“萌贱”的“皇帝”让全民嗨了起来，颠覆了人们脑海中对于故宫应该权威、庄严、皇家、辉煌的印象。

故宫淘宝的诞生，让我们见到了一个很不故宫的产物。散发传统文化气息的故宫日历、印有“个性话语”的折扇、以“御花园彩石甬路”为主题的五彩耳钉……故宫博物院及其文创产品吸引了不少人的目光。一时间，把故宫文化“带回家”、在朋友圈晒一晒“来自故宫的礼物”成为风尚。

在晒景、晒娃、晒自拍居多的朋友圈，“百年文物”缘何走红？“既富有时代气息，有意思；也饱含历史厚重感，有韵味。古典基础上的点滴创新，铸就了故宫文创产品‘活着的灵魂’。”一位网友的评价，道出了其中的原因。倘若原封不动地把日历、折扇搬到市场，即便有人青睐，恐怕也很难领一时风骚。相反，不管是与互联网“联姻”，还是接地气的创意，正是在渠道和内容上的更进一步，才让这些“高大上”的文化飞入寻常百姓家。

资料来源：http://opinion.people.com.cn/n1/2016/0530/c1003-28388091.html.

一、认识设问创新思维

(一) 设问创新思维的概念

设问创新思维是应用设问和发散等思维方法，针对待解决的共性问题，列出提纲式表格，然后逐条进行检查、设问、讨论、核对和分析，从中获得发明创造的启示，进而获得解决问题的技法。

“善于发现问题、善于解决问题”是创新者必备的素质，提问对于发现问题和解决问题而言都是至关重要的环节。培根曾说过，如果你从肯定开始，必将以问题告终；如果从问题开始，则将以肯定结束。巴尔扎克也说过，打开一切科学的钥匙毫无异议是问号。

读一读

在剑桥大学，维特根斯坦是大哲学家穆尔的学生。有一天，罗素问穆尔：“谁是你最好的学生?”穆尔毫不犹豫地回答：“维特根斯坦。”“为什么?”“因为在我的所有学生中，只有他在听我的课时，总是流露出迷茫的神色，总是有一大堆问题。”后来维特根斯坦的名气超过了罗素。有一次有人问维特根斯坦：“罗素为什么落伍了?”他回答说：“因为罗素没有问题了。”

资料来源：根据互联网公开信息改编。

犹太人不仅非常重视知识的积累，也非常重视问题意识的培养。他们把仅有知识而没有才能的人比喻为“背着许多书本的驴子”。他们认为，学习应该以思考为基础，而思考则是由一连串的问题组成的，学习便是经常怀疑、随时发问。问题是智慧的大门，知道得越多，问题就越多。

著名的数学家戴维·希尔伯特（David Hilbert）也是一个善于提出问题的人。在1900年第二届国际数学家大会上，他进行了题为“数学的问题”的报告，一举提出了当时数学中的23个重大问题。这些问题后来被称为“希尔伯特问题”。它们的提出，有力地促进了数学的发展。为此，希尔伯特总结道：“只要一门科学分支能凝结出大量的问题，它就充满着生命力，而问题缺乏就预示着它独立发展的衰亡或中止。”

正如苏格拉底所言：“问题是接生婆，它能帮助新思想诞生。”成功的人总是带着问题生存。有了问题才会思考，有了思考才有解决问题的方法，才能做出创新。

(二) 设问创新思维的特点

(1) 以提问的方式寻找发明的途径。设问创新思维的首要特点是抓住事物带有普遍意义的方面进行提问，所以它的应用范围很广，不仅可用于技术上的产品开发，还可用于改善管理等。

(2) 从多个角度、多个方面来进行设问和检查，思维变换灵活，有利于突破旧有的框架。

（三）设问创新思维的适用范围

设问创新思维几乎适用于各种类型与场合的创造活动，可以帮助人们突破思维与心理上的障碍，从多方面、多角度引导创新思路，从而产生大量的创造性设想。

设问创新思维非常适合于技术上的小发明、小革新，也可以与智力激励法等其他技法联合运用。如果要解决的问题较大，借助本方法也可使问题明确化，从而缩小目标，找到问题的关键所在，有针对性地解决。

在具体应用时，要根据不同的工作性质将此法做适当的调整。如用于管理问题方面，要注意明确问题的性质、程度、范围、目的、理由、场所、责任等；用于技术问题方面，要注意明确产品的材料、结构、功能、工艺过程等。

当然，该方法也有一定的局限，它比较强调创造发明主体的思维与心理的突破，强调借助克服心理障碍以产生更多的思路，而较为忽略对技术对象的客观规律的认识。因此，在解决较复杂的技术发明的问题时，使用本方法仅能提供一个大概的思路，还需进一步与技术方法结合，才能完成有实际价值的发明。

二、设问创新思维的训练方法

设问创新思维训练方法包括5W1H法、奥斯本检核表法以及和田十二法。

（一）5W1H法

1.5W1H法的定义

5W1H法又称六何分析法，是由美国陆军首创的一种创造方法，它通过规定的设问来发现问题，从而找出解决问题的方法。5W1H法从六个方面提出问题并进行思考分析，适用于发掘问题、思考问题和有目的地解决问题。5W1H法由六个提问组成：为什么（Why）、是什么（What）、谁（Who）、何时（When）、何处（Where）和怎样（How）。六个问题形成了解决问题的“三部曲”：从六个角度对创新对象进行提问，首先检查其合理性，然后列出发现的难点、疑点并讨论分析，最后寻找改进措施。如果现行的方法或产品通过了六个问题的审核，并且无懈可击，那么此方法或产品可取；如果六个问题中有一个不能令人满意，那么此方法或产品还需进一步改善；如果某方面的答复具有独到的优点，那么应该巧妙地加以灵活运用，将此优点充分发挥。

目前，5W1H法已广泛应用于改进工作、改善管理、技术开发、价值分析等方面，这一创新技法应用的核心在于：无论选择任何目标，都可以对功能、场地、时间、人物四个价值要素进行剔除、减少、增加、创造四个动作，并围绕如何提高效率这一永恒主题进行整合，产生不同的价值，进而根据价值的大小确定最佳目标和最优路径，实现企业使命和人生理想。

在5W1H法的基础上，有学者还提出了5W2H法和6W2H法。5W2H法是在5W1H法的基础上加上“多少”（How many或How much），进一步从量上对问题的规模、程度、速度、范围等提出追问，从而把问题阐述得更为清楚、精确。

我国教育学家陶行知先生提出的是6W2H法（八何分析法），他把这种提问模式叫作使人聪明的“八大贤人”。为此他写了一首小诗：“我有几位好朋友，曾把万事指导我，你若想问真姓名，名字不同都姓何：何事、何故、何人、何如、何时、何地、何去，还有一个西洋名，姓名颠倒叫几何。若向八贤常请教，虽是笨人不会错。”归纳一下，就是在5W1H法基础上，加上“多少”（How many或How much）以及“目标”（Which）。我们将在模块三中详细介绍6W2H法。但不管是5W2H法还是6W2H法，都是根据5W1H法演化而来。

2. 5W1H法的具体内容

(1) 为什么（Why）。为什么要生产这个产品？为什么采用这个技术参数？为什么不能有震动？为什么不能使用？为什么不用机械代替人力？为什么非做不可？为什么制造这种产品要经过这么多环节？为什么要创新？为什么要做成这样的形状、大小、造型、结构、功能、颜色？为什么会发生这样的事？为什么会出现这样的结果？

(2) 是什么（What）。是什么发现？是什么产品？是什么方法？是什么材料？是什么样的生产方法？是什么样的商标？目的是什么？重点是什么？功能是什么？规范是什么？

(3) 谁（Who）。谁是设计者？谁是生产者？谁是消费者？谁是销售者？谁来办事方便？谁赞成？谁反对？谁来承担？谁被忽视了？

(4) 何时（When）。何时研究？何时实施？何时完成？何时安装？何时销售？何时付款？何时交货？何时是期限？何时最佳？何时产量最高？

(5) 何处（Where）。何处研究？何处试验？何处生产？何处安装？何处有资源？何处推广？何处改进？何处最适宜？何处最节省？何处最昂贵？

(6) 怎样（How）。怎样做省力？怎样做速度快？怎样做最好？怎样做效率最高？怎样改进？怎样实施？怎样最方便？怎样更美观？怎样避免失败？怎样增加销路？

3. 5W1H法的操作步骤

5W1H法要求抓住事物的主要特征，根据具体问题的不同性质，设置不同内容的设问检查。

第一步，对某一种现行事物或产品，从六个方面进行设问检查。为使内容简洁明晰，可把序号、提问项目、提问内容、情况原因和发明方案等列成表格，逐一填写六个设问。

第二步，逐一审核六个设问，将发现的疑点、难点一一列出。

第三步，讨论分析，寻找改进措施。这六个设问彼此联系、相辅相成，应根据原因综合考虑，抓住主要矛盾，提出新的发明方案。

4. 5W1H法的应用案例

练一练

某学校食堂二楼开设了很多小吃窗口。虽然很多学生来食堂，但小吃窗口门庭冷落，生意惨淡。请用5W1H法分析原因，并提出改善建议。

(1) 分析问题。

Why——为什么开小吃窗口？为什么食堂供应小吃的窗口生意冷淡？

答：为了赚钱及服务顾客。因为顾客少，所以生意清淡。

What——小吃窗口提供些什么？经营什么品种？

答：目前主要供应小吃，如油炸食品、麻辣烫等。

Who——谁来买小吃？是否还有潜在顾客？

答：学生占多数，偶尔有教职工来，但很少。

When——食堂供应小吃的窗口什么时间营业？

答：早上、中午、晚上，以学生一日三餐时间为主。

Where——食堂供应小吃的窗口在哪儿？

答：在学校食堂二楼。

How——食堂供应小吃的窗口是如何经营的？

答：先把一些常见的食物做好，学生来了后进行销售。

(2) 提出改善、解决问题的方案。

Why——想办法吸引更多的顾客，只有这样，才能赚更多的钱，才能真正体现服务顾客的目的。

What——增加小吃的品种、翻新小吃的花样，提供丰富多样的食品，满足不同顾客的需要。如学生来自全国各地，则可增加地方特色小吃。

Who——很多教职工中午不回家，如果能吸引过来，也是不小的顾客群。周围的居民偶尔也来这里买小吃。考虑扩大顾客的范围，把教职工和周围的居民吸引过来。

When——营业时间不太人性化，准备延长营业时间。冬天早餐营业时间延长，因为有的顾客有睡懒觉的习惯；夏天晚上营业的时间延长，因为有的顾客有吃夜宵的习惯。另外，可在一些特别的节日提供有特色的小吃，如端午的粽子、中秋的月饼等。

Where——供应小吃的窗口的地理位置不是很理想。有的顾客不知道，或者不愿意到二楼来用餐。如何吸引顾客到二楼就餐，把服务场所与顾客距离拉近？是否能在不改变客观位置的情况下，改变心理位置？例如：可在食堂一楼醒目的位置做一些广告牌。广告牌颜色清新，并配有各种特色小吃的图片，使人一看就有食欲。

How——可以供应不同地域的特色小吃。供应的小吃要做到色香味美、干净卫生，小吃的品种要多，样式要新，满足顾客不同的需求。为了吸引、方便顾客，还可提供外卖业务。

练习：假设你在市中心经营一家餐馆，但是生意惨淡，请你运用 5W1H 法分析原因，提出改善建议。

想一想

某航空公司在机场候机室二楼设便利店，但生意清淡。问题出在哪里？如果你是公司经理，会如何运用 5W1H 法分析原因，并提出改进建议呢？

[思维索引]

(1) 按 5W1H 法分析原因，先检查六个要素。

Why——顾客为何要在此处购物？

What——顾客购买什么？

Who——谁是顾客？

When——顾客何时购物？

Where——便利店设在何处？

How——怎样方便顾客购物？

结果发现在Who、When、Where这三个要素上存在问题。

(2) 分析关键要素，找出原因。

Who——谁是顾客？显然，旅客是顾客，接送旅客的人不是顾客。但是旅客在一楼就上了飞机，不可能到二楼来，在二楼的是接送旅客的人，也不会购买东西。

When——顾客何时购物？只有行李经过海关检查、交付航空公司后，旅客才有心情购物，如购买纪念品等。

Where——便利店设在何处？原来，旅客经海关检查后，都从一楼通道离去，不经过二楼。所以，应将便利店设在旅客的必经之路上。

(3) 改进措施。

以旅客作为主要目标顾客，充实旅行用品和纪念品，满足旅客的消费需求。

调整行李交付时间，让旅客可以提前把行李交给航空公司，留出购物的时间。

调整便利店的位置，将便利店设在旅客必经之路上，增加旅客光顾便利店的可能性。

练一练

近期，某公司团队的整体士气有所下降。公司领导要求人事部迅速开展提升员工士气的相应活动，并做出具体的方案。如果你是人事部的经理，请你运用5W1H法做出具体的解决方案。

你的具体分析及解决方案如下：

Why——即为什么要提升员工士气。这包括原因和目标两方面：直接原因是员工工作效率低；具体原因是员工技能水平低，缺乏归属感、晋升机制和奖励机制。目标是提升员工士气。

What——包括两方面：一是内容，二是目的。内容是对“如何提升员工士气”这个问题进行拆分，即为四个方面：奖励、培训、归属感、晋升。提升员工士气的目的是：只有员工士气得到提升，公司才能稳步发展，即公司稳步发展就是目的。

Who——即谁来负责执行提升员工士气这件事。需要三类人：参与者是员工，负责人是人事部，具体执行者是管理层。

When——即用多长时间来完成提升员工士气的任务。这包括时间和期限两方面：时间为一个月或一季度；期限是一年。

Where——即在哪里提升员工士气。地点是公司，位置是会议室。

How——即如何提升员工士气。这分为方法和措施两方面。具体方法有：进行技能和业务培训；设置奖励工资和奖金，或者提供旅行机会和奖品；增强员工的归属感，如解决他们的住宿问题，每周召开联谊会以增强彼此的交流，有成果了之后要有奖励机制，能够包容员工们犯错等；明确员工晋升通道。在措施方面，要下放给团队适当的权力，还需给予人员和资金方面的资源支持。

练习： 你认为这个解决方案还有哪些要完善的地方？

（二）奥斯本检核表法

1. 奥斯本检核表法的定义

奥斯本检核表法（Checklist Technique）是针对需要解决的问题或需要创新设计的对象，从多方面列出一系列的有关问题，然后逐个地加以分析、讨论，从而确定出最好的设计方案。由于奥斯本的检核表几乎适用于一切领域里的创造活动，因此享有“创造技法之母”的美称。

奥斯本检核表法是以该技法的发明者——亚历克斯·奥斯本的名字命名的。1941 年，他出版了世界上第一部创新学专著《创造性想象》，提出了奥斯本检核表法，迄今为止，此书的销量已逾 4 亿册。

奥斯本认为，针对一项任务或一个新的产品，应事先确定很多提问要点，通过对这些要点逐个进行讨论、核对，就可以引导创新者全面、系统地考虑各种解决问题的方法和可能性，有目的地扩展人们的思维，帮助人们获得创造性设想，进一步选定、改进、创新认定的目标，探求自己所需要解决问题的新观念，实现创造性解决问题的目的。

奥斯本检核表法的核心是改进，即通过改进来实现创新。它从九个角度出发，根据需要解决的带有共性的问题，列出提纲式表格，然后逐条进行检查、设问、讨论和核对，并从中挑选一两条，集中精力深思，获得发明创造。

奥斯本检核表法简单易行，可以减少疏漏，排除人们不善提问的心理障碍，引导人们用多向思维进行发散，突破旧有的思维框架，开拓新的思路，产生大量原始创意。

读一读

1938 年，21 岁的奥斯本失业了。虽然没上过大学，但是他一直有一个梦想，即成为一名受人尊敬的新闻记者，因此他鼓足勇气去一家小报社应聘。主编问：“你有多少年的写作经验？”奥斯本回答：“只有三个月。不过请您先看看我写的文章吧！”主编接过他的文章，然后摇着头说：“年轻人，你这篇文章写得不怎么样，你既无写作经验，又缺乏写作技巧，文笔也不够通顺，但是你这篇文章也有独到的地方，内容上有独到的见解，这个独到的见解是创新。这就很可贵！凭这一点，我愿意试用你三个月。”奥斯本由此领悟到“创新”的可贵，明白了自己的优势所在。他反复研究主编给他的一大沓报纸，又买回其他各种报纸进行比较。第一天上班后，奥斯本迫不及待地冲进主编的办公室，大声说：“主编先生，我有一个想法。”主编瞪大眼睛看着这个毛头小伙子。他不顾主编的表情，顺着自己的思路说下去：“广告是报纸的生命线，我们无法与各大报纸竞争大广告，而小工厂、小商店也做不起大广告，他们又急于把自己的产品告诉更多的人，我们何不创造分类广告，以低廉的收费满足这一层次工商业者的需要呢？”主编说：“好啊！真是个了不起的想法！”这就是现在报纸上广泛采用的分类广告。奥斯本坚持每天提一条创新性建议。两年后，这家小报成为实力雄厚的报业集团，奥斯本也成为该报业集团的副董事长。

资料来源：根据互联网公开信息改编。

2. 奥斯本检核表法的具体内容

奥斯本检核表法共分 9 大类问题，这 9 大类问题对于任何领域创造性地解决问题都是适用的。这 9 大类问题不是奥斯本凭空想象的，而是他在研究和总结大量近现代科学发现、发明、创造事例的基础上归纳出来的。

（1）能否他用。

现有的东西有无其他用途？保持原状不变，能否扩大用途？稍加改变，有无别的用途？人们可以运用扩散思维的方法，对现有事物的功能进行质疑或思考，破除“功能固定论”，就有可能产生新的创意。

读一读

夜光粉是一种用量少、用途不算广的发光材料，过去多用于钟表和仪表。后来人们扩大了它的用途，设计出夜光项链、夜光玩具、夜光壁画、夜光钥匙扣、夜光棒等，应有尽有。还有人制成了夜光纸，将其裁剪成各种形状，贴在夜间或停电后需要指示其位置的地方，如电器开关处、火柴盒上、公路转弯处、楼梯扶手上等。

资料来源：根据互联网公开信息改编。

在具体创造时，可以从多个角度扩散思维。

1）思路扩展。例如：方便面以其不需烹调且味道鲜美可口而深受消费者欢迎。触类旁通，许多企业沿着这一思路，开发出以“方便”为特点的方便米饭、方便米粉、方便蔬菜、方便啤酒、方便饮料等新食品。

2）原理扩展。例如：面粉经发酵产生小气泡使馒头松软可口。于是，发泡塑料、发泡橡胶、发泡水泥相继发明，它们不仅轻巧省料，而且具有更好的隔热、隔声性能。

3）产品应用扩展。例如：拉链是美国人威特康·贾德森（Whitcomb Judson）发明的，于 1905 年获得专利，用于代替鞋带。可是仅用作系鞋子的拉链并不畅销，是个赔本的生意。而有位服装店老板认为拉链应该有更多的用途，他先在钱包上安上拉链，使钱包身价倍增；又用之于海军服装，销路很好；接着，美国古德里奇公司又在橡胶靴上装了拉链，大受欢迎。

4）技术扩展。例如：激光技术发明之后，其应用扩展迅速，几乎遍及各个领域，如测量、基准、通信、特种加工、全息印刷、激光音响、激光武器、激光手术、激光麻醉等。

5）功能扩展。例如：枪原为军用之物，但其功能也可以有条件地转为民用，如救生枪既是一种潜水员用来抢险、救难的工具，也可以用来修补船体或给失事潜艇供气；注射枪可以用来给猛兽打针；建筑装修用的射钉枪，可以方便快捷地在木头、水泥上钉钉。

6）材料扩展。例如：营养丰富的大豆，在不断开发下已制成了多种食品，包括豆腐、豆浆、豆腐脑、豆腐干、千张、豆腐乳、豆奶、酱油、豆豉、豆酱、豆芽、豆油、人造肉、人造黄油、豆类小食品等。再如：橡胶的用处有成千上万种，可制成床垫、浴盆、车轮、人行道边饰、鸟笼、门扶手、玩具、减震器、绝缘层、雨衣、皮筏等。

7）系列配套。将产品按不同使用对象、不同使用场合来开发。例如：为便于幼儿正确握笔写字，在铅笔笔杆上安装两个凹孔外套；为方便伤残人士而设计的独指书写铅笔；为适宜黑夜书写而设计的笔尖处带有小光源的照明铅笔；为便于徒手画线而设计的附加划线导轮的直线铅笔；把刀片藏匿于笔套之中的带刀刃笔套的铅笔；笔杆上缠有纸带，便于随手记事的带纸铅笔；便于放在眼镜架上的铅笔；不用削的自动铅笔等。

（2）能否借用。

能否从别处得到启发？能否借用别处的经验和发明？过去有无类似的东西可模仿？谁的东西可模仿？现有的发明能否引入其他的创造设想之中？

例如：建房时，要安装水暖设备，经常要在水泥楼板上打洞，既慢又费力。山西的一位建筑工人设想用能烧穿钢板的电弧机来烧水泥板，经过改造，发明了水泥电弧切割器，在水泥上打洞又快又好。

又如：泌尿外科医生引入微爆破技术消除肾结石，就是借用了其他领域的创新。现在的“X光”不仅可以被用来治疗疾病，还可以被用来进行人体内部组织器官的观察。同样的，电灯在开始时只用来照明，后来的发明者改变了光线的波长，发明了紫外线、红外线加热灯、灭菌灯等。

（3）能否改变。

现有的事物是否可以做某些改变？可改变形状、颜色、声音、味道吗？改变之后，效果如何？

1）形状变化。例如：漏斗下端一般都是圆形的，用来向同样是圆形的瓶口里灌装液体时，因瓶内空气的阻碍，液体不易流下。河南的一个小朋友把漏斗下端改成方形，插入瓶口时便留出间隙，让瓶内的空气在灌液时能顺利溢出，使灌液流畅。

2）结构变化。例如：为使书写流畅而在钢笔尖上开个小孔和小沟，仅这小小的一点结构变化就使美国的沃特曼成为钢笔大王。

3）气味变化。例如：日本最大的化妆品公司资生堂经过研究证明，柠檬能振奋精神，茉莉花能消除疲劳，薄荷能减少睡意，熏衣草和玫瑰花有镇静作用。香味还能降低计算机操作人员键盘操作差错率：茉莉花香可降低30%差错率，柠檬味可降低50%差错率。据此，香味电话、香味闹钟、香味领带、香味袜子、香味皮鞋等产品应运而生，甚至还有人创造了香味管理法——在不同时间通过空调散布不同香味以提高工作效率。

4）颜色变化。产品不仅要讲质量，还要讲美感，技术美学就是从产品的颜色、外观、包装上着眼来吸引顾客的眼球。例如：传统的白色家电披上“彩色盛装”；彩色钢板、彩色棉花、彩色大米等“漂亮产品”都受到欢迎。据研究，在房屋装潢设计中，调整室内色彩，改善周围的环境色彩，有利于身心健康，且可以提高学习、工作效率。

5）声音变化。比香味更早应用于人类生活的是音乐，科学已经证实了音乐的魅力。悦耳的音乐能使人心旷神怡，激发创造力，轻松的音乐能提高人的学习效率，甚至能使乳牛多产奶、西红柿多结果。与之相反，噪声则会使人心烦意乱、血压升高，引起多种疾病，因而法律禁止噪声污染。

读一读

米多尼公司是专门生产创可贴的厂家，但仿冒产品层出不穷。公司管理者经过一番苦思，认为自身产品质量很好，不必改进，要吸引顾客，应在颜色上下功夫。于是一改老式配色，而采用桃红、天蓝、翠绿等鲜艳颜色，还在上面印有幽默文字，又把形状切割成心形、五角星形、十字形、扇形等，新产品一上市即大受欢迎。

资料来源：根据互联网公开信息改编。

（4）能否扩大。

针对某一现有事物，想一想能否扩大其使用范围，能否增加一些元素（如时间、长度、寿命、价值、强度、速度、数量、高度等）使其成为新产品。巧妙运用“加法”“乘法”等，能带来大量的构思设想，大大拓宽探索领域。

1）强化技术。例如：对牛奶等食品进行强化处理，使其营养价值比更优。

2）附加功能。例如：在两块玻璃中间加入某些材料，可制成防碎、防震、防弹的新型玻璃；在食盐中加入碘、铁、锌等微量元素，可制成健康食盐；在牙膏中掺入一些药物，可制成防酸、脱敏、止血、抗龋齿等治疗保健牙膏。

3）放大增多。例如：按内容或作者等分类标准将一些畅销作品集成大全、汇编或增补补注、详解、拾遗等，使出版物更受读者欢迎。

4）感情投入。在管理中融入感情，就会沟通心灵，和谐融洽；在产品中赋以情感，必将以情动人，备受欢迎。例如：美国一种叫“椰菜娃娃”的玩具，其别出心裁之处在于玩具娃娃的面孔、发型和服饰都互不相同，并有不同的名字，娃娃的屁股上还打印有“出生年月日”，附有“出生证”，像真小孩一样。椰菜娃娃在销售时不能说“卖”，只能说“认养”，在娃娃一周岁时厂方还会寄去生日卡等。经此拟人化后，这种玩具娃娃深受消费者喜爱，价格大涨，供不应求，甚至掀起了集体“认养”、排队“领”玩具娃娃的热潮，创造了玩具产品销售的新纪录。

（5）能否缩小。

对现有某些产品或工序，在不减少功能的基础上力求简化，想一想能否缩小、取消、分割、变薄、减轻、分开、浓缩等。

1）简单化。尽可能省略不必要的部件、结构和使用手续，如一按即好的“傻瓜照相机”、一次成像照相机、即冲即饮的咖啡等都是很受欢迎的产品。世界名著的简写本、报刊文摘、海外文摘等也都拥有大量读者。

2）自动化。例如：全自动洗衣机、自动红绿灯、自动报警器、自动炊具等都是自动化的产物，高度自动化是现代技术努力的目标。

3）微型化。在琳琅满目的产品中，便携式产品备受青睐，如微型电视机、袖珍收音机、笔记本电脑、小轮折叠电动自行车等。

4）拆折化。通过折叠、弯曲、盘卷、放气、拆卸等方法，让产品在非使用状况下变小以便保管，如折叠的床、雨伞、卷尺、渔竿，以及充气筏或充气房子等。有一种扣在手腕上的微型救生垫，当在水中遇险时，拉动引线，空气垫便自行弹出，几秒钟内自动充气，最多可浮起 135 千克的人。

5）短路化。从燃料到能量被利用，其间必定要经过若干环节，技术转化的环节越多，效率往往也越低，因而现代技术正向“短路化”进军。如煤在高温下与水蒸气、空气或氧气发生化学反应，便可产生可燃气体，经气化处理后煤的热值可提高 1.5～1.9 倍，但把煤开采出来、运往气化厂的过程是艰巨的。有人便研究发明让煤在地下直接气化的方法，显然，其效益是非常惊人的。

6）省力化。机器大多是为省力而设计的，如面条机、洗衣机减轻了家务劳动的负担；电动自行车用电力驱动使人们享受开车般的快感。

读一读

1946 年，荷兰的马都洛夫妇为纪念他们死在第二次世界大战中的爱子，以与实物 1∶25 的比例，将荷兰典型城镇缩小，投资建成世界上第一个小人国“马都洛丹”(Madurodarn)，从而开创了世界主题公园的先河。我国率先采用这种形式的公园是深圳的“世界之窗”和“锦绣中华”。1989 年，“锦绣中华”的开幕为我国园林的发展提供了一种新的方向，也为旅游业的发展提供了一种新的手段，其惊人的游客量和巨大的收益彻底打消了许多人对这种新形式的疑虑。一时间各地纷纷效仿。

资料来源：根据互联网公开信息改编。

（6）能否替代。

现有产品可否用别的东西替代？能否用别的材料、方法、工艺、能源、动力等替代？替换、取代的途径也可以为想象提供广阔的探索领域。

1）材料替代。材料替代是以一般材料替代高级材料、以非金属材料替代金属材料、以人造材料替代天然材料等。例如：新颖陶瓷具有耐高温、耐磨损、耐腐蚀、耐冲击等特点，以陶瓷替代金属生产陶制锅炉构件，其价格可降低一半；用陶瓷制造发动机，可大幅度提高热效率、降低燃料消耗、减轻自重。纸重量轻、成本低、节省能源，以纸替代布料制成纸衬衣、纸领带、纸帽、纸制结婚礼服等“一次性产品”，造型别致、价格低廉。以纸替代木材制造家具，同样物美价廉。

2）能源替代。地球上的石油、煤炭等能源有限，所以要开发利用太阳能、风能、地热能、海洋能，乃至人体自身的能量来替代石油、煤炭等不可再生能源。根据联合国教科文组织 1981 年出版物的估计数字，五种海洋能理论上可再生的总量为 766 亿千瓦，其中温差能为 400 亿千瓦，盐差能为 300 亿千瓦，潮汐和波浪能各为 30 亿千瓦，海流能为 6 亿千瓦。而一个人一昼夜浪费的能量若转化成热能，则可把与其身体等重的水由 0℃加热到 50℃。若将全球人类推门、走路等的能量利用起来，便相当于 10 座核电站的电力。

3）食品替代。有科学家认为，海洋将成为 21 世纪人类的第二粮仓。实验证明，只要繁殖 1 公顷水面的海藻，加工后就可获得 20 吨蛋白质、多种维生素及人体所需的矿物质，相当于 40 公顷耕地一年产的大豆。位于近海水域自然生长的海藻，年产量相当于目前世界小麦总量的 15 倍以上。而海洋的"可耕"面积约为陆地的 15 倍。美味可口、营养丰富的昆虫也是人类的重要食物之一，研究证明，昆虫体内的多种营养成分的含量结构比畜、禽肉类更为合理，其脂肪与胆固醇含量也较低。目前，用昆虫做菜在世界各地已很盛行，如油炸蝴蝶和蝗虫、土豆烩蜻蜓、面团炸黄蜂、清炖甲虫、蚂蚁番茄汤、蛾子饼、蚂蚁奶油蛋糕、蝉肉蜜饯等，都成了美味佳肴。

4）功能替代。失去双手的人以脚代手，可以吃饭、洗衣、游泳、写字、使用键盘等，甚至还能学会一些精巧的铜匠、木工等"脚艺"。双目失明者听觉敏感，双耳失聪者观察力强。

读一读

城市容易在大暴雨后出现道路积水和内涝等灾情的重要原因是路面不透水。以环保技术见长的德国，把全国城市 90%的路面改造成了透水路面。相比全硬化地面，透水路面能平衡城市生态系统。雨水由透水路面渗透入地，地下水位可以迅速回升；透水地面能通透"地气"，使地面冬暖夏凉；雨季透水，冬季化雪，可以增加城市居住的舒适度。另外，由于透水地面的孔隙多，地表面积大，对粉尘有较强的吸附力，减少了扬尘污染，也可降低噪声。

资料来源：陈爱玲．创新潜能开发实用教程［M］．北京：化学工业出版社，2013．有删改．

（7）能否调整。

重新调整或安排通常会带来很多的创造性设想。可以思考：有无可互换的成分？可否变换模式？能否更换顺序？可否变换工作规范？

例如：直升机的螺旋桨安装在顶部，喷气式飞机则把它安装在尾部；汽车喇叭按钮由方向盘轴心移装到方向盘的下半个圆周上，手指按起来更方便；冰箱冷藏室和冷冻室位置调整；房间内家具的重新布置；商店柜台的重新安排；营业时间的合理调整；电视节目的顺序变动；车间机器设备的布局调整等。这些细微的调整都有可能带来更好的效果。

（8）能否颠倒。

如何反向颠倒？想一想现有事物能否从相反方向来考虑，进行正反、上下、主次、位置、左右颠倒？从相反方向进行对比思考是一种逆向思维方法，也是创造活动中颇为常见和相当有效的思维方法。

读一读

富士胶片公司曾经开发出新式照相机，降低了胶片的报废率。而以前设计的照相机在照相时，都是一帧帧地把胶片逐渐卷在一侧轴上，全部照完后再用小手柄把胶片绕进另一方的暗盒中，然后取出冲洗。但很多人照完一卷后会忘记倒卷就打开后盖，致使胶卷报废，就连职业摄影师也不例外。即使是有自动卷片装置的相机，也有人因为忘了按卷片按钮而使胶片报废。该公司的技术人员在解决这个问题时，采用了颠倒的思路，他们把整个过程倒过来想：在把胶片装进照相机内的同时，让小电机预先把胶片从暗盒侧卷绕在另一侧轴上。这样，使用者拍完后，胶片可以自动地卷进原来的暗盒中，就不用再担心胶片曝光问题了。

资料来源：根据互联网公开信息改编。

（9）能否组合。

组合就是从综合、系统的角度分析问题。组合起来怎样？能否装配成一个系统？能否把几个目的进行组合？能否将各种想法进行组合？能否将几个部件进行组合？

例如：X 光技术和计算机技术组合，便是 CT 机；铅笔和橡皮组合成带橡皮铅笔；几种部件组合成组合机床；几种材料组合成复合材料；几个企业组合在一起，构成横向联合等。

读一读

陌陌是一款基于地理位置的移动社交应用。它的使用非常简单，首先通过地理位置搜到很多附近的人，然后就可以和他们打招呼、聊天了。从产品功能上来看，陌陌就相当于传统交友功能和地理位置功能的组合。显然，这两个功能的巧妙组合产生了很好的化学反应——有了位置信息，交友变得更加真实，而且新鲜、有趣。正是基于这一创新，再加上顺应了移动互联网兴起的浪潮，辅以有节奏的微博营销策略，陌陌最终在市场上取得了不俗的成绩——2011 年 8 月正式上线，上线一年即宣布用户数突破 1 000 万。

Instagram 也是一款移动社交应用，它提供给人们一种快速、出色、有趣的方式来与好友分享照片，分享生活。Instagram 上线仅一周就获得了 10 万注册用户，此后更是发展迅猛。Instagram 的功能一点儿都不复杂。它的创始人凯文·斯特罗姆（Kevin Systrom）一开始就选择了“做减法”，只保留了最基本的应用功能。这些基本功能可以分为三部分：（1）拍照，可以随时随地拍照；（2）滤镜特效，可以为拍好的照片添加滤镜特效；（3）分享，可以分享照片到各大主流社交网站。这三部分功能是有机组合在一起，相辅相成的：首先，基于移动设备的 Instagram 让拍照变得非常方便，用户不需要携带单反相机或卡片机，在任何时间、任何地点都可以随手拍照，这一点让 Instagram 可以产出海量的照片；其次，Instagram 提供了很多经典、有趣的滤镜特效，这些特效可以让用户的照片变得惊艳，进一步确保了平台上照片的质量；最后，用户可以将照片分享到Twitter、Facebook、Flickr、新浪微博等各种社交网站，让更多好友看到自己拍的照片，获得好友的认可，并与自己进行互动，这样用户就会有动力源源不断地拍摄新的照片。这三部分功能构成了一个完美的闭环，可以说，缺了任何一个环节，Instagram都不可能获得现在的成功。2012年10月，Facebook以7.15亿美元收购Instagram。

资料来源：根据互联网公开信息改编。

3. 奥斯本检核表法的操作步骤

在运用奥斯本检核表法时，要把既有事物或产品、设想等待定对象与奥斯本检核表中的项目一一核对；要充分运用想象力和联想力；要从多种角度出发考虑问题，不要受习惯思维的影响；要从问题的多个方面去思考，视野要宽，思路要活。

奥斯本检核表法的基本步骤是：

（1）选定一个要改进的产品、方案或问题。

（2）根据产品、方案或问题，从不同的角度提出一系列问题，并由此产生大量的思路。

（3）根据提出的思路，进行筛选和进一步思考、完善。

运用奥斯本检核表法时要注意以下四点：一是要和具体的知识、经验相结合；二是此法只提示了思考的一般角度和思路，因此发展思路还要依靠人们的具体思考；三是要结合改进对象（产品、方案或问题）来进行思考；四是可自行设计大量问题来提问，提出的问题越新颖，得到的想法就越有创意。

4. 奥斯本检核表法的应用案例

练一练

为降低成本，某企业用奥斯本检核表法进行思维发散，内容如下：

（1）能否节约原料？最好是既不改变工作，又能节约原料。

（2）在生产操作中有没有由于其存在而带来干扰的东西？

（3）能否回收和最有效地利用不合格的原料、在操作中产生的废品？能否使之变成具有商业价值的产品？

（4）生产产品所用的零件能否购买市场上销售的规格品，并将其编入本公司生产工序？

（5）将采用自动化而节约的人工费和手工操作进行比较，其利害得失如何？若进行长期预测，结果又将如何？

（6）生产产品所用的原料可否用其他适合的材料替代？如何替代？产品的价格将如何？产品性能改善情况怎样？性能与价格有何关系？能否把金属改换成塑料？

（7）产品设计能否简化？从性能上看有无加工过度之处？有无产品外表看不到而实际上做了不必要加工的地方？这时，首先要从性能着眼，考虑必要的性能条件，其次考虑产品价格、式样等。

（8）零件是外部订购合适，还是公司自制合适？要在充分考虑工厂的环境后做出有数量根据的判断，从而能在大家都认为理所当然的事情中发现意外的错误。

(9) 查看一下产品组成部分的强度计算，然后考虑能否进一步节约材料。

资料来源：杨哲，张润昊．创新思维与能力开发［M］．南京：南京大学出版社，2016. 有删改．

练习： 如果你是一名想要创业大学生，请使用奥斯本检核表法来思考你创业的方向。

读一读

下面以幻灯机的创新这个典型实例来说明奥斯本检核表法的应用，如表 2-1 所示。

表 2-1 幻灯机的奥斯本检核表

检核项目	新设想名称	新设想概述
能否他用	服装裁剪幻灯机	将幻灯机吊装于裁剪桌的上方位置，把不同型号的服装最佳排料图制作成幻灯片，投影到布料上，用激光刀裁剪。
能否借用	吸顶式动景幻灯机	套用吊扇原理，让画面跟随电机活动，投向地面的彩色图案可静、可动。
能否改变	带状幻灯片	把幻灯片制成像电影胶卷一样的带状，以便于遥控操作，增加容量，降低成本。
能否扩大	巨幅广告幻灯机	以巨幅广告幻灯机替代原来的大楼美化灯。既能转换色彩与图案，又有广告效应。
能否缩小	儿童玩具幻灯机	用电池供电，可在黑暗中向墙上投射出种种彩色图案，可用于儿童识字、增加知识。
能否替代	简易塑壳幻灯机	将幻灯机原有的金属外壳换成深色塑料外壳，降低成本，也可做成手提式或折叠式。
能否调整	电视幻灯机	把幻灯机与幕布结合在一起做成电视状，从幕布后方投影。
能否颠倒	户外动静监视器	套用照相机原理，使户外情景映射于门内的玻璃上。
能否组合	壁挂式多功能幻灯机	既是壁灯，又能向对面墙壁投射彩色风景画或其他图像。

下面是一个应用奥斯本检核表法对 3D 打印机提出新设想的案例，如表 2-2 所示。

表 2-2 3D 打印机的奥斯本检核表

检核项目	新设想名称	新设想概述
能否他用	定制面膜	根据使用者脸型打印全贴合面膜。
能否借用	3D 食品打印机	将打印机加热，直接处理分子料理。
能否改变	3D 复印机	将已有产品直接复制。
能否扩大	飞机打印机	在空中直接打印，节省地面空间。
能否缩小	便携式 3D 打印机	缩小打印机机体，与手机连接，实现手机直接打印。
能否替代	液体蛋白质打印机	用液体蛋白质代替塑料进行打印。
能否调整	扫描打印机	直接通过打印机自带镜头输入物体，经过参数分析，扫描后直接打印。
能否颠倒	3D 分解机	消化自身已打印产品材料，供下次使用。
能否组合	组合式打印机	原件模块化，根据打印产品大小改变打印机大小。

（三）和田十二法

1. 和田十二法的定义

和田十二法，又称和田创新法则、聪明十二法、思路提示法，是人们在观察、认识事物时可以采用的十二种创新技法。它既是对奥斯本检核表法的继承，又是大胆的创新。和田十二法是我国创造学者许立言、张福奎对奥斯本检核表法进行改造、提炼之后，结合我国创造发明、特别是上海和田路小学创造教学的实际，与和田路小学一起提出来的。上海创造学会 1991 年正式将其命名为“和田十二法”。该法已被日本创造学会和美国创造教育基金会承认，并译成日文、英文在世界各国流传和使用。

和田十二法共有 12 句话 36 个字，将奥斯本检核表的 9 大类问题进行了高度浓缩，提炼出了方便记忆和使用的“十二个一”，即“加一加、减一减、扩一扩、变一变、改一改、缩一缩、联一联、学一学、代一代、搬一搬、反一反、定一定”。同时，和田十二法进行了具有中国特色的优化和简化，可以将使用者直接带入思考问题阶段，节省了许多中间环节，提高了思维效率。由于和田十二法既保持了奥斯本检核表法的高效率和能把问题具体化等长处，又具有记忆方便、使用便捷等优点，因此这一思维技法得以广泛流传，成为思维技法中的又一经典。也可以说，这一技法本身，就是采用“十二个一”创造的成果。

2. 和田十二法的具体内容

（1）加一加。

把一件物品加大、加长、加高、加重或组合，使物品在形态、功能、尺寸上有所变化。如可以在这件东西上添加些什么？需要加上更多时间或次数吗？把它加高一些、加厚一些行不行？把这样的东西跟其他东西组合在一起会有什么结果？请看以下 3 个案例：

1）欧洲一位磨镜片的工人，偶然把一块凸透镜片与一块凹透镜片加在一起，透过两镜片向远处看，惊讶地发现远处的景物被移至眼前。后来伽利略对这一发现进行研究，并发明了望远镜。

2）2004 年 4 月 1 日，Google 宣布将推出有 1GB 存储空间的免费电子邮箱服务 Gmail。当时主流的电子邮箱服务都只提供 2MB 或者 4MB 的免费存储空间，Gmail 邮箱的容量相当于它们的好几百倍，所以大家都以为这只是个愚人节玩笑，但 Google 真的给用户带来了惊喜。事实证明，Google 的策略是正确的，Gmail 这个后起之秀最终凭借超大的存储空间和全新的特殊功能，迅速在电子邮件服务市场获得了一席之地。

3）2010 年 1 月，苹果在 iPhone 取得成功之后，又向市场投入了另一颗“重磅炸弹”——iPad。iPad 和 iPhone 的功能相差无几，连操作系统也是使用最初为 iPhone 设计的 iOS，可以说，iPad 基本上就相当于一个放大版的、没有通话功能的 iPhone。但是，屏幕大小尺寸的调整却给用户带来了焕然一新的产品使用体验，所以两款产品的定位也完全不同，一个是智能手机，另一个是平板电脑。最终，这款在发布之初被讥讽为“大号 iPhone”的产品，销售异常火爆。更为重要的是，iPad 的面市还开启了一个全新的平板电脑时代，直接颠覆了传统的电脑使用方式。

这些产品都是通过加法来进行创新的：望远镜是通过一块凸透镜片与一块凹透镜片相加来创新的；Google 是通过对邮箱存储空间做加法来创新的；苹果是通过对设备的屏幕做加法来创新的。

（2）减一减。

把原物品减小一点、减轻一点，减去某功能、某部分，使其形态、价值、功能、成本等明显优化。如可以在这件东西上减去些什么？可以减少些时间或次数吗？把它降低一点、减轻一点行不行？可省略、取消什么东西呢？

例如：提取出牛奶中的奶油使其成为脱脂奶；减少盐中的钠，有利于降低血压；钢铁架帆布帐篷改为充气塑料帐篷，重量大大减轻；近视眼患者戴上眼镜很不方便，发明隐形镜片，放在眼睛内，就更方便了。

（3）扩一扩。

把原物品加长一些、增强一些，能不能提高速度？增宽一点、增大一点、扩展一点，可能使功能产生明显变化。

读一读

美国某牙膏公司开业前十年的年销售额增长率为10%，其后三年则停滞不前。董事会召开会议商讨对策。有位经理提出一条建议，总裁马上开出5万美元的支票作为奖金。经理的建议是把牙膏管开口直径扩大一毫米。之后，该牙膏公司马上更换新包装，这一简单的“扩大建议”使公司下一年度的销售额增长了32%。

资料来源：根据互联网公开信息改编。

（4）变一变。

改变某一物品的形状、颜色、声音、味道、气味、型号、姿态，甚至是结构、运行模式或功能，以达到创新之目的。

读一读

日本东芝公司在1952年前后积压了大量电风扇卖不出去。七万多名员工为了打开销路想尽办法，依然进展不大。这时，一名员工建议改变电风扇的颜色，把黑色改成浅色，因为当时全世界的电风扇都是黑色的，已成为传统。这一建议受到了公司的重视，电风扇被改成了浅蓝色，结果大受顾客欢迎，市场上还出现了一阵抢购热潮，几个月就卖出了几十万台。

资料来源：根据互联网公开信息改编。

（5）改一改。

改进物品原来的形状、性能、结构，使其产生新的形态、功能、特性。这件东西还存在什么缺点？还有什么不足之处需要改进？它在使用时是否不便？有解决这些问题的办法吗？可否挪作他用或做些许改变？这是和田十二法的一个重要创新路径，在很多优秀的企业家选择创业模式时都得到过很好的体现。

例如：拨盘式电话速度慢，改成按键式电话；手动冲水马桶改成感应式自动冲水马桶；玻璃眼镜片易碎裂、金属眼镜架很重，可改为树脂镜片、钛合金架，更轻、更安全；普通伞改为折叠伞、自动伞；白炽灯外壳改用彩色玻璃、乳白色玻璃等。

读一读

SOHO的创始人潘石屹就是善于改变，凭着价值创新的勇气和智慧，率先引进了国外流行多年的“SOHO”概念（Small Office Home Office），即在家办公。SOHO一族从本质上讲，不是地域空间的标志，而是一种思维观念、一种生活方式的改变。这样使得他的公司真正做到了“不与竞争者竞争”，进入了一片蓝海。

资料来源：根据互联网公开信息改编。

（6）缩一缩。

将这件物品的尺寸缩小一些会怎样？它能否压缩？压缩以后会有什么结果？把现有产品变为小型、微型，是否会给使用者带来方便？

例如：压缩饼干、袖珍收音机、袖珍雨衣等，书籍的缩印本、袖珍词典等。折叠也可使物件缩小。例如：居室面积小，全部家具都可以做成折叠式，收进壁橱；舰上停放的飞机，机翼是折叠的；折叠自行车、折叠汽车也已逐步实现。

（7）联一联。

思考某一事物与其他事物之间的联系，或者在事物的起因与结果之间的联系中寻求创新路径。

例如：江南春在电梯即将关闭时看到舒淇的海报，联想到在电梯门口安装电视，造就了分众传媒，获得了亿万财富；蒙牛将航天载人火箭与牛奶联系在一起，借势提升了知名度；产品与健康、人性、情感等联系到一起就更有价值、更受欢迎，如可口可乐代表欢乐，统一鲜橙多代表健康；农夫山泉用纯净水和矿泉水养花的试验让人联想到久喝纯净水于身体无益，从而提升了矿泉水的地位；珠宝戴在模特身上让人联想到美丽；钻石让人联想到“永远”。

读一读

澳大利亚曾发生过这样一件事：在收获的季节，有人发现一片甘蔗田的产量提高了50%。这是什么原因呢？原来栽种前一个月，一些水泥洒落到这块地里。科学家认为，水泥中的硅酸钙改良了土壤的酸性，带来了甘蔗的增产。人们由此联想到，既然硅酸钙可以改良土壤的酸性，那么是否可以制成硅酸钙肥料呢？于是，一种新型的“水泥肥料”问世了。

资料来源：根据互联网公开信息改编。

(8) 学一学。

通过借鉴或模仿某一事物的外形、结构、原理、特征、技巧、功能等，走出自己的创新之路。

读一读

福特看到生产线上装配一辆车需要 12.5 小时，实在太慢，便决心改进，但又苦无良策。后来他去参观屠宰场、罐头厂的生产过程，看到其虽然生产线很长，但整块肉的切碎、蒸煮、装罐环节的输送过程全用滑轮，不用人力，迅速便捷。于是，福特回厂改造生产线，也采用输送带，使一辆车的装配时间降至 1.5 小时。

资料来源：根据互联网公开信息改编。

(9) 代一代。

有什么物品能替代现有物品？如果用别的材料、零件、功能、方法、工具等替代行不行？换个人做、使用其他动力、换个机构、换个音色行不行？换个要素、模型、布局、顺序、日程行不行？

例如：草鞋被布鞋替代，布鞋被皮鞋替代；蒸汽机车被内燃机车替代，内燃机车被电力机车替代；折扇被电风扇替代，电风扇被空调器替代等。

读一读

微信刚推出时最吸引用户的就是它的"对讲功能"，即可以发送语音信息。相较于传统的用文字发送短信，用语音发送信息显得更加方便，而且所表达的内容也可以更加丰富，所以这种新奇的沟通方式迅速成了一种新的潮流。而这个功能的创新就可以理解为在发送信息的形式上用语音替代文字。

百度和 Google 的图片搜索中都有一个按图搜索功能，用户使用图片就可以搜到和这张图片近似的图片。通过这个功能，用户凭借一张已有的图片就可以找到它的最初来源、原始版本及相关信息、不同分辨率的版本、不同更改的版本和所有包含这张图片的网页，而这些是按关键字搜索所无法实现的。按图搜索功能的创新就是让用户可以使用图片替代文字进行搜索。

资料来源：根据互联网公开信息改编。

(10) 搬一搬。

把某件物品搬到别的地方，可能产生别的用法；把某个想法、道理、技术搬到别的地方，可能有新的发现；把物品的某一部件调整一下，可能产生一种新的物品。

例如：灯泡是用作照明的，"搬"到十字路口就成了信号灯；把电视机上的拉杆天线"搬"到圆珠笔上去，就是可伸缩的"圆珠笔教棒"。

(11) 反一反。

把事物或者产品的前后、左右、上下、正反、横竖、里外颠倒过来，会有什么结果？

把某一事物的形态、性质、功能反一反，或许就可以有新的发明。

读一读

在日本本州岛有一栋世界奇屋——倒悬屋，其发明人是一位汽车旅馆老板。原来，该旅馆生意不好，于是旅馆老板求教于心理学家。心理学家受比萨斜塔的启示，建议他盖一座岌岌可危的倒悬房子，以吸引顾客，结果前来一睹为快的观光者络绎不绝，倒悬屋因此举世闻名。

平时人们穿拖鞋只能从一个方向穿进去，如果脱拖鞋时把拖鞋放倒了，那么，到要穿的时候，就需要把它摆正才能穿。能否做到反方向也能穿呢？日本的横山康子发明了两面都能穿的拖鞋。这种拖鞋只是把拖鞋的十字搭襻移到了中央。

资料来源：根据互联网公开信息改编。

（12）定一定。

沿着“确保机构高效运转、事物正常发展、任务顺利执行等，需要制定哪些安全保障措施?”的思路进行创新。

例如：为了使交通有秩序，防止事故发生，信号灯诞生了。黄灯亮时，车辆停止行驶，已经越过停车线的车辆可以继续行驶；红灯亮时，车辆禁止通行；绿灯亮时，车辆通行。有了这些规定，人们的行为才能准确而有序。应该运用“定一定”的方法发现一些有益的规定并执行。

读一读

茅台酒中含有多达 170 种对人体有益的微量元素，远胜于其他白酒，且贮存时间越长，保健功能越突出。因此，消费者对茅台酒的价值判断早已超越饮用范围。于是，茅台集团采取“定一定”办法：从 2001 年 1 月 1 日起，为每瓶酒标注出厂日期，第二年价格自动上调 10%，逐年递增，首创了“价格年份制”。

医师测定病人的体温要用温度计，温度计刻度的规定是瑞典科学家安德斯·摄尔休斯（Anders Celsius）的一大创举。他规定水结冰时的温度（冰点）为零度，在一个标准大气压下沸水的温度（沸点）为 100 度，其间分为 100 等份，每一等份为 1 度。这就是摄氏温度计使用的“温标”，记为“℃”。

资料来源：根据互联网公开信息改编。

如果按照“十二个一”的顺序进行核对和思考，就能从中得到启示，诱发人们的创造性设想。所以说，和田十二法是一种开启人们创新思维的思路提示法，如表 2－3 所示。

表 2-3 和田十二法

序号	方法	描述
1	加一加	加高、加厚、加多、组合等。
2	减一减	减轻、减少、省略等。
3	扩一扩	放大、扩大、提高功效等。
4	变一变	变形状、颜色、气味、声音、次序等。
5	改一改	改缺点、不便、不足之处等。
6	缩一缩	压缩、缩小、微型化。
7	联一联	联系原因和结果，联系不同的事物。
8	学一学	模仿形状、结构、方法，学习先进。
9	代一代	用别的材料替代，用别的方法替代。
10	搬一搬	移作他用。
11	反一反	颠倒形态、性质、功能等。
12	定一定	定个界限、标准，能提高工作效率。

3. 和田十二法的应用案例

想一想

2013 年 9 月 20 日，苹果发布手机产品 iPhone 5S。在 iPhone 5S 上，苹果打破了多年来 iPhone 只有经典的黑、白两色的传统，加入了香槟金色，该颜色在网络上被调侃为“土豪金”。请运用和田十二法分析苹果“土豪金”的创新之处。

[思维索引] 苹果“土豪金”的创新之处如下：

(1) 加一加：电池待机时间由 225 小时增加到 250 小时。

(2) 减一减：Home 键的部位去掉了中间的小方块。

(3) 扩一扩：扩大显示屏面积。

(4) 变一变：改变颜色，改进功能。

(5) 改一改：边框采用金属原色打磨，改掉边框易掉色的缺点。

(6) 缩一缩：摄像头尺寸缩小。

(7) 联一联：金色象征富贵，提高品位。

(8) 学一学：学习饥饿营销，造成“一机难求”的局面。

(9) 代一代：指纹识别技术代替传统防窥探技术。

(10) 搬一搬：把照相机快捷键按钮移动到手机左侧。

(11) 反一反：与原来黑白色单一化相反，采用多元色彩产品策略。

(12) 定一定：定位高贵，提高价格。

运用和田十二法，首先要明确创新对象和参照物，对于新一代苹果手机而言，其参照物便是上一代苹果手机以及其他同类型的智能手机。然后，要在现有参照物的基础上进行修改。修改便是按照和田十二法的各个步骤依次进行，每个步骤可以是一项创新，也可以是多项创新，经过十二个步骤之后，整个新手机便有了一个完整的创新体系。

此外，在苹果“土豪金”的整个创新体系中，给人最直观的感觉就是颜色的改变，黑色代表凝重，白色代表高雅，那么变成金色，则赋予了苹果手机豪华的感觉。更重要的一点是，金色迎合了中国人的消费喜好，在良好的产品质量体验的基础上，简单的颜色改变，为苹果手机取得优秀的销售业绩做出了重要贡献。同时，定价策略也是苹果“土豪金”的一个亮点，通过价格的合理考量，将新款手机与身份地位联系起来，增加了品牌价值。可见，在和田十二法中，各个步骤所产生的创新元素地位并非完全平等，所以也要侧重塑造产品的亮点。

练一练

用和田十二法改进电风扇的新设想：

(1) 加一加：加个电脑，成为带电脑的电风扇。

(2) 减一减：减去吊杆，成为吸顶电风扇。

(3) 扩一扩：扩大送风角度，成为全方位电风扇。

(4) 变一变：改变形状，成为球式电风扇。

(5) 改一改：改进使人着凉的不足，成为保健电风扇。

(6) 缩一缩：缩小尺寸，成为微型电风扇。

(7) 联一联：与催眠联系，成为催眠电风扇。

(8) 学一学：学用新技术，成为太阳能风扇。

(9) 代一代：用其他材料替代，成为木叶片电风扇。

(10) 搬一搬：装到电视机上，成为电视机用电风扇。

(11) 反一反：冬天也用电风扇，成为热风扇。

(12) 定一定：规定节能标准，成为节能电风扇。

资料来源：https://wenku.baidu.com/view/3e6b85b56c175f0e7dd1378f.html.

练习：请列举一个生活中的小家电，运用和田十二法提出你的改进建议。

想一想

“现贷派”是由渣打银行于2007年推出的一款“无担保个人贷款产品”，在无担保个人贷款服务上，渣打银行成为第一个“吃螃蟹的人”。目前，“现贷派”业务体系不断完善，服务模式不断优化，客户数量与日俱增，以其精准的定位和集约化的服务模式，获得了众多贷款客户的青睐。请用和田十二法分析渣打银行“现贷派”的创新之处。

[思维索引] 渣打银行“现贷派”的创新之处如下：

(1) 加一加：贷款额度增加（最高增加至50万元）。

(2) 减一减：贷款利息减少（每贷12个月减息1个月）。

(3) 扩一扩：贷款年限扩展（最长可延至5年）。

(4) 变一变：改变贷款手续烦琐的缺点。

(5) 改一改：改变传统申请不便的缺点，可使用在线申请。

(6) 缩一缩：缩短放款等待时间（最快1天放款）。

(7) 联一联：与高品质的生活享受消费联系。

(8) 学一学：学习信用卡模式。

(9) 代一代：以个人信用记录替代财产抵押。

(10) 搬一搬：把产品从一线城市往更多城市拓展。

(11) 反一反：贷款年限由固定化变成自由选择。

(12) 定一定：定客户，主要面向白领阶层，造就"白领一贷"。

首先，要明确创新目标——设计一项贷款产品；其次，确定参照物——同类贷款产品或者信用卡消费产品；然后，按照和田十二法的各个步骤思考创新元素并进行检核论证；最后，形成创新体系，设计创新产品。贷款的门槛高、手续烦琐、操作烦琐等是银行贷款业务扩展的主要制约因素。渣打银行的"现贷派"产品，就是通过"加一加""减一减"等一系列的步骤实现产品改良创新，很好地体现了和田十二法的创新思路。

能力训练

一、案例分析

用5W1H法设计宣传方案

某公司既出售牛奶，又出售面包、蛋糕等食品。这家公司出售的牛奶质优价廉，每天都能在天亮以前将牛奶送到订户门前的小木箱内。牛奶的订户不断增多，公司盈利也越来越多。而这家公司出售的面包、蛋糕等食品，虽然也质优价廉，但是由于门市所在的地段较偏僻，来往的行人不多，因此营业额一直上不去。公司老板当然知道通过报纸和电台进行广告宣传是有作用的，但他也清楚，这要付出很大的代价，而且面包、蛋糕之类的食品，不同于一般大件商品，在报纸和电台公布其名称、价格，是不容易引起消费者注意的。该公司老板从牛奶订户不断增多的事实中认识到，这是一个很大的消费群体，对其进行宣传不仅有效，而且能通过他们不断扩大影响。于是他认定，如果要为面包、蛋糕等食品做宣传，就可以在牛奶订户上下功夫。

思考：请你用5W1H法帮助该公司设计一个投资不大但宣传效果极佳的推销面包、蛋糕的好方案，并说明理由。

二、能力测试

（一）打破常规的能力

想知道自己是否敢于尝试新鲜事物吗？想知道自己是否具有打破常规的能力吗？那就

来做一做下面的测试吧！请在 5 分钟内完成测试。在 A、B、C 三个选项中选择一项打“√”即可。

(1) 学校为了实现教学现代化的目标，在新学期将计算机房全面对外开放。同学们都非常踊跃地报名要求上机，而你的水平不太高。这时，你会：

A. 不报名去机房学习，自己回家慢慢学

B. 去机房学习，有不懂的问题虚心向别人请教

C. 机房的开放使你学习计算机的热情一下子高涨起来，非常想到机房学习

(2) 新春佳节，你应邀参加好朋友组织的聚会。当新年的钟声敲响时，大家都兴高采烈地载歌载舞。而你一直是不擅长歌舞的。这时，你会：

A. 仍旧坐在座位上，看大家跳

B. 好朋友再三邀请之后，在一个不被人注意的角落偷偷跟他学着跳

C. 和大家一样站起来，大大方方地学着跳

(3) 假设你在一次科技竞赛中获得了名次，得到了一个出国访问的机会。这是一个英语国家，而你的英语不是很好。这时，你在国外会：

A. 只用母语，然后通过翻译和别人沟通

B. 很少和当地人交流，只在万不得已的时候，使用自己所掌握的词汇和句式勉强交流

C. 把这当作一个锻炼的机会，尽量多地使用英语，即使说错了也不怕别人笑话

(4) 你不小心把爸爸新给你买的 iPod 弄坏了。你不想告诉爸爸，想自己解决。你会：

A. 找出自己积攒的零花钱，拿到修理店修理

B. 求助于你擅长电子产品的好朋友，请他（她）帮你修理

C. 查看技术手册和使用说明书，买回材料，自己试着把它修好

(5) 班干部改选，你从班长变成了生活委员。这天，新班长请你协助他做一项工作。你会：

A. 毫不犹豫地拒绝，因为班长是他，而不是你，这是他的工作

B. 帮助新班长工作，但在过程中提出很多要求

C. 毫无怨言地马上和新班长埋头工作，并尽量把它做好，这毕竟是班集体的事

(6) 进入期末复习阶段了，各科老师都相继组织答疑。你也向老师提出了问题，但是你没听懂老师的回答。这时，你会：

A. 老师讲什么你就记什么，不懂的地方课后再查

B. 假装听明白了，因为不好意思耽误大家太长时间

C. 继续质疑，直到弄懂为止

计分方法：选择 A 计 0 分，B 计 5 分，C 计 10 分。

解析：

46～60 分——从不畏惧挑战。对于你来说，“新”和“挑战”是一组同义词。你向往任何新的人、事、物，对生活充满了自信心。即使是一个未知的领域，也敢于大胆涉猎，敢于创新。但你要知道物极必反，有时候过于自信、不肯接受别人的帮助反而会害了自己。敢于尝试可以使你前进，但走得太远也可能会带来危险。

26～45 分——谨慎行事。你最终会和陌生的人、事、物成为朋友，但这通常需要较

长的时间。谨慎可能是件好事，但它有时候会妨碍你发现自己真正的能力，扼杀你创新的机会。因此，不妨抓住一次机会，尝试一下，你可能得到有意想不到的收获。

0～25 分——畏缩不前。你会轻易地被从未尝试过的事物征服或吓倒。你总是认为别人希望自己的表现能像专业人士那样令人满意，其实是你对自己的期望太高了。不管怎么样，当你下次再犹豫的时候，可以激励自己勇敢地尝试一下新的东西。

（二）创造力的高低

这是由美国普林斯顿创造才能研究公司为选拔创新人才制定的“你的创造力有多高”的测验方法，即著名的尤金·劳德赛测试题。

下面有 50 个句子，请根据你本人的实际情况，实事求是地填写。

A——非常同意；B——同意；C——中间态度；D——反对；E——坚决反对。

（1）在解决某一特定问题时，我总是很有把握地认为我是按正确步骤工作的。（　　）

（2）我认为如果无望得到回答，提问题就是浪费时间。（　　）

（3）我觉得有条理地、一步步做是解决问题的最好方法。（　　）

（4）我也偶尔在集体内发表一些似乎叫人扫兴的意见。（　　）

（5）我花大量的时间考虑别人对我的看法。（　　）

（6）我觉得我能对人类做出特殊的贡献。（　　）

（7）我认为做自己认为正确的事比争取别人赞同更重要。（　　）

（8）那些看上去做事没有把握、缺乏自信心的人得不到我的尊重。（　　）

（9）我能长时间盯住一个难题不放。（　　）

（10）偶尔我会对事情变得过于热心。（　　）

（11）我常常在不具体做什么时想出最好的主意。（　　）

（12）在解决问题的过程中，我常常凭直觉。（　　）

（13）在解决、分析问题时，我的速度较快；在综合所得信息时，我的速度较慢。（　　）

（14）我有收集的嗜好。（　　）

（15）幻想为我执行许多重要的计划提供了动力。（　　）

（16）假如放弃现在的职业，并在以下两个职业中选择一个，我宁愿当医生而不愿意当探险家。（　　）

（17）和社会阶层与我大致相同的人在一起，我会相处得好一些。（　　）

（18）我有高度的审美力。（　　）

（19）直觉不是我解决问题的可靠向导。（　　）

（20）与其说我热衷于向别人介绍新思想，还不如说我的兴趣在于拿出新思想。（　　）

（21）我往往避开使自己不如他人的场合。（　　）

（22）在对信息进行估价时，我觉得它的来源比它的内容重要。（　　）

（23）我喜欢那些遵循“先工作后享乐”规则的人。（　　）

（24）一个人的自尊比受别人尊重要重要得多。（　　）

（25）我认为那些追求至善至美的人是不明智的。（　　）

（26）我喜欢那种能影响他人的工作。（　　）

（27）我认为凡物必有其位，凡物必在其位。（　　）

（28）那些抱着“怪诞”思想的人是不切实际的。（　　）

（29）即使我的新思想没有实践效用，我也愿意去想。（　　）

（30）当某一个解决问题的办法行不通时，我能很快改变思考问题的方向。（　　）

（31）我不愿意问显得无知的问题。（　　）

（32）我可以为了从事某一工作或职业而改变自己的爱好。（　　）

（33）我认为问题无法解决往往是因为提问错误。（　　）

（34）我经常能预感到解决问题的方法。（　　）

（35）我认为分析失败是浪费时间。（　　）

（36）只有思路模糊的人，才会借用隐喻和类比。（　　）

（37）有时我非常欣赏一个骗子的技巧，以至于希望他能安然逃脱惩罚。（　　）

（38）我经常会在面对一个只是隐隐约约感受到了的但又说不清楚的问题时就开始去解决它。（　　）

（39）我往往会忘记人、街道、公路、小城镇等的名称。（　　）

（40）我觉得勤奋是成功的基础。（　　）

（41）对我来说，被人视为集体的好成员是很重要的。（　　）

（42）我知道怎样控制我的内心活动。（　　）

（43）我是个可靠的、责任心强的人。（　　）

（44）我不喜欢做事情没有把握，不可预见。（　　）

（45）我宁愿和集体成员共同努力，也不愿意单枪匹马。（　　）

（46）许多人的问题在于他们对事情过于认真。（　　）

（47）我经常被要解决的问题困扰，但又无法撒手不管。（　　）

（48）为了达到自己树立的目标，我很容易放弃眼前的利益和舒适。（　　）

（49）假如我是大学教授，我宁愿教实践课，也不愿教理论课。（　　）

（50）我为生活之谜所吸引。（　　）

填完之后，请按照图 2-3 计算并得出分数。

得分与创造力高低的对应关系为：

80～100 分　　非常有创造力

60～79 分　　创造力高于平均水平

40～59 分　　创造力一般

20～39 分　　创造力低于平均水平

－100～19 分　创造力水平较低

三、拓展题

（1）饿了么、美团等手机 App 极大地方便了我们的生活，它们的出现再一次印证了手机 App 只有贴近生活、制造便利才能长久不衰。请你利用 5W1H 法设计一款手机 App，并阐述它的功能。

（2）在各类新闻媒体当中，广播电台作为传统媒体，近年来受到了前所未有的冲击，其市场占有率和广告份额有逐年下滑的趋势。请你用 5W1H 法帮助广播电台策划一个吸

题号	A	B	C	D	E	题号	A	B	C	D	E
1	-2	-1	0	+1	+2	26	-2	-1	0	+1	+2
2	-2	-1	0	+1	+2	27	-2	-1	0	+1	+2
3	-2	-1	0	+1	+2	28	-2	-1	0	+1	+2
4	+2	+1	0	-1	-2	29	+2	+1	0	-1	-2
5	-2	-1	0	+1	+2	30	+2	+1	0	-1	-2
6	+2	+1	0	-1	-2	31	-2	-1	0	+1	+2
7	+2	+1	0	-1	-2	32	-2	-1	0	+1	+2
8	-2	-1	0	+1	+2	33	+2	+1	0	-1	-2
9	+2	+1	0	-1	-2	34	+2	+1	0	-1	-2
10	+2	+1	0	-1	-2	35	-2	-1	0	+1	+2
11	+2	+1	0	-1	-2	36	-2	-1	0	+1	+2
12	+2	+1	0	-1	-2	37	+2	+1	0	-1	-2
13	-2	-1	0	+1	+2	38	+2	+1	0	-1	-2
14	-2	-1	0	+1	+2	39	+2	+1	0	-1	-2
15	+2	+1	0	-1	-2	40	+2	+1	0	-1	-2
16	-2	-1	0	+1	+2	41	-2	-1	0	+1	+2
17	-2	-1	0	+1	+2	42	-2	-1	0	+1	+2
18	+2	+1	0	-1	-2	43	-2	-1	0	+1	+2
19	-2	-1	0	+1	+2	44	-2	-1	0	+1	+2
20	+2	+1	0	-1	-2	45	-2	-1	0	+1	+2
21	-2	-1	0	+1	+2	46	+2	+1	0	-1	-2
22	-2	-1	0	+1	+2	47	+2	+1	0	-1	-2
23	-2	-1	0	+1	+2	48	-2	-1	0	+1	+2
24	+2	+1	0	-1	-2	49	-2	-1	0	+1	+2
25	+2	+1	0	-1	-2	50	+2	+1	0	-1	-2

图 2-3 尤金·劳德赛测试题计分

引听众的栏目。

(3) 利用奥斯本检核表法思考超市购物车的改进方法。

(4) 利用奥斯本检核表法思考自行车的改进方法。

(5) 如果你是一家台灯厂产品设计部的设计人员，请用和田十二法对台灯进行创新开发，并思考什么样的产品才能得到大众的认可。

(6) 如果你是一家服装店的经理，面对竞争压力，必须进行产品创新。请用和田十二法对服装进行创新开发。

(7) 请你以学校某一社团为对象，运用和田十二法，为该社团发展提出 5 条以上创新性方案和建议。

任务三 组合创新思维训练方法

知识目标

1. 理解组合创新思维的概念。
2. 理解组合创新思维的特征。

3. 了解组合创新思维的类型。

能力目标

1. 掌握组合创新思维训练的不同方法。
2. 能够根据实际，应用组合创新思维方法提出创业新模式。

案例导入

中国的图腾——龙

自古以来，龙的形象一直牢牢地刻在中国人的脑海中，我们常常以作为“龙的传人”而自豪，那么被称为“中国图腾”的龙是怎样构成的呢？学者们经过考证研究后认为，龙是古代人们想象的，是将种种象征美好生活的动物加以组合而成的神物。闻一多先生曾指出，古代的龙是由大蛇演变而来的，是蛇加上各种动物构成的。它以蛇为主体，组合了兽类的四脚、马的头、鬣的尾、鹿的角、狗的爪、鱼的鳞和须……便成为现在我们所知的龙。龙的形象经过历代的不断美化和神化，最终演化成中华民族独特的象征。

资料来源：https://wenku.baidu.com/view/7c4d84713d1ec5da50e2524de518964bcf84d23e.html.

英国学者阿特·布莱基（Art Blakey）曾说，组织得好的石头能成为建筑，组织得好的词汇能成为漂亮文章，组织得好的想象和激情能成为优美的诗篇。巧妙的组合就是创新，把表面看来似乎不相关的事物，有机地组合在一起，从而产生意想不到的创新成果。正如一首美妙的歌曲是由若干音符组合而成，一部精彩的电影是由各个分镜头组合而成，发明创造也离不开各式各样的组合。在中国龙的案例中，人们大胆地将不同的事物组合在一起，创造了龙的形象。在龙的形象背后，我们可以发现这样一个本质特征，即把不同的事物大胆地组合在一起，就可以形成我们想要创新的事物。

一、认识组合创新思维

（一）组合创新思维的概念

组合是将现有的科学技术原理或方法、现象、物品做适当的综合，将两个或两个以上看似没有联系的学说、技术或产品通过巧妙重组，获得具有统一整体功能的新学说、新技术或新产品的创新技法。

组合创新思维在人类社会发展过程中有着强大的影响力。在当今世界，属于首创、原创的创新成果较少，大多数创新成果的获得都是采用组合创新思维方法获得的。据统计，在现代技术发明中，技术组合型发明成果已占全部发明成果的60%～70%。这个数据说明组合创新已经成为当前发明创造的主要方式。

在创新领域，组合原理有着广阔的用武之地。在大学生的创新思维探索过程中，组合原理属于应用最多、效果最好的创新思维原理之一。组合具有广泛性、形式多样的特点，在我们的周围随处可见：在文学艺术领域，我们阅读的文学作品中美人鱼的形象，美人鱼以腰部为界，大多数上半身是美丽的女人，下半身是披着鳞片的漂亮鱼尾，整个躯体极富诱惑力；我们常见的四方连续纹样也是组合而来，节奏均匀，韵律统一，整体感强，广泛应用于室内设计、产品设计等。

读一读

乾隆年间，大学士和珅年轻气盛，瞧不起三朝元老刘统勋；刘统勋自恃功劳与才学，也不将和珅放在眼里。两人都是乾隆的宠臣，乾隆有心让他们释解前嫌，于是想出一个办法。某天，乾隆让二人伴驾到后花园散心。湖边景色美极了，山水缭绕，碧波荡漾，令人心旷神怡。乾隆命二人以水为题，作诗明志。刘统勋从水面上照见自己的龙钟老态，看到和珅志得意满的得意状，感叹地咏出诗来：

有水念溪，无水也念奚，单奚落鸟变成鸡。得食的狐狸欢如虎，落坡的凤凰不如鸡。

和珅知道，这个老家伙自诩为凤凰，讽刺自己是鸡，心中不快，于是，反唇相讥，吟诗道：

有水念湘，无水还念相，雨落相上便为霜。各人自扫门前雪，哪管他人瓦上霜？

和珅告诫刘统勋，应该知老认老了，别多管闲事。

看到两人还在闹别扭，乾隆心有忧虑。他拉住二人的手，在湖边看着三人的合影，说道：你们听朕吟一首——

有水念清，无水也念青，爱卿若协力，心中便有情。不看僧面看佛面，不看孤情看水情。

二人听罢，深受感动，慌忙拜谢，握手言和。

资料来源：根据互联网公开信息改编。

在科技领域，组合也很多见。组合在一定的整体目的下利用现成的事物，往往不需要建立高深的理论基础和开发专门的高级技术。世界著名的思维训练大师爱华德·德·波诺（Edward de Bono）认为，组合是利用前人的经验和成果的最佳手段。

读一读

在当今社会，人工智能已经步入商业化，社会智能化已经给生活带来了很大的变化，那么，人工智能到底是什么呢？

人工智能是研究、开发用于模拟、延伸和扩展人的智能的理论、方法、技术及应用系统的一门新的技术科学。人工智能是一门极富挑战性的科学，它由不同的领域组成，如机器学习、计算机视觉等。传统产业赋予了人工智能产业肥沃的发展土壤，它们的组合想想都是有趣的。

这种新鲜的技术在互联网金融领域中正迅速占领市场，众人都在争取提前布局以取得战略性竞争优势。未来，将会有更多元素的混合与碰撞，并展现更多的火花，带来更多的“无人”科技创新。

资料来源：根据互联网公开信息改编。

在思想文化领域，中西文化的融合是历史发展的必然，马克思主义哲学是辩证唯物主义和历史唯物主义的系统组合。世界上的事物是多种多样的，组合也是纷繁复杂、无穷无尽的。从分子、原子、电子等一些基本微粒到浩瀚无垠的宇宙，从一个简单的二极管到具有人工智能的电脑，从C、H、O元素到复杂的人体结构，从儿时的七巧板、积木到现今的乐高积木，正是由于许多不同的组合，才产生了千姿百态的奇巧世界。总的来说，组合是任意的，各种各样的事物都可以进行组合。

巧妙的组合就是创新。这句话似有夸大其词之嫌，却道出了组合的真谛。组合绝不是各种事物的简单凑合。组合的本质是想象和创新。某些组合虽然看起来不合理，却在这不合理中融入了想象，在标新立异中开辟了一片新天地。在一定的目标下，把若干事物、元素等按照一定的原则进行组合，各个组成事物、元素相互协调、相互作用，极有可能生成创新成果。当然，组合的事物必须具有创新的特征，组合创新事物的功能应大于内部各组成事物、元素的单独功能之和。因此，进行组合创新，找到组合对象并不难，困难在于找到组合对象后，如何有机地把它们组合在一起。要做到这一点，除了要有知识和经验之外，还需要有丰富的想象力。

组合能力是创新者的基本技能。当今的时代是一个以互联网为主要载体、以各种传媒融合为主要特征的时代，知识纵横成网，信息瞬息万变，组合在创新中的地位更为重要。

有部分学者甚至认为，创新就是把人们认为不能组合在一起的东西组合到一起。日本创造学家菊池诚认为，发明有两条路，第一条是全新的发现，第二条是把已知其原理的事实进行组合。近年来也有人曾经预言，组合代表着技术发展的趋势。福特说：“我没发明任何新东西，只是把他人几百年来的发明组装成了汽车。”晶体管发明者之一的美国发明家威廉·布拉德福德·肖克莱（William Bradford Shockley）也曾说，创新就是把以前独立的发明组合起来。

读一读

有一次，化学家阿伏伽德罗和数学家高斯开了个玩笑：他在高斯面前把2升氢气放在1升氧气中燃烧，结果得到2升水蒸气。阿伏伽德罗对高斯说：“只要化学愿意的话，它能使2+1=2，你们数学能做到这一点吗？”

资料来源：沈永欢．高斯：数学王者，科学巨人［M］．哈尔滨：哈尔滨工业大学出版社，2015．有删改．

尽管这只是一个名人趣事，但给了我们很大的启发：几种物质的组合会产生出人意料的结果，会导致新物质或新产品的诞生。例如：玻璃纤维和塑料组合，可以制成耐高温、高强度的玻璃钢。很多复合材料都是这样组合而成的。这正应了《思维的革命》的作者戈登·德莱顿（Gordon Drgden）的一句话——一个想法是旧成分的新组合，没有新的成分，只有新的组合。在各个领域中，组合得好就是创新。组合类创新方法是进行创新的有效手段和常用方法。

现在国外有许多企业，已把组合创新思维应用于扩大企业经营方面。例如：我们去大型超市或商场买东西时会发现，超市或商场不但购物非常方便，而且其餐饮服务也能满足不同人的需求。日本的石油公司一般都会在加油站兼办观光服务、生命保险、照片冲洗等业务，同时销售汽车内的音响器材、蓄电池、轮胎等。这种把保险、音乐、照相、住宿、娱乐、维修等跟加油站有关联性的许多业务组合在一起的经营方式，往往可以获得更好的经济效益。组合经商并非一成不变，而是要随着环境、时机等具体情况进行创新。只要善于组合，就能创造出无数奇妙的经营新招。

在组合创新的过程中，需要注意的问题是：第一，组合要有选择性。世界上的事物千千万万，把它们都不加选择地加以组合是不可能的，应该选择适当的物品进行组合，不能勉强凑合。第二，组合要有实用性。通过组合提高效益、增加功能，可以使事物相互补充，取长补短，和谐一致。例如：将普通卷笔刀、橡皮、毛刷、小镜子组合起来的多功能卷笔刀，不仅能削铅笔，还能擦掉铅笔的错字或者照镜子，增加了卷笔刀的功能，很有实用性。第三，组合要有创新性。通过组合的产品往往内部协调，相互补充，更加先进。组合只有具备突出的实质性特点和显著的进步，才具备创新性。

读一读

花灯是中华民族民俗文化的瑰宝。花灯起源于汉武帝时期，每年农历正月十五日，汉武帝于皇宫设坛祭祀当时天神中最尊贵的太一神，由于彻夜举行，因此必须终夜点灯照明，这是元宵节点灯的开端。在佛教传入后，道教神仙术与佛教燃灯礼佛互相结合，每到正月十五夜，城乡灯火通明，形成了一个中外合璧的独特习俗。

中国历代花灯的制作都十分讲究，随着时代的变迁，在材质和造型上有很大的变化。既有纸、竹、绸缎、木这些传统素材，又有塑胶、玻璃纸、亚克力这些现代的材料。花灯的制作材料并没有限定，连水果、废弃纸盒、铝罐都可以做材料，所以花灯的变化有无限的想象空间。可爱的小叮当和温馨的维尼熊是现代文化的新造型，传统的十二生肖则配合年节替换……不断出现的许多现代较流行的花灯都得到人们的喜爱。

随着科技的进步和发展，传统的蜡烛灯笼逐渐被灯泡灯笼所取代。灯泡灯笼由于使用电流供电，因此可以长时间使用，且较为安全。但现有的灯笼都仅仅是起到照明、装饰的作用，不具有发声的功能，因而无法对喜庆佳节的气氛做进一步突出和烘托。为了克服现有技术存在的不足，一种在灯笼体内设有控制芯片和喇叭、具有播放音乐等发声功能的电子音乐灯笼被发明出来。通过设置控制芯片，可以把音乐或一些欢迎词存储在控制芯片内，通过喇叭播放，使其具有播放音乐等发声功能，大大增强了节日喜庆的气氛。

资料来源：根据互联网公开信息改编。

世间的事物又何止千万，它们的组合更会永无穷尽。正如万花筒里的菱花，其实只是由有限的几个图形元素和色彩元素组合而成，但变化万千、永不重复，每次呈现的都是唯一。而我们要做的，就是让它旋转起来。

（二）组合创新思维的特征

组合创新思维广泛适用于社会的各个层面，大到航空工程，小到宇宙中的分子、原子，都离不开组合。组合创新思维在整个历史发展的进程中，既满足了人类物质生活、精神生活的需要，也不断将人类文明的发展向前推动。

读一读

炎热的夏天夜晚，最享受的瞬间莫过于来一杯冰啤酒。近年来，水果风味的啤酒因酒精浓度低且具有香甜的果汁风味，得到了许多女性朋友的喜爱。

啤酒于20世纪初传入我国，属于外来酒种。啤酒以大麦芽、酒花、水为主要原料，是经酵母发酵、酿制而成的饱含二氧化碳的低酒精度酒，被称为“液体面包”。

在啤酒市场日趋饱和且销量呈负增长的背景下，开发果汁啤酒的新产品、创新生产工艺，不仅丰富了果啤的种类，还拓宽了水果深度加工的渠道，为开发和生产果啤提供了生产工艺参考和研究基础。

资料来源：根据互联网公开信息改编。

（三）组合创新思维的类型

1. 同物组合

同物组合，一般是两个或两个以上的同一事物进行组合。这类组合只通过数量的增加来增加新事物的功能，其性质、结构没有发生根本变化。同物组合通过这样的形式弥补功能的不足，以此获取新的功能、产生新的意义。在日常生活中，我们既可以看见两种相同或相近事物的组合，如双头液化气灶、双层文具盒、双向拉链、双人自行车等；也可以看见多种相同或相近事物的组合，如多层储物架、三面电风扇、多级火箭等；还可以看见事物在组合过程中，参与组合的对象从意义、原理、功能等任一方面或多方面互相渗透，整体变化比较显著的组合，如瑞士军刀。

练一练

瑞士军刀自诞生以来一直被世界各国视为珍品，被认为是迄今为止最精彩的组合之一。瑞士军刀一般由主刀、小刀、铰剪、开瓶器、木锯、小改锥、拔木塞钻、牙签、小镊子等工具组合而成。随着时代的发展，一些新兴的电子工具也被引入瑞士军刀中，如电筒、USB等。因此，人们在平时携带军刀就等于携带一个工具箱，而整件军刀长只有9厘米，重只有185克，堪称完美。正因为如此，素以苛刻著称的美国现代艺术博物馆也收藏了一把瑞士军刀中的极品。

资料来源：根据互联网公开信息改编。

练习：请列举生活中同物组合的案例。

同物组合的方法简单且实用，将其应用于工业和生活产品的创新，常常可以产生意想不到的效果，为生活带来便利与精彩。

2. 异物组合

异物组合是指将两种或两种以上不同种类的事物、思想或观念进行组合，产生新事物的技法。由于异物组合的组合元素来自不同领域，因此一般无明显的主次之分；也由于异物组合是异物求同，因此创造性较强。

根据参与组合对象的不同，异物组合可以分为以下几种：

（1）元件组合。

元件组合并非一般的零配件装配，而是把本来不是一体的两种或两种以上的事物适当安排在一起。我们在生活中能看到的以元件组合为原理的创新成果有：

台秤＋电子计算机＝电子秤　　牙膏＋中草药＝中草药牙膏

贺卡＋音乐＝音乐贺卡　　数据＋文字＋图片＝多媒体

读一读

超声波是频率高于20 000赫兹的声波，它方向性好，穿透能力强，易于获得较集中的声能，在水中传播距离远，可用于清洗、碎石、杀菌消毒等，广泛应用于各个领域。超声波清洗机的发明就是依托超声波的原理，将功率超声频源的声能转换成机械振动，通过清洗槽壁将超声波辐射到槽内的清洗液。由于受到超声波的辐射，槽内液体中的微气泡能够在声波的作用下保持振动，从而破坏污物与清洗件表面的吸附，引起污物层的疲劳破坏而被驳离，气泡的振动对固体表面进行擦洗，从而达到清洁的效果。

超声波与清洗机来自不同的领域，它们组合在一起就属于异物组合。异物组合不是简单随意拼凑，而是将貌似不相关的两个事物组合在一起以提高产品的价值。

资料来源：根据互联网公开信息改编。

（2）功能组合。

功能组合是将某一物品加以适当改变，使其集多种功能于一身。例如：自行车在原本框架结构的基础上附加了跑步带功能后转变为具有健步功能的自行车。它和普通自行车最大的不同就是没有车座和脚蹬。那如何能让自行车转起来呢？具有健步功能的自行车中间是一条跑步带，跑步带会随着脚步的快慢改变骑行的速度，想要快点的时候，走快点就行。它还装有动力驱动器来提供动力，让电池提供能量。对于热爱骑自行车的小伙伴而言，它的设计理念，就是把跑步机安装到了自行车上，方便人们锻炼身体。在上下班路上可以进行身体锻炼，一举两得，十分方便。

读一读

人们在春季的时候，经常会被传染病所困扰，那传染病是什么原因造成的呢？研究发现，多数传染病是室内通风不良和空气中有多种有害细菌引起的。传染病虽然可怕，但只要我们提前预防，就完全可以避免。

海尔的一位工程师关注到这一现象后，便开始寻求解决问题的办法。他想到解决问题的关键在于人们平常要及时、有效地对室内空气进行杀菌和通风换气，保持室内空气的正常含氧量，在这样的环境下，人们就不容易被传染了。

这位工程师想到将普通空调与氧吧组合在一起，氧吧空调通过向室内补充氧气来提高人体生存环境质量、保持清新的室内空气。氧吧空调通过富氧技术将室外的空气进行筛选，形成含氧浓度30%的空气输送到室内，氧吧空调换新风量为20～25立方米/小时，一般情况下运行1.5～2小时，就能将一个面积为15平方米的房间空气换新。海尔的氧吧空调一问世就接到全国33个城市的加急订单，氧吧空调需求量比平常多了近5倍。在海尔氧吧空调的带动下，我国的空调出口也刮起了“健康风”。

资料来源：根据互联网公开信息改编。

（3）材料组合。

在产品设计的过程中，设计师会着重考虑材料对产品性能的影响。因此，将两种及两种以上的材料组合而成的新材料往往能解决某些产品的特殊要求。如日常生活中常见的混纺（即混纺化纤织物），它是化学纤维与其他棉毛、丝、麻等天然纤维混合织成的纺织产品，既突出了涤纶的风格，又有棉织物的长处，在干、湿情况下弹性和耐磨性都比较好，尺寸稳定，缩水率小，具有挺拔、不易皱褶、易洗、快干的特点，如涤棉布、涤毛华达呢等。

读一读

树脂混凝土是以合成树脂（聚合物）或单体作为胶凝材料并配以相应固化剂，以砂石为骨料制成的一种作为胶结材料的聚合物混凝土，可作为快速修补材料或耐磨护面。由于完全不使用水泥，因此也被称作塑料混凝土。

树脂混凝土和普通混凝土的区别在于其所用的胶凝材料是合成树脂，不是水泥。树脂混凝土的技术性能大大优于普通混凝土。与水泥混凝土相比，树脂混凝土具有快硬、高强、抗渗、耐蚀、耐磨、抗冻融等性能。

资料来源：根据互联网公开信息改编。

（4）技术原理与技术手段的组合。

技术原理与技术手段的组合可以使已有的原理或手段得到改造或者补充，甚至形成全新产品。如中频治疗仪是现代电子学、磁疗学和传统的中医藏象学、经络学相结合的新型理疗仪器，它通过热电磁性触头传导特殊频率的电流来刺激人体的穴位，从而产生了针灸、热疗、电疗、磁疗的治疗效果。中频治疗仪的发明让患者能够随时随地缓解症状。

读一读

世界上第一架喷气式飞机是由一个叫亨利·科安达（Henri Coanda）的罗马尼亚人设计的。他设计的发动机是用一台 50 马力的发动机使风扇向后推动空气，同时增设一个加力燃烧室，使燃气在尾喷管中充分膨胀，以此来增大反推力。这就是世界上最早的喷气发动机。

牛顿第三定律提出，作用在一物体上的每一个力都有一个方向相反、大小相等的反作用力。喷气发动机用发动机和螺旋桨组合的方式产生推力。二者均靠将大量气体向后推来推进飞机：一种是以比较低速的大量空气滑流的形式，另一种是以极高速的燃气喷气流形式。

喷气式飞机一诞生，就打破了活塞式飞机创造的飞行速度和高度的纪录。1944 年，德国和英国的首批喷气式战斗机投入使用。1949 年，第一架喷气式民航客机——英国“彗星”号首次飞行。从此，人类航空史进入了喷气机时代。到今天，世界上绝大部分作战飞机和干线民航客机都已实现了喷气化。

资料来源：根据互联网公开信息改编。

（5）现象与现象的组合。

现象与现象的组合是指将不同的物理现象组合起来，形成新的技术原理，从而产生新的发明。

读一读

德国科学家发明的一种清除肾结石的方法就是两种现象的组合：一种现象是“电力液压效应”，即水中两个电极进行高压放电时，产生的巨大冲击力能把坚硬的宝石击碎；另一种现象是在椭球面上的一个焦点上发出声波，经反射后会在另一个焦点上汇集。同时利用这两种现象便可设计出击碎人体内肾结石的装置：让患者卧于温水槽中，并使结石位于椭球面的一个焦点上，把电极置于椭球面的另一个焦点上。经过约一分钟的不断放电，分散通过人体的冲击波就可汇集作用于结石，将其击个粉碎。

资料来源：根据互联网公开信息改编。

3. 重组组合

重组组合亦称分解组合，是指有目的地改变事物内部结构要素的次序，按照新的方式进行更新组合，以促使事物的功能和性能发生变革，达到特殊要求。需要强调的是，重组组合只改变事物内部各组成部分之间的相互位置，从而优化事物的性能，它是在同一事物上施行的，一般不新增内容。通过重组的形式挖掘和发挥现有技术的潜力，也可以引发质变。

（1）变位重组。

读一读

七巧板是一种古老的中国传统智力玩具，顾名思义，它是由七块板组成的。由这七块板可拼成许多图形（1 600 种以上），如三角形、平行四边形、不规则多边形；玩家也可以把它拼成各种人物、形象、动物、桥、房、塔等，或是一些中、英文字母。七巧板是古代劳动人民的发明，其历史至少可以追溯到公元前 1 世纪，到了明代基本定型。明、清两代，七巧板在民间广泛流传，清代的陆以湉在《冷庐杂识》中写道：近又有《七巧图》，其式五，其数七，其变化之式多至千余。体物肖形，随手变幻，盖游戏之具，足以排闷破寂，故世俗皆喜为之。18 世纪，七巧板流传到了国外。李约瑟说它是东方最古老的消遣品之一，至今英国剑桥大学的图书馆里还珍藏着一部《七巧新谱》。

资料来源：根据互联网公开信息改编。

（2）变形重组。

读一读

宜家正受到越来越多的关注，不仅因为它提供实惠、实用的产品，更因为它给越来越多的人带来的家一般的温暖。清新、简约的宜家深受大家的喜欢，其组合式家具让家居风格整体化、生活方便化、环境整洁化，更是结合时尚、潮流，让生活变得更便捷。组合式家具功能多、样式新颖，且简约时尚、环保、可物尽其用。例如：折叠沙发床在节约了空间的同时，解决了人们对沙发和床的需求，且具有易搬运、省时省力、柔软舒适的特点。

资料来源：根据互联网公开信息改编。

（3）模块重组。

读一读

现代企业在发展过程中常常实施模块化管理，即将整个系统划分为不同的子模块，这些子模块之间既有内部性又有渗透性，既相互独立又相互影响。

模块化组织的一个典型特征就是业务的模块化，业务的模块化就是以企业的业务为对象，按照一定的规则，将原有的业务重新归类、组织和打包，以明确企业的核心业务，从而使企业在资源配置的过程中更有目的性。重新划分的子模块在其模块内部具有较高的自主性，可以进行独立的创新活动，从而提高企业的核心竞争力。

资料来源：根据互联网公开信息改编。

4．共享与补代组合

（1）共享组合。

在有些物品的构成中，常会有一些完全相同的要件，那么，设法将这几种物品组合、集成，使相同的部件共享共用，就可以达到节省、方便的目的。共享组合就是指把事物中具有功能相同的要素组合一起，达到共享目的。

例如：电动剃须刀、手电筒等物品都以干电池为动力源，电池长期不用便会自动放电、变质，甚至损坏物品。从节约的角度出发，有人设计了一种以手电筒为基础的多用小电器。这种小电器的基础件和共用件是电池和开关，可与之灵活配装的有照明头、鞋刷头、微型风扇头、微型吸尘头、收音机头等，可按需选择，非常实用。

（2）补代组合。

补代组合是通过对某一事物的要件进行摒弃、补充和替代而形成的组合，据此形成一种在性能上更为先进、新颖、实用的新事物。

读一读

1973 年 4 月 3 日，摩托罗拉前高管马丁·库帕（Martin Cooper）打通了史上第一个移动电话。这部电话重约 1.13 千克，共可以通话 10 分钟。今天，距离第一次手机通话 40 多年后，几乎每人都有一部手机。回顾手机发展的过程，无论是其造型还是其功能，都有了翻天覆地的变化：从最初 1G 的模拟移动电话到现在的 5G 手机；从最初的通话功能到现在能够传输高质量的视频、图像以及音频等内容；从直板式、翻盖式、滑盖式到全屏式等；从按键式到触屏式等，这些变化让大家能够用手机看电视剧、听音乐，还能在手机上通过一些学习软件来增加自己的知识，从而给自己的生活增添不一样的色彩。总体而言，手机在发展的历程中改变了我们的生活。

资料来源：根据互联网公开信息改编。

5．概念组合

概念组合是以命题或词类为基础进行组合。在词语和词语之间、命题和命题之间，通过想象加以联结，实现组合创新。实践中许多创造发明就是由若干特殊信息命题重新组合而成的。例如：

命题一：水壶盖在水蒸气作用下能连续做功。

命题二：能连续做功的装置可以设计成一种动力机。

去掉两个命题的重复部分“能连续做功”后再拼接组合，便得到一个新的结论：水壶盖在水蒸气作用下的装置可设成一种动力机。显然，这是蒸汽机的原理。

除此之外，将选定的课题与尽可能多的一系列有关的动词相结合，也可以触发新的思想。

假如要设计一种新的运动玩具，那么可以先列出运动类的各种动词（必要时可借助词典），如牵、拉、拖、撞、挪、移、搬、转、滚、推、走、跑、震颤、波动、飘、散布、流动、喷射、飞行、滑翔、滑动、飞奔、旋转、掠过等，然后将原来的设想或目标与这些词一一组合，并仔细琢磨其中是否还有值得进一步开发的内容，就很可能从中获得启迪，设计出新颖别致的玩具来。

读一读

近年来，餐饮消费逐渐回归理性，倡导以健康为导向，在注重养生、注重用餐环境的市场中催生出另外一种模式的餐厅——音乐餐厅。

音乐餐厅的前身是音乐餐吧，这个模式其实很早之前就有了，我们在全国各地市场上都可以看见，尤其是在晚上。但音乐餐吧一直都是不温不火，不受大家的关注。

消费升级带来的是人们对于自我独特精神的追求，具有自我独特精神的人往往有个共同的标签，即“文艺”。近年来，在餐饮行业，一些音乐人或餐饮人开始寻找两者的契合点，由此诞生了一大批有特色、成规模的音乐餐厅。

这些音乐餐厅一开始就知道文艺的重要性，知道在现在这样一个嘈杂的城市里面，文艺的力量是不可估量的，文艺是可以给人带来情怀的。

作为创新型的餐饮产业，音乐餐厅从创始之初就有着混血的基因，从空间设计到主题派对，它巧妙地将跨界元素融合起来，将全新的文艺娱乐体验传播给了文艺受众。在此基础上，诸多的音乐餐厅迅速地推出了一站式娱乐休闲夜生活模式，获得了众多消费者的青睐，这也成为音乐餐厅能够在国内迅速崛起的重要因素。而在传统餐饮的红海里，音乐餐厅立足于文艺、美食、美酒、融合，将“晚餐就开始的夜生活”理念植入人心，引领创新餐饮潮流，吸引了众多的加盟商与投资者。

资料来源：根据互联网公开信息改编。

6. 综合

综合就是对大量先进事物、思想、观念等实行融合并用，从而形成新的、有价值的整体。综合是各类组合的集大成者，是一种更高层次的组合，具有系统性、完整性、全面性和严密性的特点。

牛顿曾说过：“我是站在巨人的肩膀上。”这是因为牛顿定律是综合了天文学家开普勒的天体力学和物理学家伽利略的力学知识而提出来的。在现实生活中，各种类型的创造发明活动充分说明：综合就是创造和创新，创造和创新的活动离不开综合。综合已有的、不同的科学原理，可以创造出新原理；综合已有的知识成果，可以发现新规律；综合已有的、不同的科学方法，可以创造出新方法；综合已有的学科，可以创造出新学科；综合已有的技术，可以创造出新技术；综合各种艺术手法，可以创造出新的艺术和样式。例如：陈钢、何占豪将传统越剧优美的旋律与交响乐浑厚的表现方式完美结合，奏出了轰动世界的《梁祝》。现代科学技术突飞猛进，边缘学科不断兴起，各种科学技术你中有我，我中有你，呈现一种综合化的趋势。在当代，大多科学技术和工程项目都是综合性的，都是利用各种不同门类的技术和方法的结果。

读一读

装备轻便、动力自行推进的轮式道路车辆——汽车，在发明之初并非是这个样子的，其发展也有一个漫长的过程。在100多年来的不断改进、创新的过程中，汽车凝聚了人类的智慧和匠心，并得益于石油、钢铁、铝、化工、塑料、机械设备、电力、路网、电子技术与金融等多种行业的支撑，才成为今日这样具有多种形式、多种规格、广泛用于社会经济生活多领域的交通运输工具。1970年以来，全球汽车产量几乎每隔15年翻一番，据统计，2019年世界汽车产量达到9 178.69万辆。

早在第一辆汽车发明之前，与它相关的许多发明就已经出现了，如铅酸蓄电池、内燃机点火装置、硬橡胶实心轮胎、弹簧悬架等，所以说，汽车是许多发明和技术的综合运用。

1876年，德国工程师尼古拉斯·奥托（Nikolaus Otto）成功研制出在动力史上有划时代意义的“活塞式四冲程内燃机”，为汽车的发明解决了最关键的技术难题，为汽车的诞生奠定了坚实的基础。1885年，德国人卡尔·本茨（Karl Benz）研制出第一辆三轮机动车，这被公认为世界上的第一辆现代汽车。戈特利布·戴姆勒（Gottlieb Daimler）在1886年研制出世界上第一辆汽油发动机驱动的四轮汽车。因此，人们把1886年作为“汽车元年”，本茨和戴姆勒则被尊为“汽车工业的鼻祖”。

汽车的诞生与发展，与人类社会进步息息相关，世界的和平与繁荣让汽车发展进入成熟的黄金时代，其最显著的特征就是车辆外形的变化：车门外的踏板完全消失、挡泥板尽可能收进车身等。随着热冲压成型技术的广泛应用，车身各处平滑过渡，浑然一体，所有品牌的汽车在技术成熟的同时达到了外观的趋同。汽车制造业的成熟也进一步推动了汽车文明逐步征服全球。

资料来源：根据互联网公开信息改编。

二、组合创新思维的训练方法

组合创新思维的训练方法多种多样，主要有主体附加法、二元坐标法、形态分析法、信息交合法、焦点法、特性列举法、缺点列举法和希望点列举法等。

（一）主体附加法

1. 主体附加法的基本原理

主体附加法是指以某一特定的对象为主体，通过置换或插入其他技术，或者增加新的附加物以进行发明或创新的方法。此法常在对产品进行完善、改进时使用。附加物虽然只是充当配角，仅起“锦上添花”的作用，但往往能使主体身价倍增。附加物既可以是物品，也可以是技术或原材料。附加的方式分为两种：一种是一个主体可附加一个或多个附加物；另一种是一个附加物附加在不同的主体上。

读一读

浙江新昌县中心学校的潘同学，总觉得在跳绳运动的测验和比赛中的计数是一件麻烦的事情。于是，她利用录音机里的机械计数器作为计数装置，附加在跳绳的绳把上。在跳绳的带动下，计数器的联动装置就可以自动把跳绳次数记录下来。

资料来源：根据互联网公开信息改编。

2. 主体附加法的特点

（1）主次分明，主体可以是任何事物。

（2）可以克服主体的缺点，使主体性能得以改进或优化。主体附加法是一种创造性较弱的组合，人们只要稍加动脑和动手就能实现，但只要附加物选择得当，同样可以产生巨大的效益。在实施过程中要注意：一是要有目的、有选择地确定一个主体；二是要运用缺点列举法，全面分析主体在功能、性能或结构上存在的缺点或不足，或对主体提出种种希望；三是根据不同的创造目的选择合适的附加物；四是在不改变主体的前提下，将附加物与主体有机结合，并进行创新效果检测。

3. 主体附加法的类型

按主体与附加物之间连接方式的不同，可以将主体附加法分为混合式附加、连接式附加和移植式附加。

（1）混合式附加。指在某种液体或粉状物体中添加某种成分，但要保证主次分明的特点。例如：在牛奶中加入巧克力、在核桃粉中加入多种维生素等，都属于混合式附加。

（2）连接式附加。指主体与附加物需要通过某种机械连接的方式相关联。例如：在汽车上附加的刮雨器、音响、导航仪等。

（3）移植式附加。指将其他领域应用效果较好的事物进行移植。例如：母亲喂婴儿喝奶时，通常是用手或者舌头来感知温度，因此，往往无法准确掌握奶瓶的温度，为此，有人想到将温度计移植附加到奶瓶上，这样就可以随时了解牛奶的温度，既卫生又方便。移植式附加应用领域很广。例如：优美的音乐可以消除烦恼、振奋精神、增强记忆、提高智能，反之则相反。因此，除了开发音乐贺卡等产品外，音乐还能运用在养殖或种植方面，人们尝试在养鸡场、养猪场等饲养场里播放音乐以提高产量和品质。

4. 主体附加法的实施步骤

（1）有目的地选定一个主体。

（2）运用缺点列举法，全面分析主体的缺点。

（3）运用希望点列举法，对主体提出种种希望。

（4）考虑能否在不变或略变主体的前提下，通过增加附加物来克服或弥补主体的缺陷。

（5）考虑能否利用或借助主体的某种功能，附加一种别的物体使其发挥作用。例如：以电脑为主体，对其作缺点分析。在早期，键盘是计算机使用的标准输入设备，但是人们普遍感到键盘很不方便。用键盘输入前，必须首先记住命令的内容，然后键入相应键才能让计算机执行这项命令，稍有差错，计算机就不听“指挥”了。如果能找到一种工具，使它能像人手一样在屏幕上自由移动，快速指向出现在屏幕上的各种菜单命令，并即刻指挥计算机执行，将会给计算机的使用带来极大的便利。鼠标就这样应运而生了。鼠标的外形是个椭圆形小盒，尾部拖着一条信号电缆，像一条尾巴，整个形状像一只小老鼠，故被命名为鼠标。早期的鼠标在结构上还有许多缺陷，如精度很低、反应不灵敏等。直至 1983 年，机械光学式鼠标出现之后，鼠标的精度和使用寿命都有了极大的提高。现在，鼠标已成为电脑的标配。

5. 主体附加法的注意事项

运用主体附加法往往可使主体获得多种附加功能而成为多功能用品，然而，多功能用品的设计更应该全面考虑、权衡利弊，否则会事与愿违，费力不讨好。

例如：有人在学生的文具盒上不断地进行“功能附加”，结果使普通的学习用品成了布满按键机关、有很多“小房间”的“玩具”，既价格昂贵，又容易分散学生注意力，以致不能畅销。

（二）二元坐标法

1. 二元坐标法的基本原理

二元坐标法就是借用平面直角坐标系在两条数轴上的标点（元素），按序进行两两组合，然后选出有意义的组合物的方法。

二元坐标法的坐标元素所代表的事物，可以是具体的实物，如手机、台灯、桌子、书本、飞机等物品；也可以是概念，如旋转、声控、闪光、弯曲等词汇。通过组合联想坐标轴上的各元素，可以打破常规，促使新鲜事物的创造。

二元坐标法的形式简洁而不单调，运用时不受任何限制，适宜于个人或集体的创造。需要注意的是，此法仅适用于技术创造活动的选题阶段，可行的课题一经确定，便完成了使命。至于课题的下一步做法，则须另行研究讨论。

2. 个人创造时的二元坐标法的实施步骤

（1）列出坐标轴元素。

坐标轴上的元素一般是以形容词、名词和动词为主的词汇，如小狗、玻璃、茶杯、温度、钟表、白菜、包、折叠、猴子、笔筒等。

（2）用坐标线使横纵两轴上的所有元素彼此相交，得到若干个相交点。

（3）进行联想和判断。对每一交叉点的元素进行正、反两个方面的联想和判断，并用符号加以标记，如图 2－4 所示。例如：“小狗”和“包”可以构成“小狗包”和“包小狗”的联想，其中，“小狗包”是有创造意义的联想。依此类推，我们可以深入挖掘坐标轴上具有创新性的项目来着重开发。

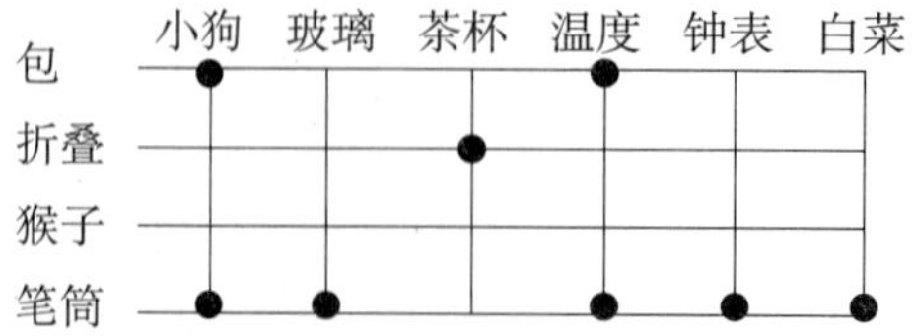

图 2－4　联想和判断

（4）从联想图中摘出有意义的联想。如小狗包、小狗笔筒、玻璃笔筒、折叠茶杯、温度包、温度笔筒、钟表笔筒、白菜笔筒。

（5）对有意义的联想进行可行性分析。

1）从上述联想中筛选在日常发明的事物中有无类似的事物。若有，它们之间有何不同？可以从原理、结构、性能、制造工艺、材料、用途、能源、价格、寿命、经济效益等方面进行对比。

2）若发明、革新或合理化建议被采纳，新事物对社会的价值和进步意义是什么？

3）完成发明和革新需要涉及哪些方面的知识和技术？

4）如果要进行产品的发明和革新，现有的生产条件和技术水平是否适用？

5）近期的和长期的研究课题是什么？

以折叠茶杯为例，对其进行扼要的可行性分析。在外出或者旅行的时候，人们总是离不开水杯这样的随身物品。不过水杯都有一个共同的缺点，即携带不方便——太小的水杯完全不够用；太大的水杯不管放包里或拿手上都是一种负担；一次性纸杯既不卫生，也不环保。因此，英国的安德鲁·布鲁克斯（Andrew Brooks）就发明了一款环保且实用的折叠水杯，它最大的特点是方便灵活，可随意调整大小。杯身用热塑性橡胶制成，中间的防滑条采用聚丙烯材质，杯身被分为可压缩的上下两节，使用者可以根据需要，在 475 毫升、350 毫升、230 毫升三种容量之间任意选择。每当喝完东西后，还可以把它压成一个半径 9.5 厘米、高 4.5 厘米的扁扁圆盘，重量也仅有 100 克。这个圆盘能够轻松地放进包里，甚至是口袋里，携带非常方便。经此可行性分析，联想进一步深化，创新的对象也逐渐明确。当然，对不可行的发明和革新要果断摒弃，对可行而自己无力承担的课题要忍痛割爱。

3. 集体创造时的二元坐标法的实施步骤

（1）参加人员以 10 人左右为宜，大家围坐成一圈，桌上备好统一的纸张。活动过程由指定的主持人负责。

（2）各自列举联想元素，编制联想图，分析、判断并摘取有意义的联想点。

（3）依次互换联想图，用自己的认识和观点分析别人的联想图。将别人认为无意义或有疑问而自己认为有意义的联想点直接摘取出来，但不要在别人的联想图上做记号。之后，依次轮换，直到循环一圈。每个人独立对有意义的联想点进行可行性分析，列出可行的联想点。此时环境应安静，不要喧哗。

（4）主持人收集所有可行的联想方案。

（5）由主持人逐项公布可行的联想，请分析者（不一定是联想图编制者）向大家说明理由，集体展开评议。

（三）形态分析法

1. 形态分析法的基本原理

把几个独立存在的要素加以组合，往往可以产生新的设想或发明。但是，怎样才能找到更多的组合要素，以形成大量的设想或发明呢？天文学家弗里茨·兹威基（Fritz

Zwicky）于 1942 年在美国加利福尼亚大学提出了形态分析法，为此提供了形式化的科学手段。

读一读

第二次世界大战期间，德国集中了一批科学家全力研究火箭，美国也不甘落后，奋起直追。1943 年，瑞士天文学家兹威基在参加美国火箭研制过程中，为找出更多的方案，灵机一动，使用了数学中常用的排列组合原理。他按照火箭各主要组成部件所可能具有的各种形态的不同组合，在当时的技术水平上，利用自己创立的“形态学方阵”的技法，居然在一周之内交出了 576 种火箭设计方案，其中不乏有创见的设想。特别有意思的是，在这些方案中，竟还包括当时德国正在研制并严加保密的带脉冲发动机的 F-1 型巡航导弹和 F-2 型火箭。如此重要的核心机密无须假手于“神通广大”的间谍，仅仅通过兹威基的“纸上谈兵”便被轻松获取了。第二次世界大战之后，有人对兹威基的方案做了研究，认为只要补充一些被忽略的因素，便可获得 1 万～2 万种火箭结构方案。

资料来源：根据互联网公开信息改编。

形态分析法是一种利用系统观念来组合设想的创造发明方法。其思路是先把技术课题分解成为相互独立的基本要素，找出每个要素的可能方案（形态），然后加以组合，最终得到各种解决技术课题的总构想方案。

需要说明的是，当问题比较复杂、要素及形态比较多时，组合的数目便会激增，以致评价和筛选的工作量极大。因此，使用者要能抓住主要矛盾选取基本要素，并具有敏锐、准确的评价能力。形态分析法可广泛应用于新技术和新产品的开发，以及技术预测等许多领域，实施时既可以小组使用，也可以个人使用。

2. 形态分析法的实施步骤

形态分析法是将创新对象分解为相互独立的因素，找出每个独立因素各种可能的形态，然后将各因素和形态进行组合的创新方法。形态分析法的基本步骤就是对创新对象进行因素分解和形态组合，然后筛选求优，选择最佳解决方案。

（1）明确问题。必须十分确切地说明所要解决的问题或所要实现的功能，这是有效运用形态分析法的前提。

（2）要素分析。分析需创新的对象，确定它有哪些基本要素（或基本参数），要求各基本要素相对独立并尽量全面考虑。

（3）形态分析。寻找每个要素的可能解决方案（即形态）。要求尽量全面，既要列出当时技术条件下可达到的或在允许时间内可达到的方案，也要列出有潜在可能性的各种手段和方法。

（4）方案综合和选择。根据上面的分析列出表格。一般而言，“列”代表独立要素，“行”代表各因素的具体形态。每一要素和具体形态用符号“P”表示，组合后便得出各种方案设想。当然，这些方案要进一步分析和判断后才能取舍。

练一练

以公园游船的设计为例，介绍形态分析法的实施步骤。

（1）明确问题：为公园游人设计新颖别致的小游船。

（2）要素分析：游船可分解成三个独立要素，即外形、动力、材料。

（3）形态分析：如“外形”可以用天鹅、鱼、青蛙、画舫等造型。“动力”可以采用划桨、脚踏螺旋桨、电动螺旋桨、明轮、喷水等；“材料”可以具体选用木材、钢材、玻璃钢、塑料、水泥、铝合金、橡胶等。

（4）方案综合和选择：将上述要素按其行列进行组合，共可获得140种方案，如表2-4所示。

例如：S1P2M3＝天鹅样式、玻璃钢制作的脚踏螺旋桨船

表2-4　公园游船形态分析表

独立要素（E）	外形（S）	动力（P）	材料（M）
1	天鹅	划桨	木材
2	鱼	脚踏螺旋桨	钢材
3	青蛙	电动螺旋桨	玻璃钢
4	画舫	明轮	塑料
5		喷水	水泥
6			铝合金
7			橡胶

练习：请用案例中的方法为公园设计座椅。

3. 形态分析法的运用要点

用形态分析法对创新对象的基本因素进行处理，不仅扩大了组合和分析的范围，还使创新有了数量上和质量上的保证。在解决创新问题时，形态分析法可使设计人员的工作合理化、构思多样化，帮助设计人员从熟悉的要素中发现新的组合，避免任何先入为主的看法，也帮助设计人员克服单凭头脑思考、挂一漏万的不足，从而推动创新的发展。形态分析法的运用要点具体如下：

（1）由于形态分析法所得方案具有全解性质，因此，只要把创新课题的全部因素及各因素的所有可能形态都列出来，组合后的可能方案就是包罗万象的。

（2）形态分析法具有形式化性质，它需要的主要不是创新者的直觉和想象，而是创新者认真、细致、严谨的工作及精通与创新课题有关的专门知识。

（3）形态分析法具有较高的实用价值，它不仅适用于创新，而且适用于管理决策、科学研究等方面。

在进行创新时运用形态分析法，可以在对方案“一网打尽”中获得可行的新方案。它广泛应用于自然科学、社会科学以及技术预测、方案决策等领域，是创新活动中最为常用和最为有效的方法之一。由于形态分析法采用图解方式，因此可以使各种方案比较直观地显示，有利于产生大量创新程度较高的设想。

读一读

针对历史上众多的爱情故事，我国台湾学者运用形态分析法，发现这些故事虽然年代、地点、人物和姓名各不相同，却有一个雷同的模式，即“书生落难、小姐搭救、后花园私订终身、应考及第、团圆”。此模式中独立可变的要素有书生、落难、小姐、搭救、后花园、私订终身、应考及第、团圆 8 个。而每个要素的形态分别有：

（1）书生。1）旧式书生；2）新式大学毕业生；3）音乐家；4）未成功的工程师；5）画家；6）中国书生；7）外国书生；8）老童生；9）未成名的企业家等。

（2）落难。1）没有路费；2）被困在风雪中；3）途遇强盗；4）患病；5）遇险；6）车祸；7）未婚妻变心；8）工作不顺心；9）家道中落等。

（3）小姐。1）大家闺秀；2）酒吧女郎；3）高中女学生；4）校花；5）导游；6）歌星；7）网球健将；8）航空小姐；9）游泳健将等。

（4）搭救。1）捐款；2）示爱；3）鼓励用功；4）心理疏导；5）跳水营救；6）长年看护；7）帮助补课；8）帮助完成梦想；9）资助留学费用等。

（5）后花园。1）东京；2）北京；3）伦敦；4）咖啡馆；5）书房；6）邻居家；7）博物馆；8）飞机上；9）游泳场等。

（6）私订终身。1）接吻；2）默许；3）送信；4）郊游；5）给予鼓励；6）通信；7）互相研讨艺术；8）情歌对唱；9）讨论学术问题等。

（7）应考及第。1）旧时中状元；2）旧时中探花；3）海归博士；4）国内博士；5）事业成功；6）一幅画被博物馆收藏了；7）做生意成功；8）考取大学；9）成名等。

（8）团圆。1）结婚；2）他或她变心；3）去世；4）一个人远走高飞；5）家庭同意婚事；6）母亲不同意婚事；7）私奔；8）没有结局；9）长相思等。

从上面这些要素及其可变形态可以推知，由这些形态可组合出 4 亿多个故事来。例如：按（1）选 2），（2）选 1），（3）选 5），（4）选 9），（5）选 4），（6）选 5），（7）选 3），（8）选 6）的组合，便可构造下述故事：一位大学生在求学的道路上由于家中条件艰苦，不得不中断学业。一次偶然的机会，他在咖啡馆遇见他的女朋友。已是导游的女朋友在背后默默鼓励、资助他留学。在一番努力后，他获得了博士学位。当两人准备结婚的时候，却遭到男方母亲的反对，给这对情侣留下了遗憾。如果将这一故事梗概再做些充实、修饰，就可成为动人的小说。

4. 在形态分析中使用列举法的作用

在形态分析中使用列举法，有助于克服心理障碍，改善思维方式，对创造发明活动有实际的作用。

（1）有助于克服感知觉不敏锐的障碍，把思维从僵化、麻木的状态中解放出来。感知觉之所以不敏锐，是因为感知觉处于饱和状态。人们在初次接触某事物时，会有新鲜感或不习惯，容易发现问题，但“少见多怪、见多不怪”，时间长了，便也熟视无睹、习以为常了。如果感知觉处于饱和状态，有用的信息就无法输入。古希腊哲学家柏拉图曾说，经验使人失去的东西往往超过其给人带来的东西。有人想创造，但又无从下手，这便是习惯的惰性在阻碍创新思维。而列举法的首要贡献就是有助于克服这些阻碍，以全面搜索、不断挑剔、大胆幻想的思路获得创造发明的目标。

（2）有助于促使人们全面感知事物，防止遗漏。每个人的思维方式都是不相同的，其感知方式也各具特色。在认识事物时，有人擅用视觉，有人则擅用听觉、触觉、味觉或嗅觉；有人惯用左脑，有人则偏爱右脑。由此造成的结果是：或者只注意外形，不注意色彩；或者只迷信于广告介绍，不重视实用性。因此，一旦要求改进某种产品时，头脑中便无法调出全面的信息，也就局限了对问题的分析。借助列举法，可深入事物的方方面面，如应用属性列举法时，就要求将事物所有属性全部列出，不许遗漏，这样必然有利于全面分析，会产生较多的设想。

（3）有助于克服感情障碍。与其产生新观念，不如善于判断。判断是指在一个问题有几个答案时，从中选择一个答案。判断对于解决问题是必要的，列举法首先强调的是尽量全面地列举，避免过早地下结论。

（4）有助于改进老产品，开发新产品。列举法易于掌握、应用范围广，但列举法不仅是分析和列举，还有组合、替代、综合等方式。想要成功使用列举法，就需要思维流畅、精确、灵活、独特。

一般而言，列举法因其分析问题要求全面、精细，甚至比较烦琐，所以较适于小的、简单的问题。同时，此法不能最终解决问题，只是一个提供思路的方法，进一步实施还需要借助其他技法与手段才行。

（四）信息交合法

1. 信息交合法的渊源

信息交合法的发明人是创新思维大师许国泰。1983 年 7 月，中国创造学第一届学术讨论会在南宁召开。会议除了有国内诸多学者、名流参加外，还邀请了日本专家村上幸雄。村上给大家做了精彩的演讲，演讲中，他突然拿起一把曲别针说：“请大家想一想，尽量放开思路来想，曲别针有多少种用途?”与会代表七嘴八舌地议论开了：“曲别针可用来别东西——别相片、别稿纸、别床单、别衣物。”有人想法奇特了点：“纽扣掉了，可用曲别针拉长，连接东西。”“可将曲别针磨尖，去钓鱼。”归纳起来，与会代表说出了曲别针的 20 多种用途。在议论的时候，有代表问村上：“先生，那你能讲出多少种?”村上故作神秘地莞尔一笑，然后伸出三个指头。有人问：“30 种?”村上自豪地说：“不！300 种！”代表们一下子愣住了，然后，村上拿出早已准备好的幻灯片，展示了曲别针的多种用途。

在与会代表中就有许国泰，他看着村上颇为自负的神态，心里泛起浪潮：在硬件方面，或许我们暂还赶不上你们，但是，在软件上，即思维能力或聪慧方面，咱们倒可以一试高低！与会期间，他对村上说：“曲别针的用途，我能说出 3 000 种、30 000 种！”人们更惊诧了：“这不是吹牛吗?”许国泰登上讲台，在黑板上画出了信息展示图。

然后，他指着图说：“村上先生讲的用途可用勾、挂、别、联 4 个字概括，要突破这种格局，就要借助一种新思维工具，即信息坐标与信息反应场。”他首先把曲别针的若干信息加以排序，如材质、重量、体积、长度、截面、韧性、颜色、弹性、硬度、直边、弧等，这些信息组成了信息坐标X轴。然后，他又把与曲别针相关的人类实践加以排序，如数学、文学、物理、化学、磁、电、音乐、美术等，并将它们连成信息坐标Y轴。两轴相交并垂直延伸，就组成了“信息反应场”。接着，他将两轴各点上的要素依次“交合”，就产生了许多人们意想不到的新信息。例如：将Y轴的“数学”与X轴的“材质”相交，就可发现，曲别针可弯成阿拉伯数字和“加”“减”“乘”“除”符号，可用来进行四则运算。同理，Y轴的“文字”与X轴的“材质”“直边”“弧”等相交，就可发现，曲别针可做成英、俄、法等各国字母。又如：Y轴的“电”与X轴的“长度”相交，就可发现，曲别针可以变成导线、开关、铁绳……由此，一种利用已有的和引进的信息进行交合获得创新的技法产生，即信息交合法。

2. 信息交合法的基本原理

信息交合法的基本原理由两个公理、信息的增殖现象和三个定理构成。

（1）信息交合法的公理。

公理一：不同信息的交合可以产生新信息。

公理二：不同联系的交合可以产生新联系。

这两个公理告诉我们，世界是相互联系的，信息是事物间本质属性及联系的印记。在信息的相互作用中会不断产生新信息、新联系。人类认识事物，必须且只能通过信息才能实现。

（2）信息的增殖现象。

1）自体增殖：指信息的复制现象，如录音、录像、复写、复印、基因复制等。

2）异体增殖：指不同质的信息交合导致新信息产生的现象。新产生的信息称为子信息，产生子信息的信息被称为父本信息和母本信息。例如：“钢笔”为父本信息，“望远镜”为母本信息，两者交合，即产生子信息“钢笔式望远镜”；“沙发”为父本信息，“床”为母本信息，两者交合，即产生子信息“沙发床”。

（3）信息交合法的定理。

定理一：心理世界的构象，即人脑中勾勒的映像，由信息和联系组成。

定理二：新信息、新联系在相互作用中产生。

定理三：具体的信息和联系均有区域性，也就是有特定的范围和相对的区域与界限。

定理一表明：其一，不同信息、相同联系产生构象。如轮子与喇叭是两个不同的信息，但交合在一起组成了汽车，轮子可行走，喇叭则可发出声音表示警告。其二，相同信息、不同联系产生构象。如同样是“灯”，可吊、可挂、可随身携带（手电），也可做成无影灯。其三，不同信息、不同联系产生构象。如独轮自行车本来与盒、碗、勺没有必然联系，但杂技演员将它们联系在一起，表演出惊险生动的节目。以上表明，心理活动是大脑中信息与联系的输入反应、运演过程和结果表达。

定理二表明：没有相互作用，就不能产生新信息和新联系，相互作用是中介。在一定条件下，任何信息、任何联系之间，都能发生不同程度的相互作用。例如：钢笔与枪是风马牛不相及的信息，但是在战争范畴（条件）内，就可以交合，“钢笔式手枪”应运而生。

定理三表明：任何具体事物都在一定的时空范围内活动，人的局限性、地区的局限性、人的认识与思维的局限性等都是客观存在的，信息交合法的应用也只能局限在研究心理信息运演的范围之内。

3. 信息交合法的原则

一种科学实用的创新方法，其运用不是随心所欲的，许国泰着重指出，信息交合法并非胡拼乱凑，而要遵循一定的原则。

（1）整体分解原则：要把对象及其相关条件整体加以分解，按序列得出要素。

（2）信息交合原则：以某一信息坐标上的要素信息为母本，以另一信息坐标上的要素信息为父本，相交合后可产生新信息。每个信息坐标上的各个要素都要逐一与另一信息坐标上的各个要素相交合。

（3）结晶筛选原则：通过对方案的筛选，找出更好的方案。如果研究的是新产品开发问题，那么，在筛选时应注意新产品的实用性、经济性、易生产性、市场可接受性等。

信息交合法是一种运用信息的概念和灵活的手法进行多渠道、多层次推测、想象和创新的方法。应用它进行创新，可以把某些看来似乎是孤立、零散的信息，通过相似、接近、因果、对比等联想手段“搭起微妙的桥”，使之“曲径通幽”，将信息交合成一项新的事物。信息交合法有着自己独特的特点，并具有系统性和实用性。

4. 信息交合法的实施步骤

许国泰认为，人的思维活动的实质是大脑对信息及其联系的输入反映、运演过程和结果表达，一切创新活动都是创新者对自己掌握的信息进行重新认识、联系的组合过程。把信息元素有意识地组成信息坐标系统，使它们在信息反应场中交合，就会引出系列的新信息组合（信息组合的物化是产品，信息组合及推导是构思），导出创新成果。因此，信息交合法在确立一个聚集点后，以此为中心，可以发散出许多不同的分解变量坐标，而每一个变量坐标又可以不断分解，然后用线线相交或面面相交的办法，寻找新的创意。其具体步骤如下：

（1）定中心。确定信息反应场的聚集原点。确定一个中心，即零坐标。如研究“笔”的革新，就应以“笔”为中心。

（2）画标线。根据信息原点的需要画几条坐标线，若干条坐标线即可串起信息序列。如研究“肠”，则在“肠”的中心点画出肉禽类、水产类、水果类等坐标线。

（3）注标点。在各信息坐标线上注明有关信息点。如在水产类坐标上注明虾、鱿鱼、海米等。

（4）相交合。若干信息坐标形成信息反应场，信息在信息反应场中交合，以一个坐标线上的信息为“母本”，另一个坐标线上的信息为“父本”，彼此相交后即产生新信息。从这些新信息中可以发现某些有价值的新设想。

通过上述四步，信息相交就能够产生无数新信息，然后根据市场需求和生产条件可以连续不断地开发、设计、制造出系列新产品，甚至可以创新出各种各样能激发顾客购买欲的稀奇古怪的新产品。

5. 信息交合法的应用

（1）信息交合法与新产品开发。

信息交合法不仅可以拓展思路、简便易行，而且实用价值很高、应用范围十分广泛。1985 年，许国泰发表著作《产品构思畅想曲》，首次对信息交合法与新产品开发的关系做了明确阐述：信息交合法对于新产品的构思具有极强启发性，为企业新产品的开发做出了突出的贡献。

读一读

某食品厂的厂长在该厂亏损数万元的情况下走马上任，依靠信息交合法开发出肠类系列新产品，并以其创意新颖、质量上乘、方便食用等特点获得社会赞誉，使企业在年内就扭亏为盈。

该厂长进行肠类系列新产品的创新的过程为：

（1）以“肠”为原点。

（2）取肉禽类、药材类、肠衣原料、水产类、水果类和形状六条信息坐标线。

（3）在每条信息坐标线上标出信息点，组成信息反应场，如图 2－5 所示。

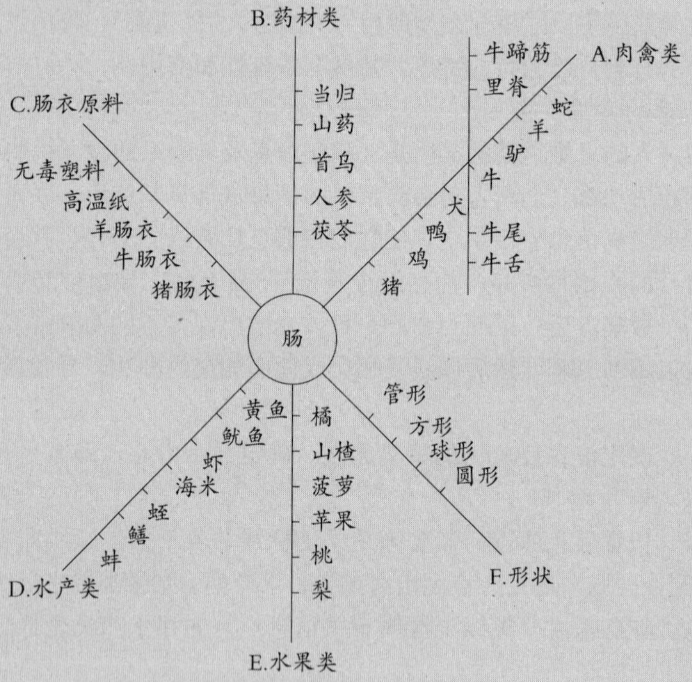

图 2－5 肠类系列新产品的创新

继肠类新产品开发后，该厂长又运用信息交合法进行设备开发，研制了多管径灌肠机，使设备功能交合，一机多用。然后，该厂长又进行了管理开发、人事开发，对奖金制度进行分解，分为具体性、即时性、广泛性、经常性、公开性、合理性、激励性等，并与别的信息坐标线进行交合，制定了具体细则。

资料来源：侯光明，李存金，王兆华．创新方法系统集成及应用［M］．北京：科学出版社，2012. 有删改．

（2）信息交合法与写作。

现代信息社会要求对于接收到的信息迅速地进行分析与综合，做出决策，高效率地完成任务，达到目的。对于写作的要求也是如此。如果把信息交合法应用于写作，就可以依据各种信息拓展思路，快速选题和构思，在短时间内写出高质量的文章。

读一读

天津南开中学语文教师运用信息交合法，通过课堂实验，概括总结，创造出了“快速作文法”，用以指导学生作文，取得了良好效果，提高了学生的作文水平。

以“校园”为题材，简单介绍运用信息交合法选题、作文的步骤。

首先，用信息交合法画出构思图，如图 2－6 所示。

例如：在“春”线上，即可交合出《校园之春》等题目。在其他标线上，可交合的题目也是非常多的。题好一半文，有了好题目，写起文章来就顺手得多。

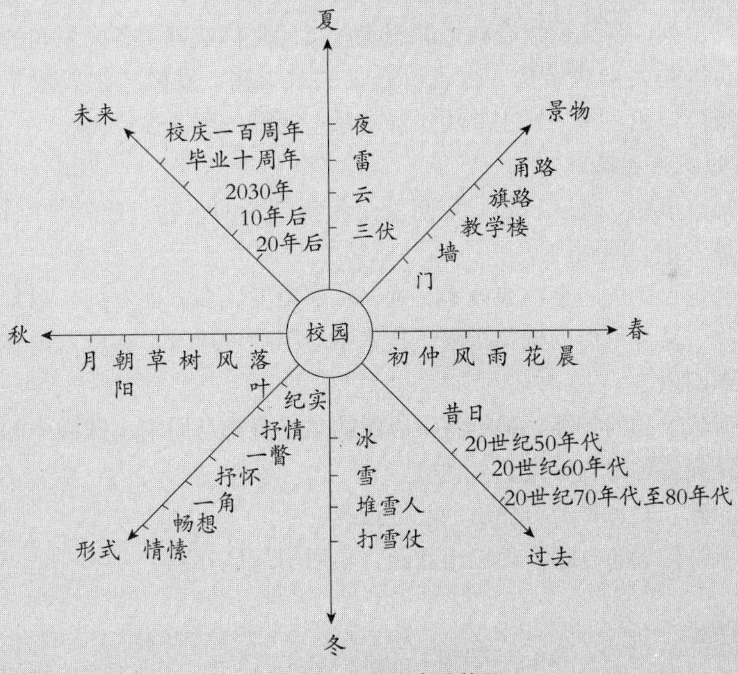

图 2－6　信息交合法构思

然后，以题目为中心，运用信息交合法列出几条坐标线，选好开头、正文和结尾，即可迅速成文。如以《校园春意浓》这个题目为例，可分以下三步构思：

（1）点题：描写春天校园的景色。

（2）正文：先写春景，如早晨、午后、黄昏、花、树、风等。再写春意，例如：可写表现师生生活的情景，老、中、青教师对学生如“春风”“春光”“春雨”，运用比喻的手法，使主题深化。

（3）结尾：点题，照应开头。

以信息交合法为基础的“快速作文法”为作文教学开拓了一条新思路，可以提高学生作文的速度和质量。若干年来，这种方法在全国许多中学推广，已取得了良好的效果。

资料来源：侯光明，李存金，王兆华．创新方法系统集成及应用［M］．北京：科学出版社，2012. 有删改．

（五）焦点法

1. 焦点法的基本原理

焦点法以预定事物为焦点，依次与罗列的各元素构成联想点，以寻求新产品、新技术、新思想的推广应用和对某一问题的解决途径。这种创新方法既以组合为基础，又充分运用了联想机制，简单易学，富于想象力。应用这种方法，能在较短时间内获得较多的新颖构思。

焦点法与二元坐标法都是强制联想法。两者的区别在于：焦点法以一预定事物为中心（焦点），依次与罗列的各元素组合构成联想点；二元坐标法则是各元素间的两两组合。

焦点法既可以是发散式结构，也可以是集中式结构。发散式主要用于新产品、新技术、新思想的推广应用，集中式主要用于寻求某一问题的解决途径。

2. 焦点法的实施步骤

（1）选择焦点事物，确定目标。焦点就是希望创新的事物，或者是准备改善的思想、技术等，将其填入中心圆圈内。

（2）列举与焦点无关的事物或技术。可以从多角度、多方面罗列，尽量避免找与焦点事物相近的事物，甚至可借助购物指南、技术手册等随意摘录。将所选内容逐一填入环绕焦点四周的小圆圈内。

（3）列举偶然事物的特征，强行将中心圆的焦点事物与周围小圆圈中的偶然事物的特征一一结合，得到多种组合方案。

（4）充分想象，对每种组合提出创造性设想。

（5）评价所有的设想方案，筛选出新颖、实用的最佳方案。

读一读

以椅子的创新设计为例，进一步说明焦点法的实施步骤。

（1）确定焦点事物，即确定不变项。首先，将椅子填入中心圆圈内。其次，逐一将偶然事物填写在周围的小圆圈内，偶然事物是可以任意填写的，如酸奶、书本、娃娃、手机等，如图 2-7 所示。

（2）对偶然事物进行特征分析，以手机为例。首先，列举手机的特征。手机的特征有：薄、多功能、轻等。其次，将椅子与手机的特征联系起来进行组合，考虑设计各种椅子，如薄的椅子、多功能的椅子、轻的椅子等。然后，充分运用想象，进一步发展上述想法，以第 3 个设想“轻的椅子”为例，可以“轻”为中心进一步想象，如

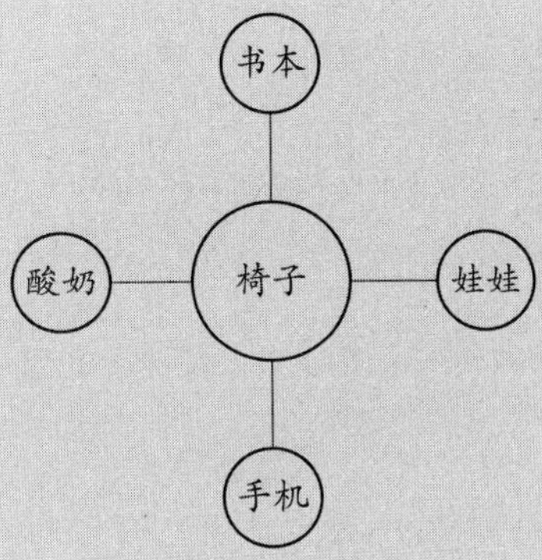

图 2-7 椅子的创新设计

轻→轻巧→七巧板（七巧板样式的椅子）→清香（清香椅子）→亲情（交互式的椅子）……最后，从上述设计方案中选出有市场竞争力的椅子进行试制。

资料来源：根据互联网公开信息改编。

（六）特性列举法

1. 特性列举法的基本原理

特性列举法是美国内布拉斯加大学教授 R. P. 克劳福德（R. P. Crawford）发明的一种创造技法。克劳福德认为，每个事物都是从另外的事物中产生发展而来的。一般的创造都是旧物改造的结果，所改造的主要方面是事物的特性。此法就是通过对需要改进的对象进行观察分析，尽量列举事物各种不同的特征，然后确定应加改善的方面及改善的措施。

一般而言，要解决的问题越小、越简单，特性列举法就越容易获得成功。例如：革新一辆汽车，若从整体着手，往往一时难以得出新的设想，因为它涉及面广，很难一下子把握住，所以可对组成汽车的主要系统进行分解，然后针对各个局部加以改进。

特性列举法适用于革新或发明具体事物，特别适用于轻工业产品的改革。此法也适用于行政措施、机构体制及工作方法的改进。特性列举法既可个人使用，也可集体使用。

2. 特性列举法的实施步骤

（1）将对象的特性全部写出来，如把一台机器分解成一个个零件，将每个零件功能如何、特性怎样、与整体的关系如何等，都列举出来并制成表。如果对象较为复杂，则应先将对象分解，然后选一个目标较为明确的发明或改进课题，课题宜小不宜大。

（2）从三个方面进行特性列举：

1）名词特性——整体、部分、材料、制造方法等。

2）形容词特性——颜色、形状、性质、状态等。

3）动词特性——功能等。

（3）在各项目下试用可替代的各种属性加以置换，引出具体的独创性方案。进行这一步的关键是要力求详尽地分析每一特性，提出问题，找出缺陷，再从材料、结构、功能等方面加以改进。提出方案并对方案进行评价和讨论，使产品能符合人们的需求。

读一读

以新颖水壶的构思为例，进一步说明特性列举法的实施步骤。

烧水的水壶似乎已经定型了，不易想到可以改进之处。现用特性列举法分析它，便能打开思路。

（1）名词特性。

整体：水壶。

部分：壶嘴、壶把手、壶盖、壶底、蒸汽孔。

材料：铝、铁皮、搪瓷、铜铁等。

制造方法：冲压、焊接、浇铸。

根据所列特性，可做如下提问：壶嘴长度是否合适？壶把手可否改成塑料以免烫手？壶体可否一次定型？冒出的蒸汽是否烫手？制作材料有无更适用的……

（2）形容词特性。

颜色：黄色、白色，或其他各种图案。

形状：圆形、椭圆形等。

性质：轻、重。

状态：美观、高低、大小等。

由此，也可找到许多可以改进的地方。例如：怎样便于清洁？颜色应作何变化？底部用什么形状才更利于吸热传热……

（3）动词特性。

功能：烧水、装水、倒水、保温等。

根据动词特性，可以思考：能否在壶体外加保温材料，提高热效率及保温性能？能否在壶嘴上加汽笛，使水开时就可鸣笛发信号……

资料来源：根据互联网公开信息改编。

（七）缺点列举法

1. 缺点列举法的基本原理

缺点列举法是抓住事物的缺点，以确定发明、创造、创新目标的方法，即挑毛病，找问题。任何一个产品都不可能是十全十美的，它们或多或少有这样或那样的缺点。然而，由于人有惰性，对于习惯了的事物，往往不容易甚至不愿意去发掘它的缺点。因此，如果对产品吹毛求疵，故意去找毛病，然后用新的技术加以改革，就会创造出许多新的产品来。此法与特性列举法相比，有其独到之处。特性列举法列出的特性很多，逐个分析需要花很多时间。缺点列举法的特点是直接从社会需要的功能、审美、经济等角度出发，研究对象的缺陷，提出改进方案，简便易行。此法主要是围绕原事物的缺陷加以改进，一般不改变原事物的本质与总体，属于被动型的方法。它一方面可用于老产品的改造，另一方面可用于对不成熟的新设想、新产品进行完善。除此之外，缺点列举法还可用于企业的经营管理等方面。

2. 缺点列举法的实施步骤

使用缺点列举法并无十分严格的要求，一般可按如下步骤进行：

(1) 尽量列举某一事物的缺点，需要时可事先广泛调查研究，征集意见。

(2) 将缺点加以归类整理。

(3) 针对所列缺点逐条分析，研究其改进方案或能否缺点逆用、化弊为利。如列举现有雨衣的缺点：

1) 胶布雨衣夏天闷热、不透气。

2) 塑料雨衣冬季变硬、变脆，容易坏。

3) 穿雨衣骑自行车不方便。

4) 风雨大时，脸部淋雨使人睁不开眼，影响安全。

5) 雨衣下摆贴身，雨水顺此而下容易弄湿裤腿与鞋。

6) 胶布色彩太单调，无装饰感等。

针对这些缺点可提出许多改进方案。如采用新材料雨衣；在雨帽上加一副防雨眼镜或眼罩；增加色彩，分别设计男、女、老、少不同式样的雨衣；设计能防弄湿裤腿及穿着方便的雨衣等。

在具体运用缺点列举法创造发明时，可以是个人思考，也可以集体研究，还可以借助会议、用户调查、对照比较等方式：

● 会议法。召开一次缺点列举会，会议由5到10人参加，会前由主管部门针对某项事物，选择一个需要改革的主题，让与会者围绕此主题尽量列举各种缺点，越多越好。另请专人将提出的缺点记录在卡片上并编号。缺点列举结束后，从中排选出主要缺点，制定出切实可行的革新方案。会议的主题宜小不宜大。

● 用户调查法。企业在改进产品时，可以将缺点列举法与征求用户意见结合起来，通过售后服务、意见卡等渠道广泛收集。“用户是上帝”，他们提出的意见有时是生产设计人员不易想到的。

● 对照比较法。俗话说，“不怕不识货，就怕货比货”，“大有大的短处，小有小的优点”。将同类产品集中在一起，从比较中找缺点，也可以找到改进之处。用这种方法开发新产品起点高、步子大，容易一举成名。

例如：有一家生产汽车喇叭的工厂的产品存在下列三个主要缺点——使用寿命不长；产品外表镀锌面易变暗；接线图印在包装纸盒上，容易丢，给检修带来不便。造成这三个缺点的原因是——该厂产品线圈接头不是点焊在铜夹板上，而是直接夹在铜夹板上，容易接触不良，故使用寿命短；包装仅有一只纸盒，无防潮措施，容易引起镀锌表面氧化、发暗；接线图印在纸盒上不易保管。解决的方法是——将线圈接头用点焊工艺熔焊在铜夹板上，彻底根除隐患；在包装上增加一个塑料密封；将接线图另印在一张质地较好的卡纸上以利保存。三项改革使该厂产品摆脱了销售不佳的局面，第二年的销量就增加了一倍，利润翻了一番。

读一读

应用缺点列举法，对平时用的普通曲柄雨伞进行改进创新。

（1）列举其缺点。包括伞尖容易刺伤人；拿伞的人不便再拿其他东西；乘公共汽车时雨伞上的水会弄湿别人的衣服；开收不方便；伞骨容易折断；伞布透水；模样单调、不美观、不易互相识别；晴雨两用时，式样不能兼顾；收藏、携带不方便等。

（2）研制种类繁多的雨伞新品种。如可折叠伸缩的雨伞；伞布经防雨处理的雨伞；各种花型色彩的伞；伞顶加装集水器，上车收伞时雨水便不会滴在车内；伞骨不用铁制，避免生锈；能开收自如的自动伞；可两人共用的椭圆形情侣伞；可兼作手杖的手杖伞；有照明功能的夜行伞；伞面用透明塑料布可不挡住视线；伞布做成可卸式易于洗涤等。某公司抓住雨伞太长不便携带的缺点，制成了三折伞，并加装道弹簧使伞能够自动张合。这一小小改进，给该公司增加年利润 50 万美元。

资料来源：根据互联网公开信息改编。

（八）希望点列举法

1. 希望点列举法的基本原理

希望点列举法是通过列举某物被希望具有的特征，从而寻找发明目标的方法。希望点列举法虽然也属于启发思维的方法，但它更多地运用了想象，因此能锻炼人们有效控制思维活动的能力。希望点列举法是从发明者的意愿出发提出各种新设想，它可以不受原有物品的束缚，所以是一种积极主动的创造技法。

2. 希望点列举法的实施步骤

与缺点列举法类似，希望点列举法的实施形式可以是灵活多样的，常用的有：

（1）书面收集法。按事先拟订的目标，设计一种卡片，发动用户或本单位的员工，请他们提供各种想法。

（2）会议法。召开 5～10 人的小型会议，约 1～2 小时，由主持人就革新项目或产品开发征集意见，激励与会者开动脑筋，互相启发，畅所欲言。

（3）访问谈话法。派人直接走访用户或商店等，倾听各类建议与设想。

分析研究用以上方法收集到的各种意见和希望，并制定可行方案。具体程序为：

（1）对现有的某个事物提出希望。希望一般来自两个方面：一是事物本身存在不足，希望改进；二是人们的需求变更，有新的要求。

（2）评价所产生的希望，找出可行的设想。

（3）对可行性希望作具体研究，并制定方案、实施创造。

读一读

什么样的服装才更受顾客欢迎呢？用希望点列举法可提出如下新样式：有人希望有一种不用尼龙搭扣的服装，穿着时不用扣、解纽扣；有人希望有一种不论胖瘦都能穿的衣服，于是出现了膨体衫；有人希望有一种花色会变的服装，闪光衣服便有此效果，从不同角度看，会呈现不同的色泽。

在意大利召开过一个关于未来衣着的研讨会，许多专家预测，21世纪，纺织行业将有许多令人惊叹的突破，多功能的服装将会成为人们的日常用品。例如：

(1) 真正的“的确凉”。这种衣服穿在身上，夏季会特别清凉爽快。它利用水和乙二醇的混合物制成冷却剂在服装衬里循环，使人体降温。

(2) 太阳能御寒衣。此衣有特殊的电热丝、蓄电池，可以在太阳照射时不断蓄电，直流电通过电热丝使人体得到温暖，穿衣者即便在寒冬腊月也会感觉暖和，如在春天。

(3) 服装“医生”。这种电疗服装是特殊的氯纶化学纤维，当它紧靠人体时，能产生微弱的静电磁场，促进血液循环，有对人体的按摩作用，对疏导气血、活络关节和防治风湿性关节炎均有明显的治疗效果。

这些新服装的设想，皆为希望点的创新目标。

资料来源：根据互联网公开信息改编。

能力训练

一、概念回顾

(1) 什么是形态分析法？应如何实施？

(2) 什么是信息交合法？应如何实施？

(3) 应如何利用焦点法进行创新？请举例说明。

二、应用训练

(1) 加上一笔成新字。原字：灭、旧、柱、玉、舌、亚、泊。

(2) 以生活中的常用物品（手表、茶杯、眼镜等）为主题，通过主体附加法创新，使其更好地发挥功能。

(3) 列举生活中运用组合创新思维的产品。

(4) 汉字重组。

例：情+吾=（青）+（悟）

汗+（　）=（　）+（　）

勋+（　）=（　）+（　）

洽+（　）=（　）+（　）

柱+（　）=（　）+（　）

三、思维拓展

(一) 聪明的语言

有一个国王，在一次战争中逮捕了敌对国家的预言家。他对这个预言家说：“我一定要处死你，但是在你临死之前，我想再给你一次预言的机会。你可以预言一下，我将用什么样的方法来处死你，如果你说对了，我就不枪毙你，如果你说错了，我就要绞死你。”

但是预言家说了一句很聪明的话，使得国王没办法对他执行死刑，你知道预言家是怎么说的吗？

（二）如何过桥

有两个国家，以河为界。河上有一座桥，桥中间的岗楼上有一个哨兵看守，哨兵的任务是防止行人过桥。如果哨兵发现有人从南往北走，就会把这个人送回南岸；如果哨兵发现有人从北往南走，就会把这个人送回北岸。哨兵每次离开岗位的时间不会超过 8 分钟，而要想过桥，最快需要用 10 分钟。可是有一个聪明人竟然设法过了桥。想想看，这个人是用什么方法从桥上走过去的？

四、活动实训

（一）形态分析法实训

（1）活动目标：学会使用形态分析法，应用形态分析法进行创新实践活动。

（2）活动时间：20 分钟。

（3）活动步骤：

步骤一：主持人宣布活动主题，即新款椅子的设计形态分析。

步骤二：请学生进行新款椅子的设计形态分析，并写下来。

步骤三：请学生汇报自己的形态分析结果。

步骤四：评选出 3 个“最佳形态分析”，并进行奖励。

（二）信息交合法实训

（1）活动目标：学会使用信息交合法，应用信息交合法进行创新实践活动。

（2）活动时间：25 分钟。

（3）活动步骤：

步骤一：主持人宣布活动主题，即用信息交合法提出一种新的垃圾桶的设计方案。

步骤二：请学生按照信息交合法的实施步骤进行操作：1）确定中心。确定一个中心，即垃圾桶。2）画标线。画 3～5 条坐标线。3）注标点。在坐标线上注明有关信息点 8 到 10 个，并写下来。

步骤三：请学生汇报自己的分析结果。评选出 3～5 个最佳成果，进行奖励，并将信息交合图画在黑板上。

步骤四：每人选取一个自认为最佳的信息交合图，进行信息交合，并形成“最佳垃圾桶设计方案”，准备参与评选。

步骤五：汇报垃圾桶创新方案。

步骤六：主持人组织全班学生评选“最佳垃圾桶设计方案”，改进后形成“新式垃圾桶创新方案”。

任务四　逆向创新思维训练方法

知识目标

1. 了解逆向创新思维的概念。
2. 了解逆向创新思维的客观原理。
3. 理解逆向创新思维与辩证思维的区别。
4. 理解逆向创新思维的启示。

能力目标

1. 掌握逆向创新思维的特点与分类。
2. 掌握逆向创新思维的训练方法。
3. 能运用逆向创新思维解决实际问题。

案例导入

1美元贷款

一天，在美国纽约的花旗银行发生了这样一件事：一位犹太富翁来到贷款部。这个富翁看上去很绅士、神气，一身打扮庄重华贵，贷款部的经理不敢怠慢，赶紧上前招呼：

“先生您好！有什么事情需要我帮忙吗？”

“哦，我想借些钱。”

“好啊，你要借多少？”

“1美元。”

“只需要1美元？”

“不错，只借1美元，可以吗？”

“当然可以，像您这样的绅士，只要有担保，多借点也可以。”

“那这些担保可以吗？”犹太富翁边说边从皮包内掏出一大堆珠宝堆放在桌子上，“你看，这是价值50万美元的珠宝，够吗？”

“当然，当然！不过，您只要借1美元？”

“是的。”犹太富翁接过了1美元，就准备离开银行。

当时，在旁边观看的分行行长心里有些纳闷，他无论如何也想不明白这位犹太富翁为什么这样做，便急忙追上前去，想问个究竟。他对犹太富翁说：“先生，请您等一下，我想知道您用价值50万美元的珠宝借1美元的原因。如果您想要借30万、40万美元的话，我们也会同意的。”

"啊，是这样的，我来贵行之前，问过好几家金库，他们保险箱的租金都很昂贵。而您这里的租金很便宜，一年才 6 美分。"犹太富翁回答。

原来如此，这位犹太富翁只想为这些珠宝找一个安全的地方存放，如果直接向银行租一个保险箱，他就需要付出一大笔租金，而如果他向银行贷 1 美元的款，就只需要付出很少的利息。这就是智慧，他运用逆向思维帮助自己节省了很多保管费用。

资料来源：https://www.sohu.com/a/195836334_99901586.

一、认识逆向创新思维

（一）逆向创新思维的概念

人类的思维具有方向性，存在正向与逆向的差异。逆向与正向相对，正向是指常规的、公认的或习惯的想法与做法；逆向则恰恰相反，是对传统习惯、常识的反叛，是对常规的挑战。思维的方向性，使人们在认识客观事物时，不仅可以顺向思考，而且可以逆向思考；不仅可以从正面看，而且可以从反面看；不仅可以从因到果，而且可以执果索因。

正向思维是指人们在创造性思维活动中，沿袭某些常规去分析问题，按事物发展的进程进行思考、推测，是一种从已知到未知，通过已知来揭示事物本质的思维方法。大多数人在思考问题的时候，习惯沿着事物发展的正方向去思考并寻求解决办法，这种做法往往会陷入思维固化的陷阱及经验说。

而逆向创新思维是对司空见惯的、似乎已成定论的事物或观点反过来进行思考的一种思维方式。敢于"反其道而思之"，让思维向对立面的方向发展，从问题的相反面进行深入探索，树立新思想，创立新形象。其实，对于某些问题，尤其是一些特殊问题，如果能另辟蹊径，朝着相反的方向思考问题，从结论往回推，从求解回到已知条件，反过去想，或许会使问题简单化，使人感觉新颖，喜出望外，另有所得。用逆向创新思维去思考和处理问题，往往可以从"出奇"出发，达到"制胜"的目的。

逆向创新思维广泛地存在于人类思维所涉及的一切认知领域和创造性活动中。语言是人类思维最基本的符号形式，它以反语、反问、反讽、反驳等方式直接表现了逆向创新思维方式，生活中的许多哲理格言，如"居安思危""塞翁失马，焉知非福"等，都是逆向思维的表现。阿里巴巴创始人马云曾说："倒立看世界，一切皆有可能。"而在蒙牛集团创始人牛根生看来："不管螺钉怎么设计，正向拧不开的时候，反向必定拧得开。山重水复，此路不通的时候，换换位，换换心，换换向，往往豁然开朗，柳暗花明。"知名公司惠普对其员工强调的职业理念是："做一条反方向游的鱼。"

美国著名的贝尔实验室认为，敢于反向思维是个人能否超越局限、打破常规、取得新发现的关键。有时候，人需要离开经常行走的大道，潜入森林，便能发现前所未有的东西。学着让自己潜入"森林"，敢于另辟蹊径，去发现、领略那些前人未曾见过的风景，才有机会看到他人不曾观赏过的旖旎风光。

很多人在问题出现的时候，总是按“两点之间线段最短”的思维方式来思考。但事实上，许多问题的求解是无法靠直线方法来完成的。在这种情况下，让自己尝试着使用逆向思维去观察问题、思考问题，或许便能使问题迎刃而解。

牛顿是物理学的鼻祖，牛顿定律一向被认为是物理学中不可更改的真理，也从未有人对牛顿定律提出过怀疑。但是华裔科学家李政道和杨振宁却大胆提出了“宇称不守恒定律”，并获得了1957年的诺贝尔物理学奖。他们敢于向权威挑战，勇于对惯性思维说“不”，因此取得了常人无法企及的成功。

读一读

一位法国女高音歌唱家拥有一个美丽的大花园，周末常有人在里面游玩，总是留下一片狼藉。管家曾想尽办法制止，可无济于事。最后，女高音歌唱家写了一块牌子，立在花园门口，人们就不再进来了。你知道女高音歌唱家在牌子上写了什么吗？或许你认为她写的是“本园不对外开放”“进园罚款”或者“园内有猛兽，请勿进入”……但我要遗憾地告诉你，这些都是错的，这都属于正向思维下的常规做法，这种单纯的阻止是无法让人们产生警觉心和愧疚感的。女高音歌唱家写的是：“请注意！如果在园中被蛇咬伤，距此最近的医院有50多公里，驾车要半个小时。”

资料来源：根据互联网公开信息改编。

逆向创新思维是一种比较特殊的思维方式，它的思维取向总是与常人的思维取向相反，如人弃我取、人进我退、人动我静、人刚我柔等。这个世界不存在绝对的逆向创新思维模式，当一种公认的逆向创新思维模式被大多数人掌握并应用时，它也就变成了正向思维模式。逆向创新思维并不是主张人们在思考时违反常规、不受限制地胡思乱想，而是强调要训练一种小概率思维模式，即在思维活动中关注小概率可能性的思维。逆向创新思维是发现问题、分析问题和解决问题的重要手段，有助于克服思维定式的局限性，是决策的重要方式。

（二）逆向创新思维的客观原理

逆向创新思维之所以有效，是因为自然界的一切事物的界限都是有条件的、可变的，任何事物或现象都能在一定条件下转化为自己的对立面。正如老子所言：“有无相生，难易相成，长短相形，高下相倾，音声相和，前后相随。”人们在认识事物的过程中，实质是同时与其正、反两面打交道，只是由于日常生活中人们往往采用一种习惯性思维方向，即只看到其中的一面，因此无法全面地认识事物。要想创新地解决问题，采用辩证思考方式，逆转一下，从反面或者换个角度想想，很可能会产生突破常规、常理的思路。

1. 事物之间的“顺向关系”与“逆向关系”是相对的

任何事物都具有绝对和相对两种属性。事物的绝对性是无条件的、不可改变的；事物的相对性是有条件的、可改变的。就逆向创新思维中的“逆向关系”来说，其绝对性表现在，它本身不是“顺向关系”，并区别于“顺向关系”；其相对性则表现在，具有“逆向关系”的两个或多个事物在特定条件下，可能具有“顺向关系”，而具有“顺向关系”的事物也可能在特定条件下具有“逆向关系”。

2. 很多不同的事物在相反的条件下会产生相同的结果

不同的事物虽处于相反的条件下，但由于它们包含的各种具体因素所综合的复杂作用，因此有可能产生相同的影响、造成相同的结果。这样的现象相当普遍。例如：睡眠过多或过少，都会头脑发昏、精神不好；要使煮开的水不沸溢出来，既可以从锅里舀出一些水，也可以从灶下取出一些柴。

3. 在一定的发展阶段，事物之间可能发生某种关系颠倒

事物之间的关系在一定发展阶段会发生变化，这是普遍规律。这种变化有时会呈现某种关系的颠倒。这种关系颠倒的具体表现多种多样，产生的原因也多种多样。例如：我国在改革开放之前，长期以来都是“以产定销”，产品与市场的关系是“产品→市场”，即工厂根据上级下达的计划安排产品的生产，再由商业机构送到市场上去销售。现在则发生了根本性变化，产品与市场的关系倒过来成为“市场→产品”，也就是说，现在的工厂是根据市场的需求“以销定产”。

（三）逆向创新思维的特点

1. 普遍性

逆向创新思维在各种领域、各种活动中都有适用性，由于对立统一规律是普遍适用的，而对立统一的形式又是多种多样的，有一种对立统一的形式，相应地就有一种逆向创新思维的角度，因此，逆向创新思维也有无限多种形式，如性质上对立两极的转换——软与硬、高与低等；结构、位置上的互换、颠倒——上与下、左与右等；过程上的逆转——气态变液态或液态变气态、电转为磁或磁转为电等。技术产品的设计也普遍体现了逆向创新思维，例如：家用钉锤一头用来敲钉子，另一头则用来起钉子；螺帽和螺栓是在彼此往对方相反的方向拧入时才会发挥其应有的作用；空调或冰箱的技术核心是变冷才会制热、变热才会制冷。无论哪种方式，只要从一个方面想到与之对立的另一方面，就都是逆向创新思维。

2. 批判性

逆向是与正向比较而言的，正向是指常规的、常识的、公认的或习惯的想法与做法。逆向创新思维则恰恰相反，是对传统、惯例、常识的反叛，是对常规的挑战。它能够克服思维定式，破除由经验和习惯造成的僵化的认识模式。育种专家对“自体授粉的植物没有杂交优势”早就有定论，而水稻恰恰就属于没有杂交优势的自体授粉植物。“杂交水稻之父”袁隆平以批判的精神认为此定论依据不足，经过艰辛的考察，发现了有杂交优势的“叛逆者”，大大提高了水稻的产量。

3. 创新性

循规蹈矩的思维按传统方式解决问题，虽然简单，但容易使思路僵化、刻板，摆脱不掉习惯的束缚，得到的往往是一些司空见惯的答案。其实，任何事物都具有多方面属性。

由于受过去经验的影响，人们容易看到事物熟悉的一面，而对不熟悉的另一面视而不见。逆向创新思维以反方向、反常规的方式提出问题、思考问题、解决问题，给人以耳目一新的感觉，不仅能拓展思路，而且容易创造出新成果，具有突出的创新性。留声机是爱迪生颇具影响力的发明之一，爱迪生从电话送话器会随着说话声音震动的现象得到启发，拿短针做了试验，从中得到很大的启发。他认为，说话的快慢、声音的高低能使短针产生相应的不同颤动，那么，反过来，这种颤动也一定能发出原先的说话声音。留声机由此发明。

4. 多样性

不同领域或不同事物的表现形式多种多样，这就决定了逆向创新思维必须根据实际情况采取相应的思维形式。例如：事物属性上对立两级的转换，如坚强与懦弱，优点与缺点等；结构、位置上的互换颠倒，如上与下，左与右等；过程上的逆转，如气态变液态或液态变气态、电转为磁或磁转为电等；方法或手段上的变换，如正面论述转为反面论述，或反面论述转为正面论述等。

5. 突破性

如果运用常规思维，由于受到经验或习惯的束缚，思想观念就会长期停留在原有基础之上，很难有进步和发展。而运用逆向创新思维，就会冲破习惯的束缚，找到前人从未想到的解决问题的方法。不少科学家的创造发明、政治家的思想观念都是运用逆向创新思维创造出来的。欧几里得（Euclid）在《几何原本》中提出这样一条定理：三角形内角和等于180°。两千多年来，人们从不怀疑这条定理，认为这是放之四海而皆准的。德国数学家伯恩哈德·黎曼（Bernhard Riemann）质疑这一定理，他指出，欧几里得几何并不是在所有空间都适用，如在地球表面这种曲面上，三角形的内角和就大于180°。此后，黎曼蜚声数学界。

（四）逆向创新思维的分类

一般而言，逆向创新思维可以分为以下几类：

1. 结构逆向创新思维

结构逆向创新思维是指从已有事物的逆向结构形式中去设想，以寻求解决问题的新途径的思维方法。一般可以从事物的结构位置、结构材料以及结构类型出发，进行逆向创新思维。

例如：家用洗衣机的脱水缸，它的转轴是软的，轻轻一推，脱水缸就东倒西歪。可脱水缸在高速旋转时，却非常平稳，脱水效果很好。在最初设计时，为了解决脱水缸的颤动和由此产生的噪声问题，工程技术人员想了许多办法，加粗转轴、加硬转轴……一直无效。最后，他们采取逆向思维，弃硬就软，用软轴代替了硬轴，成功地解决了两大问题。

2. 功能逆向创新思维

功能逆向创新思维是指从原有事物的相反功能去设想，寻求解决问题的新途径的思维方法。事物的功能可以逆向转变，如对人不利的作用可以变为对人有利的作用。功能逆向就是从事物某种作用的相反方向去思考，从而提出新想法，以实现创新。

例如 ：“即时贴”就是3M公司的一个职员借助功能逆向创新思维发明的。他将原本发明失败的低黏合度纸张处理为可以随意粘贴、撕取的“即时贴”，为公司创造了巨额的利润。

3. 状态逆向创新思维

状态逆向创新思维是指人们从事物某一状态的逆向来认识事物，以此引发创造发明的思维方法。

例如：因为传统的破冰船依靠自身的重量来压碎冰块，它的头部都由高硬度材料制成，且设计得十分笨重，转向非常不便，所以这种破冰船非常害怕侧向的流水。科学家运用逆向创新思维，变向下压冰为向上推冰，即让破冰船潜入水下，依靠浮力从冰下向上破冰。新的破冰船设计得非常灵巧，不仅节约了原材料，而且不需要很大的动力，船自身的安全性也大为提高。在遇到较为坚厚的冰层时，破冰船就像海豚一样上下起伏前进，破冰效果非常好。这种破冰船被誉为“20世纪最有前途的破冰船”。

4. 因果逆向创新思维

因果逆向创新思维是指将已有的事物因果关系变因为果，以发现新的现象和规律，并寻找解决问题的新途径的思维方法。从奥斯特的电能生磁到法拉第的磁能生电，从爱迪生发现送话器听筒音膜有规律振动的现象到他发明留声机，近代无线电广播的播放与接收，录像机的发明与摄像机的发明……这些都是因果逆向创新思维的成果。

（五）逆向创新思维与辩证思维的区别

辩证思维是人们在思维过程中对客观事物辩证发展过程的反映形式，它的特点是从内在矛盾的运动变化中、从各个方面的相互联系中考察认识对象，从而从整体上、本质上完整地认识对象。

例如：海尔集团素以文化见长，在实施网络战略时，将“市场唯一不变的法则就是永远在变”“适应变化，永远创新”“每一个员工都是创新的源头”等文化理念融入，调动了员工的积极性，通过不断创新，实现了企业的市场环境适应能力的提高和持续发展。其中，“市场唯一不变的法则就是永远在变”的文化理念，就是辩证思维的结果。

而逆向创新思维是从常规思路的反方向去理解问题的实质，它的作用在于发现、弥补正向思维的不足。

例如：对于项目论证而言，一般都采用正向论证的可行性研究。有人建议，在正向论证后，还应该进行反向论证的不可行性研究。这样，就可以突出正向论证考虑不到或忽略的问题，使可行性研究更加合理、有效。

虽然辩证思维与逆向创新思维是两种不同的思维方法，但都具有合理性。它们可以使我们突破单向思维的局限，站在常规思维的反面，使思维的认识具有辩证性、全面性。在看待问题时，既要注意问题正方向的合理性，也要注意问题反方向的合理性，从而进行更深、更远的思考，使绝对的对立转换，产生完全不同于原来的绝对肯定或绝对否定的意见，有助于全面揭示真理。也就是说，既要懂得为什么“横看成岭侧成峰，远近高低各不同”，又要明白为什么“山重水复疑无路，柳暗花明又一村”。

（六）逆向创新思维的启示

一般而言，正向思维较为容易。当正向思维不能顺利解决问题时，我们就可以向“从来不想”的反方向去试探一下。美国的伯纳姆三问法就是逆向思维的产物，即对任何问题都要向自己提出三个基本问题：第一，能否取消？第二，能否合并？第三，能否用更简单的东西来取代？逆向创新思维的启示主要有以下四个方面：

（1）思维主体应该在解决问题的过程中善于发现矛盾、分析矛盾，谋求合理解决矛盾的途径。矛盾分析法是认识事物的根本方法，在认识和解决问题时，不能孤立地去分析，不能凭经验或按照惯性思维解决问题。要善于发现矛盾、分析矛盾，具体问题具体分析，从而有效地解决问题。

例如：20 世纪 60 年代，随着工业的发展，私人小汽车拥有量急剧增加，汽车保险业也急剧膨胀，但这并没有给保险公司带来利润，相反，急剧增加的交通事故导致赔偿费大量上升。为了想办法提高汽车的安全性能，降低事故对司机和乘客的伤害，德国的安联保险公司发明了汽车保险带。虽然降低事故率不是保险公司可以决定的，但逆向思考如何降低受伤率却是保险公司可以做到的。

（2）事物总是有对立面的，我们要养成变换思维角度的习惯，从相反的角度去认识同一个事物。矛盾的对立性是绝对的、普遍的、无条件的，它存在于各种事物中。凡事朝着事物的对立面、反面等多角度去思考，有利于打破原有的思维方式，把事物的状态和特性推到反面或极限，以寻找事物中的新视点，使思维呈现多面化，最终有利于高效解决问题。

读一读

南宋绍兴十年七月的一天，杭州城中最繁华的一条街市突然失火。当时的火势极为迅猛，以致数以万计的房屋、商铺毁于火海之中。裴泾渡是城内有名的富商，他耗费大半辈子心血经营的数家钱庄、当铺和珠宝行都在那条街上。火势越来越猛，一间接着一间地吞噬着他的店铺，眼看着大半辈子的心血毁于一旦，裴泾渡既没有像其他商人那样哭天抢地，也没有让伙计和奴仆冲进火海，不顾性命安危抢救财产，而是不慌不忙地指挥他们迅速撤离，一副听天由命的样子，这让很多人大为不解。裴泾渡回到家中，集中了所有剩余的钱财，不动声色地派人从长江沿岸平价购回大量木材、毛竹、砖瓦、石灰等建筑用材。当这些材料像小山一样堆起来的时候，他又归于沉寂，整天品茶饮酒，逍遥自在，好像失火与他毫无关系。

大火烧了数十日之后终于被扑灭了，曾经车水马龙的杭州，大半个城已是墙倒房塌，一片狼藉。不几日，朝廷颁旨：重建杭州城，凡经营、销售建筑用材者一律免税。于是杭州城内一时大兴土木，建筑用材供不应求，价格陡涨。裴泾渡趁机抛售建材，获利颇丰，数额远远超过他被火灾焚毁的财产。

任何地方都有市场，在任何困难的局面下都有翻身的机会，只是看你能不能找到这个市场的潜在需求，胆量够不够大，敢不敢大胆一搏。裴泾渡是少有的不被困难击倒的人，面对财产化为乌有的巨大打击，他依然保持冷静，审时度势，分析当时的局面，找到了火灾后的商机。有句话说得好：乐观的人可以在每个困难中看到机会，悲观的人只能在每个机会中看到困难。商机是无处不在的，只要换个角度，运用逆向思维，从困难重重中依然能够挖掘出别人无法看到的机会。

资料来源：根据互联网公开信息改编。

(3) 要敢于突破经验性的单向思维习惯的局限。一般而言，对于事物之间的因果联系，思维会有习惯性的联想。也就是说，当人们看到两个对象的恒常联系之后，就会很自然地形成一种“必然联系”的观念，久而久之，就在人们的思考中形成了一种习惯。例如：闪电必定打雷。

在现实生活中，这种习惯性联想是有意义的，它积淀为人们的经验。而作为一个合成词，“经验”包括两个重要的义项：一是表明一种观念来自实际的经历；二是表明这种观念在经历中有它的效验。在实践中积累起来的经验知识，其思维特征是实像，它们虽未揭示和理解事物的本质和规律，却已经包含着事物的本质和规律，或已经触及事物的本质和规律。由于经验对客体的把握仅仅局限在外在的“像”上，尚未深入内在的“理”，使之具有了两重性：一方面，经验是真实的，它来自实际的经历，又在一些情况下显示它的效验；另一方面，经验又是有局限的，它未必能把握事物的真正的因果性和必然性。因此，虽然经验有益于我们，并且使我们期待将来有类似的事情发生，但如果思维接受了这种“习惯的结果”，也会形成思维障碍，难以打破这种正向思维的习惯，从而对事物之间的联系方式，要么绝对地肯定，要么绝对地否定。

而逆向思维恰恰就是要打破这种正向思维的流程，从一般不想的反面考虑，对任何事物的联系既不绝对地肯定，也不绝对地否定，而是根据需要，“反经行权”，建立起新的因果联系，使之“反经合义”。

例如：有两块用同一铁皮切割而成的不规则铁皮板。如果用尺丈量其各自的面积有困难，那么，采用什么方法可以比较它们面积的大小呢？

经验告诉我们，“面积”需要的是“丈量”。但在无法丈量的情况下，旧有的事物联系方式失效了，我们可否移植阿基米德“改量为称”的思路呢？从题干中所描述的不完整的事物状态中（两块不规则的铁皮），发现完整的事物状态（同一块铁皮切割而成），反向思维，答案也就产生了：将这两块铁皮板放在天平两头称一称，即可知道各自的面积大小。重量大的面积也大，重量小的面积也小，重量相等则面积相等。

又如：一般而言，火车是用车轮行驶的，船是靠螺旋桨推动的。但是，如果从这些固有观念中暂时解脱出来，考虑火车及轮船运行的目的只在于运输，而不在于轮子是圆是方会出现怎样的结果？磁悬浮列车和水翼船就这样被设计出来。

(4) 逆向思维也可被广泛地用在人际沟通的劝说或对事物的评价上。逆向思维可以让我们过一种简单的生活，因为在生活中我们常常会遇到一些不开心的事，如果钻牛角尖，就会陷入纠结；如果我们用逆向思维来思考这些事情，否定消极因素，那剩下的即使不是积极的因素，也不至于消极。

读一读

有位老婆婆，大女儿嫁给了伞匠，二女儿嫁给了开染坊的。每逢雨天，老婆婆就会想起大女儿家的雨伞生意不好；每逢雨天，老婆婆又会想起二女儿家的染坊生意不好。因此，无论晴天还是雨天，老婆婆一直很忧伤。后来，有人劝老婆婆，晴天就想二女儿家的染坊生意，雨天就想大女儿家的雨伞生意。于是，以后无论阳光普照还是大雨滂沱，老婆婆总是笑脸常开。

资料来源：根据互联网公开信息改编。

合理地从反面给出安慰，虽然不可能改变事情本身，但能够改变对事情的看法，从而改变心境。这是生活中的“从反面看”的方法论意义。

二、逆向创新思维的训练与实际运用

（一）逆向创新思维训练的意义

逆向创新思维训练的意义主要有以下几点：

1. 有利于淡化思维定式

逆向创新思维的训练就是要培养突破习惯性思维、固有知识、观念的凝固，探索每一个为什么，改进并提高人们的逆向创新思维能力，从依赖于简单的正向思维转变到灵活多变的立体思维，从而避免固守经验。孟子曾经说过：“尽信书，则不如无书。”拘泥于书本上的只言片语而不知变通，只会让人陷入思想的桎梏。逆向创新思维方法的训练就是要使人在现实的学习生活中，学会并适应变被动学习为主动学习。

2. 有利于提高综合思维能力

逆向创新思维的训练，可以培养敏锐的感受力和洞察力；培养能对不同问题及时做出不同反映的流畅性；培养举一反三、触类旁通的能力，能按照问题灵活改变思路；培养从不同角度观察、分析、解决问题的灵活性和韧性；培养别开生面的、独辟蹊径的解决问题的能力；培养想象力；培养连续、持久的推理能力，从而提高综合思维能力。

3. 有利于超越线性思维，培养发散思维

通过逆向创新思维的强化训练，可以使人们从依赖简单的线性思维的顺序性、有条不紊性，转变到立体思维的非顺序性中，并使两者有机地结合在一起，使思维既能够进行无拘无束的自由跳跃，体现创新的合理性，又具有言之成理、言之有据的逻辑性，体现逻辑的有效性。另外，逆向创新思维强调从多方面思考同一个问题，不仅可以拓展思路，还可以获得意想不到的灵感，并在灵感内找到新的发现。因此，逆向创新思维不仅可以解决现有的问题，也可以启发创新的灵感，有利于发散思维的培养。

4. 有利于丰富知识结构

通过逆向创新思维的训练，可以把旺盛的求知欲和强烈的好奇心同解决问题联系起来，可以建立起一种全新的问题意识与解决问题的知识联合体，有利于创造性地认识、分析、解决问题。

5. 有利于适应现实的需要

当前，在一些考试（如MBA考试、MPA考试、GCT考试、国家公务员考试等）中，有一些试题或题型必须采用逆向创新思维方法解答。在各种招聘面试中，也有一些问题是在考查逆向创新思维能力。作为应对，我们也应该具备一定的逆向创新思维能力。而这种能力是可以通过有意识的逆向创新思维训练得以培养和提高的。

（二）如何培养逆向创新思维能力

逆向创新思维告诉我们，在面临新事物、新问题的时候，应该学会从事物的不同方面、不同角度来分析和研究。逆向创新思维是对司空见惯的、已成定论的事物或观点反过来思考的一种方式，也就是说，敢于反其道而思之，让思维向对立面的方向发展，从问题的反面深入地进行探索，形成新的思维方式。

逆向创新思维对生活、工作和学习很有帮助。那么，应该怎样培养逆向创新思维能力，提高解决问题的效率呢？

1. 多营造逆向创新思维日常训练的氛围

培养逆向创新思维要长期坚持，在平时多营造一些逆向创新思维的训练氛围。对在生活、工作和学习中出现的一些新问题，要放在新的、具体的情境中去认识和思考，培养思维向纵深发展，激发解决问题的思路。

2. 积累丰富的知识

逆向创新思维要建立在掌握丰富知识的基础上，因此学习丰富的知识很重要，知识的学习也是一个长期积累的过程。通过学习、积累各学科知识，利用逆向创新思维将复杂的问题简单化，才能在解决问题的过程中获得最佳方法和途径。

3. 培养追根究底的精神

培养逆向创新思维的前提是对事件的整体了如指掌，认清其中的因果关系，只有这样才能产生思维的突破口。例如：在谋略方面，只有知己知彼，审时度势，才能恰到好处地运用逆向创新思维，达到出奇制胜的效果。

4. 培养还原意识

运用逆向创新思维，需要个人有极大的还原意识，即不仅要理解和把握从起点到终点的次序、结构及其原发过程，也要在原发过程之后，运用相应的逆向创新思维，循着相同的中间环节回溯，最终达到培养还原意识的目标。

5. 养成反过来思考的习惯

世界上的事物都有正、反两个面，但我们长期的思维习惯是只看到其中的一面，使思维的过程和结果越来越雷同。然而，如果对于某些问题，尤其是一些比较特殊的问题，从结论往回推，倒过来思考，从求解回到已知条件，反过去想，或许会使问题简单化。

正向逻辑思维产生于我们平时的观察和发现，但我们都知道，只进行观察并不能使逻辑能力有很大的提升，如果学会保持对事物的好奇，多问几次“为什么”，从结果或者可能出现的结果出发来倒推，这样不但能让自己视野辽阔，见识倍增，也能让自己养成逆向创新思维的习惯。这跟我们经常说的“站在对方的角度上思考问题”是一样的道理。

6. 养成验证思考的习惯

逻辑思维本身具备灵活性，我们经常发挥想象去思考问题、解决问题，从多个角度思考和认识事物，可以认识事物内部与外部、事物与事物之间的联系，但是单纯的思考是远远不够的，还需要我们经常去验证。不管通过哪种形式，我们都应去验证之前的猜想是否正确。只有验证了之前的猜想，才能知道之前的做法是否正确。

7. 养成总结的习惯

很多事物与问题之间具有共性。不断总结之前的经验，把事情的共性和异性找出来，就是把之前的思考和验证进行完整的归纳，从而形成自己的知识版图。当再次遇到问题时，思维就可以有效地帮助我们马上思考出解决问题的办法。因此，总结和归纳有利于保持思维的灵活性、克服思维的习惯性，有利于全面提高分析问题和解决问题的能力。

（三）逆向创新思维的训练方法

作为重要的创新思维方法，逆向创新思维同其他的创新思维方法一样，都是经验的总结和提炼，都反映着事物的客观规律。作为一种方法论，逆向创新思维具有明显的工具意义，古今中外不可计数的事例表明，在企业经营、科学研究等创新性极强的人类活动中，都少不了逆向创新思维的运用。

1. 反转型逆向创新思维的训练方法

反转型逆向创新思维是指从已知事物的相反方向进行思考，产生发明和设想。例如：可以从事物的属性、功能、结构、因果等方面进行反转。

（1）属性反转。一个事物的属性是丰富多彩的，其中有不少属性是彼此对立的，如软与硬、干与湿、曲与直、柔与刚等。以属性反转进行创新就是有意地以某一属性的相反属性去尝试或取代已有的属性，即逆化已有的属性，从而达到与众不同的效果。

（2）功能反转。功能反转是指从已有事物、产品的相反功能出发，去设想和寻求解决问题的新途径，从而设计出新的事物、产品的方法。它既可以是功能的直接反转，也可以是功能提供方式的反转。1901 年，伦敦举行了一次“吹尘器”表演，它以强有力的气流将灰尘吹起，然后收入容器中，而一位设计师却反过来想，将“吹尘”改为“吸尘”，据此发明了吸尘器。

（3）结构反转。结构反转是指从已有事物、产品的结构出发进行逆向创新思维发散，通过结构位置的倒置、置换等形式去设想新的技术发明和解决问题的新思路。市场上出售的无烟煎鱼锅就是把原来的煎鱼锅的热源由锅的下方安装到锅的上方。

（4）因果反转。自然界中很多现象是有因果联系的，一种自然现象可以是另一种自然现象发生的原因，而在其他自然现象的发生过程中这种因果关系可能会颠倒。因果反转就是利用因果关系可以互相转换的原理进行的创造性活动。电动机是将电能转化为机械能，要是电动机的定子部分是永久磁铁，那转动转子后便会产生电流——将机械能转化为电能，这就是发电机。

运用反转型逆向创新思维方法时，首先是找准“正”与“反”两个对立统一的思维点，然后寻找突破点。如大与小、高与低、热与冷、长与短、白与黑、歪与正、好与坏、是与非、古与今、粗与细、多与少等对立统一的思维点，都可以构成逆向创新思维。大胆想象，反中求胜，均可收获“创意的珍珠”。

2. 转换型逆向创新思维的训练方法

转换型逆向创新思维是指在研究一个问题时，由于解决问题的某一种途径受阻，而转换成另一种途径，或者转换角度思考，使得问题得以顺利解决的办法。司马光砸缸就是这一方法的典型案例。

转换型逆向创新思维的特点是富于变通性和灵活性，即在一定条件下，创新者的思维能够机动、灵活地转移到各个不同的方向。

读一读

据说，鞋子的产生就是源于转换型逆向创新思维的运用。很久以前，鞋子还没有发明，人们都赤着脚行走，即使是冰天雪地也不例外。有一个国家的国王喜欢打猎，他经常出去打猎，但是他进出都骑马，从来不徒步行走。有一天，他在打猎时偶尔走了一段路，可是他的脚被一根刺扎了。他痛得“哇哇”直叫，把身边的侍从大骂了一顿。第二天，国王向一个大臣下令：一个星期之内，必须把城里大街小巷统统铺上毛皮。如果不能如期完工，就要把大臣绞死。一听到国王的命令，那个大臣就十分苦恼。可是国王的命令怎么能不执行呢？他只得全力照办。大臣向自己的下属官吏下达命令，官吏们又向工匠下达命令。很快，往街上铺毛皮的工作就开始了，声势十分浩大。但铺着铺着就出现了问题——毛皮很快就用完了。于是，工匠们不得不每天宰杀牲口。可即使一连杀了成千上万的牲口，铺好的街道还不到百分之一。离限期只有两天了，大臣急得消瘦了许多。大臣有一个女儿，非常聪明。她对父亲说：“这件事由我来办。”大臣苦笑了几声，没有说话。可是女儿坚持要帮父亲解决难题。她向父亲讨了两块皮，按照脚的模样做了两只皮口袋。第二天，姑娘让父亲带她去见国王。来到王宫，姑娘先向国王请安，然后说：“国王，您下达的任务，我们都完成了。您把这两只皮口袋穿在脚上，走到哪儿去都行。别说小刺，就是钉子也扎不到您的脚。”国王把两只皮口袋穿在脚上，然后在地上走了走。他为姑娘的聪明而感到惊奇，穿上这两只皮口袋走路舒服极了。国王下令把铺在街上的毛皮全部揭起来。很快，揭起来的毛皮堆成了一座山，人们不仅用它们做了成千上万双鞋子，还想出了许多不同的样式。

资料来源：根据互联网公开信息改编。

许多人遇到问题便为其所困，找不到解决的办法，实际上，如果能换个角度看问题，有时一个看似很困难的问题也可以用巧妙的方法轻松解决。这就需要我们在生活中培养这种多角度看问题的能力。

3. 缺点型逆向创新思维的训练方法

缺点型逆向创新思维是一种利用事物的缺点，将缺点转变为可利用的优点，化被动为主动，化不利为有利的逆向创新思维方法。这种方法并不以克服事物的缺点为目的，相反，它是化弊为利，找到解决问题的方法。在陷入思维的“死胡同”时，不妨尝试一下缺点型逆向创新思维，打破原有的思维定式，反其道而行之，开辟新的境界。例如：金属腐蚀未必是坏事，人们利用金属腐蚀原理进行金属粉末的生产，无疑是缺点型逆向创新思维的一种应用。

一般而言，缺点型逆向创新思维的训练可分为以下几步：

第一，找出事物可加以利用的缺点。这既有赖于研究者的科学素养、知识结构与实践经验，也取决于社会需要所提出的技术要求和科学发展水平。

第二，透过现象，认清缺点本质，从中抽象出这些缺点的特性、作用过程、基本原理等。这是为下一步利用缺点的途径和方法提供科学依据的重要环节。

第三，根据对所揭示现象背后的基本原理或现象本身特征等的认识，寻求利用和驾驭这些缺点的条件和方法，从而使缺点转换为优点。

在自然界和社会生活中，常有各种灾害或麻烦，但如能善加疏导和控制，便可变害为利。例如：海浪的冲击会损坏堤岸，但利用海浪的漂浮物具有起伏、摇摆的动能和势能，便可设计海浪发电机；噪声有害健康，但美国的丹卡尔森在实验室中发现，有些农作物受噪声刺激，其根、茎、叶表面的小孔可张至最大，肥料和营养物就容易吸收，产量也随之提高，丹卡尔森的噪声西红柿产量可比一般西红柿高 10 倍。

读一读

美国的“饭桶演唱队”就是运用缺点型逆向思维法，“炒作”自己的缺点而一举成名的。

“饭桶演唱队”的前身是“三人迪斯科演唱队”，由三名肥胖得出奇的小伙子组成，演唱的题材大多是关于食品、吃喝和肥胖者等笑料，很受市民欢迎。某次，乐队在欧洲演出，有家旅店的经理见他们个个又肥又胖，穿上又宽又大的演出服，简直与三个大饭桶一般无二，于是嘲笑他们，建议他们创作一首《饭桶歌》，会相得益彰。经理本是奚落嘲弄，三个胖小伙也着实又恼又怒，但恼怒之后便高兴了起来。对，肥胖就肥胖，干脆将“三人迪斯科演唱队”改为“饭桶演唱队”，而且他们即兴创作了《饭桶歌》。第一天演唱便赢得了观众如雷的掌声。三人录制的《三个大饭桶》唱片，一上市销量便达到了 10 万张。

从这个故事可以看出，缺点固然有其不足的一面，但发现缺点、认识缺点、剖析缺点并积极地寻求克服或者利用它的方法，往往能创造一个契机，找到一个新的解决问题的出发点。俗话说得好，有一弊必有一利，利弊关系的统一属性正是新事物不断产生的理论和实践基础。其实，任何事物都没有绝对的好与坏，从一个角度看是缺点，换一个角度看也许就变成了优点，对缺点加以合理利用，就可以收到“化不利为有利”的效果。

资料来源：根据互联网公开信息改编。

这种在缺点上做文章、由缺点激发创意的方法越来越广泛地被应用，也取得了较好的结果。在运用此方法时，我们还应注意对缺点保持一种积极而审慎的态度，可以尝试使事物的缺点更加明显，也许会收到“物极必反”的效果。

4. 过程型逆向创新思维的训练方法

事物起某种作用的过程具有确定的、显著的方向性，显示着事物的某种发展趋势。一般情况下，人们对解决某些问题的过程及过程中各种因素的先后顺序会形成固定的认识。但在逆向创新思维的世界中，过程是不被固定的，是可以随时颠倒的。心理学上将颠倒过程称为“过程逆向”，将其运用到思维领域中，就是“过程型逆向创新思维”，即从事物运行过程的逆向进行思考，看到事物从一种状态变为另一种状态时，思考与之相反的过程。如化学能可以转化为电能，电能也可以转化为化学能；电能产生磁场，磁场也能产生电能。

人们在电影院看电影，历来都是银幕上的画面动，人坐着不动，如果将过程反过来，画面不动，人动——就产生了地铁广告；商场里的电动扶梯使顾客登楼方便、省力，其设计思想就是将原本的过程逆反，让“路动”而“人不动”。

我们在中学时期就学过数学证明中的反证法，这也是应用过程型逆向创新思维的典型例子。例如：要证明“一个三角形至少有两个角大于或等于 60°”，如果用正向思维，就要对每一个三角形都进行证明，这是不可能做到的，但是，如果采用过程型逆向创新思维，就可以把它的成立等同于其反问题的不成立，即“一个三角形的三个角可以都小于 60°”。只要证明这个反问题的成立是错的，那么原题即可得证。也就是说，如果这个反问题成立，则至少有一个三角形的三个角的和小于 180°，这与三角形的三个角的和等于 180°的定理是违背的。因此，反问题不成立，原题得证。

事物的原有过程是长期形成的固定操作流程，具有显著的方向性，显示了事物的发展趋势，也显示了人们的操作程序。在没有产生问题时，过程通常会帮助人们节省时间，不需要去想新的办法。但在问题产生后，原有的过程就成了禁锢事物发展的枷锁，此时必须做出改变。过程型逆向创新思维就是要求人们，当事物的发展趋势发生了变化后，对它的认识和态度要进行相应调整。正向的行不通，就从反向切入，对事物的原有过程展开逆向思考，便有可能引发和促成头脑中产生与问题的新发展趋势相适应的新念头。

5. 还原型逆向创新思维的训练方法

还原型逆向创新思维是把创造的起点移到创造的原点，即先暂时放下所研究的问题，反过来追本溯源，分析问题的本质，然后从本质出发，另辟蹊径，寻找新的创造方法。此法有“后退一步，海阔天空”的功效。

还原型逆向创新思维之所以有可能开辟新路，是因为囿于各人的经验或条件的局限，原有的问题可能存在未被认识到的方面。随着技术的发展、认识的深化，再回头审察时，便会萌生新的创造契机。

还原型逆向创新思维有两种方式：还原换元法与换元还原法。

（1）还原换元法。还原换元法即先还原后换元。还原就是在发明创造时，不以现有事物为起点而继续沿着原有思路同向探索，而是摆脱思维惯性和传统影响，反向还原；换元则是指改变原有的方法或材料等。还原换元法创造性极强，是发明创造的一种有效方法。还原换元法适用于一切领域中的创造活动，是对原有事物原理的更新换代，其目的是发明创造。

还原换元法的具体步骤如下：

第一，回到原点。要领是克服思维的惯性。

第二，换元创新。换元应该是多方位的，尽量搜集各种换元因素。

第三，评价还原换元的可行性。

第四，筛选最佳方案，完成具体实施。

（2）换元还原法。换元还原就是用事物 A 代替事物 B，通过事物 A 来研究被代替事物 B，从而使常规方法难以解决的问题被解决，或者发现新的方法，或者进一步改进、完善被代替的事物。应用换元还原法的关键在于先换元再回到创造原点，即发现并决定可以互相代替的事物及其等值关系后，实施代替。在发明创造活动中，曹冲称象就是把无法称重的大象换元成可以分散称重的石块，才将问题解决的。

读一读

由于钻探设备庞大笨重，搬运及施工都很麻烦，尤其在穷乡僻壤施工，更是困难重重，因此，为减少钻探的盲目性，有必要寻找一种新的探矿方法。研究发现，有些植物有以下特点：铜矿区的野玫瑰呈蔚蓝色；镍能使花瓣转变为红色；三叶矮灌木能够证明土壤中含石膏；在矮生的樱桃和刺扁桃下可能有石灰石矿；金矿和银矿区的忍冬藤特别茂盛等。于是，人们把植物作为探矿的换元对象，先找长势异常的植物，经化验、分析、测算，取得有关参数后，再还原钻探，这样就更有把握。探矿的换元对象还可以是那些根深蒂固的林木。由于松树、杉树等针叶树木的根系常深扎于许多矿物里，能够吸收从矿物中分解出来的 30 余种金属，并输送到树叶，因此分析树叶所含金属成分，同时勘明树木分布状况，就能提供矿藏信息。利用植物探矿，科学家们已探测到了一些稀有金属矿藏。

资料来源：根据互联网公开信息改编。

6. 对立型逆向创新思维的训练方法（雅努斯式思维法）

雅努斯是罗马神话中的两面神，他的脑袋前后各有一副面孔，一副凝视着过去，一副注视着未来。心理学家根据他的这种能力，总结出了雅努斯式思维法，即对立型逆向创新思维。

对立型逆向创新思维以把握思维对象中对立的两个面为目标，自觉遵循逆向路径研究问题，善于把正向思考和逆向思考有机地结合起来，要求人们在处理问题时既要顺着正常的思路研究问题，也要倒过来从反方向逆流而上，看到正反两方面的互补性。这种双面思维相当艰难，因为它要求始终保持两个对立面存在于大脑中，是一种新的大脑技能。

训练对立型逆向创新思维的第一步建立在“逆向”意识之上，首先必须认识到事物都是由两面构成的，任何现在面对的问题必然还存在其对立面。也就是说，当面对一个难题时，你可能会面对这个难题的条件、问题和答案，需要做的是对这个难题的构成要素进行重新洗牌，逆向考虑。

训练对立型逆向创新思维的第二步是把握对立面之间相互渗透的关系，以达到对问题解决的质的飞跃。要时刻谨记：对立就是共存。

训练对立型逆向创新思维的第三步建立在对前两步扎实把握的基础上，解析对立的双方，然后进行重组建构。

逆向创新思维的训练方法并不局限于上述六种，逆向创新思维的运用也不能仅仅依靠某一种方法，而应是多种方法相互交织、共生共长。因此，在进行创新思维活动时，不要抓住一种方法不放，特别是在遇到较为复杂的问题时，更应该多种方法并用，多管齐下，协同发展，这样才能有效地将创新思维运用到极致。

（四）逆向创新思维的实际运用

运用逆向创新思维，并不是在思考任何事物时都要违逆常规，不受限制地胡思乱想。相反，在平时，还是常规的思维方法更有用，经验的积累可以大大缩短人类认识真理的速度，节约时间和精力。只有在遇到常规思维无法解决的问题时，才需要考虑逆向创新思维，目的是将现在的手段转换成另一种手段，将现在的思路从反方向转换思考角度，从而使问题顺利解决。因此，在运用逆向创新思维时，一般要注意以下三个要点：

一是必须深刻认识事物的本质。“逆向”不是简单的、表面的逆反思维，不是别人说东我偏说西，而是真正从逆向中进行独到、科学的创新性思维。只有严格遵循客观规律、认清事物的本质，才能避免让逆向创新思维从一个极端走向另一个极端。

二是坚持思维方法的辩证统一。正向与逆向本身就是对立统一的，无法截然分开。机械地套用正向或逆向思维，都会使思维方式陷入泥沼。应当灵活、机动地将两者进行合理转换，从而实现思维的目标。

三是思维立意要有积极意义。逆向创新思维应经得起推敲，避免肤浅化、恶俗化。那些不具备普遍性、违反科学精神、有悖人类情感和共识的“逆向”是不可取的。

1. 反转型逆向创新思维的实际运用

想一想

宋灭南唐之前，南唐每年要向宋进贡。有一年，南唐后主李煜派博学善辩的徐铉作为使者到宋进贡。按照规定，宋要派一名官员陪同徐铉入朝，但是朝中大臣都认为自己的学问和辞令比不上徐铉，大家都怕丢脸，没人敢应战。宋太祖很生气，但是又无可奈何。他也不想随便派个人去给朝廷丢脸。后来，他想出了一个办法。这办法是什么呢？

[思维索引] 对付善辩的人，应该是找一个更善辩的人，但宋太祖偏偏找一个不认识字的人去应对。这样一来，反倒引起了善辩高手的猜疑：陪伴自己的人，是代表宋“国家级水平”的人，既猜不透，又不敢放肆。以愚困智，只因智之长处，根本无法发挥，这实际上是一种“化废为宝”的反转型逆向创新思维方式。

练一练

已知月球上的重力只有地球上的六分之一。一种鸟在地球上飞行 20 千米需要 1 个小时，如果在月球上，它飞行 20 千米需要多长时间？

你需要知道月球的简单知识才能回答这个问题。如果你认为重力小，飞行就快，得出了“10 分钟”的答案，这是错误的。月球上没有氧气，鸟无法呼吸，自然也就不可能飞行。这需要我们在思考时从问题的源头出发，由果索因，找到鸟飞行的必要条件，当条件不成立时，其飞行的事实自然不能成立。

练习：请找出一个你认为很讨厌的东西，说出它有什么作用。

2. 转换型逆向创新思维的实际运用

想一想

(1) 人们习惯性地认为从中药中提取有效成分，必须采用热提取工艺。但是，当研究人员用这种方法提取抗疟中药青蒿素的时候，总是得不到期望的效果。即使研究人员用了多种办法改良热提取工艺，还是起不到任何作用。后来，屠呦呦经过反复思考之后，提出了一个大胆设想。你知道是什么设想吗？

[思维索引] 屠呦呦采用与热提取工艺相反的方法，即采用沸点较低的乙醚，在 60 摄氏度的温度下成功提取了青蒿素，最终取得重大科学突破。

(2) 某警局招聘侦探，为考察应聘人员的应变能力，特设计考题如下：将应聘人员关入一间没有窗户而仅有一扇门的房间内，门外有荷枪实弹的军人把守，要求应聘人员逃离该房间。如果你前来应聘，你能走出这个房间吗？

[思维索引] 既然重兵把守，“逃离”已然不可能，换一个角度看待这个问题就是不逃，即让警局同意你离开，而这种情况下同意你离开的唯一答案只能是：我不应聘了。

3. 缺点型逆向创新思维的实际运用

想一想

日本兵库县丹波村非常贫穷，当别的地方都富裕起来的时候，这里还是改变不了贫穷落后的面貌。人们想尽办法也找不到脱贫致富的良方。按照正常的思路，出售物产和资源可以让村民富裕起来，但是这里土地贫瘠、物产贫乏、交通落后，根本没有什么东西可以出卖。一个专家运用逆向创新思维想到了一个好方法。你知道是什么吗？

[思维索引] 既然只剩下贫穷落后，物产和资源无可出售，何不就出售贫穷和落后？那么，要如何出售贫穷和落后呢？这位专家向村民建议：今后不要住在现在的房子里，要住到树上去；不要再穿布做的衣服，要穿树皮、兽皮，像几千年前尚处于蒙昧时期的老祖宗那样生活……这样城里的人就会来观光、旅游，从而给村民带来丰厚的旅游收入。事实证明，他们的“另类生活”引起了城里人的极大好奇，一时间游人如织，不到一年时间，丹波村的村民就富裕了起来。

贫穷本是丹波村最大的缺点，限制了其发展的脚步，但是正是利用了这个缺点，丹波村彻底摆脱了贫穷。

练一练

一家旅馆的一些物品经常被住宿的客人“顺手牵羊”拿走。经理为此深感头疼，虽然不断采用新策略，但都无济于事。后来，经理嘱咐前台，在客人结账时，要迅速联系客房人员去房间内查看是否少了什么，直到客房人员查清楚了之后才能结账。这样做虽然查出了一些“小偷”，但是让客人颜面尽失，旅馆也并未得到什么实质性的好处。相反，那些没有偷东西的客人，也受到连累，需要在大厅等待很长时间，客人抱怨结账太慢，旅馆人员也觉得面子上挂不住。时间一长，旅馆的生意受到了影响。后来，一位年轻的主管提出了一个方法，不仅没有旅客偷东西了，旅馆的收益也上升了，你知道是什么方法吗？

年轻主管的做法是：将客房内每件东西都标上价格，并做好说明，客人如果喜欢，可以在柜台登记购买。墙上的画、手工艺品、当地特色小摆饰、漂亮的桌布，甚至柔软的枕头、床罩、椅子等用品都有标价。如此一来，旅馆里里外外都布置得非常美丽，深受客人欢迎。旅馆的生意越来越好，旅馆无偿提供了先试用后购买的环境，顾客不仅可以在这里买到价格公道的物品，还省去了到街上买纪念品的麻烦。一年下来，旅馆年终盈利的一大部分竟然是靠卖房间内的东西得来的。

客人偷东西本是一件坏事，但是反过来想，有些旅客“顺手牵羊”并非蓄意偷窃，只是喜欢房间内的物品，而且旅馆也没有明确规定哪些物品不能拿走。与其防着客人偷盗，不如让其主动购买，添置小物件不仅美化了房间，而且增加了收益，让“坏事”变成了“好事”。

练习：请运用缺点型逆向创新思维改造生活中某个具有缺点的产品。

4. 过程型逆向创新思维的实际运用

想一想

有一个摄影师，经常会被邀请去给一些大会拍集体照，但是一直有个问题困扰着他：每当拍集体照的时候，照相机对面的人就会出各种各样的问题。例如：摄影师“咔嚓”按下快门之后，有的人眨眼睛、眯眼睛或闭眼睛，有的人表情不到位，还有的人在发呆。对于拍照而言，个人形象是头等大事，拍集体照时大家苦苦等了那么久，一起喊完“3、2、1”后还是拍不出完美的照片，摄影师为此非常头疼。思考了许久，摄影师终于想到了一个特别好的办法，一举解决了这个问题。从那以后，他拍出来的照片几乎没有闭着眼睛的，每个人的表情都很到位，大家也很满意。那么，你能猜出这个摄影师想到的解决问题的办法是什么吗？

[思维索引] 这个办法是：在拍集体照时，先让大家都闭上眼睛，喊完“3、2、1”后再一起睁眼。拍照的过程通常都是大家睁开眼睛等待倒数，拍摄者再按下快门。这个摄影师用过程型逆向创新思维进行思考，让被拍摄者先闭上眼睛，再听倒数，然后睁开眼睛，通过改变整个过程，达到最后的目的。

5. 还原型逆向创新思维的实际运用

想一想

(1) 有人从交叉路口取其中一条路行至某处发生了困难（有障碍物或路难行），解决的思路通常是设法清除障碍物等。如果要求你运用还原型逆向创新思维，你会怎么做？

[思维索引] 如果运用还原型逆向创新思维，就先不急于往前走，而是折回头去查找出发的原点（还原），然后站在原点处重新分析该怎么办。可以另选一条能避开困难或缩短路程的路，也可以改变原有的行动方式（如步行、骑车、搭汽车、乘飞机、坐船，甚至托人代办等）。这样无疑为解决问题提供了更多的可能性。

(2) 一位赶马车的脚夫驱赶着一匹马，拉着一平板车煤要上一个坡。无奈路长、坡陡、马懒，马拉着车上了整个坡的三分之一后就再也不愿意前进了，任脚夫如何抽打，马只是原地打转。这时，脚夫招呼同行马车停下，从同伴处借来两匹马相助。他并不是把这两匹马的牵引绳系在车上，让三匹马一起拉车，而是将牵引绳系在了自己那匹马的脖子上。你知道他为什么这么做吗？

[思维索引] 按常规的思维方式，一匹马拉不上坡，另两匹马来帮助拉，那肯定是来帮忙拉车的。但是脚夫并没有这么做，而是运用还原型逆向创新思维分析了自己这匹马不拉车的原因：

这匹马的力量同其他马的力量差不多，车上装的煤也差不多，别的马能上去，这匹马就应当能上去，上不去的原因是这匹马懒惰，也就是说，是态度问题，而不是能力问题。使用两匹马拉住懒马的脖子，就迫使懒马必须尽最大的力量，拼命拉着煤车前进。否则，它的脖子就可能被另外两匹马拉断。求生欲使得懒马必须积极主动地拉车上坡。

如果让另外两匹马帮助拉车，虽然可以顺利地将车拉上坡，但让懒马尝到偷懒的甜头后，再遇到上坡时一定还会坐等别的马帮忙。而系住它的脖子让另外两匹马教训它一下，则可以使其记住偷懒所吃的苦头，以后上坡时不敢再偷懒，从而根治该马的懒病。

6. 对立型逆向创新思维的实际运用

练一练

1972 年 12 月 23 日，尼加拉瓜共和国首都马那瓜发生了大地震，死亡万余人，511 个街区的房屋被无情地震毁，一座现代化城市顷刻间变成一片瓦砾。令人惊奇的是，唯独 18 层的美洲银行大厦在废墟中安然屹立，而大厦正前方的街道地面却呈现了上下总计达 2 英寸的错动。如此奇迹，轰动了全球。奇迹的创造者是著名工程结构专家、美籍华人林同炎。他在设计美洲银行大厦时，试图设计一座地震中不会出现崩裂的大厦，但是无论如何都没有办法解决建筑材料在强大外力下不变形、不裂开的问题。最终，他运用逆向创新思维想到了一个好办法，你知道他是如何想到的吗？

在评估多种测算模型后，林同炎决定采取框架结构。这种结构具有刚柔相济的特点：在一般受力的情况下，建筑物有足够的刚度来承受外力；而当受到突如其来的强烈外力时，房屋内部结构中某些次要构件的开裂会使房屋总刚度骤然减弱，从而大大减少主要构件建筑材料承受的地震力。如果不遗余力的“保护”不能达到“保护”的最终目的，那么用“破坏”来“保护”就是对立型逆向创新思维的精髓所在。使“保护”和“破坏”双方呈现相互依存的态势，主动设计一些在强地震中会被“破坏”的东西，恰恰成就了“保护”的目的。在主要建筑体完好的前提下，次要内部结构的破坏反而使建筑物避开了强震的摧残。这种以房屋次要构件开裂的损失来避免建筑物倒塌的设计思想突破了一般的、常规的思维框架，突破了以刚对刚的正面思维模式，从而创造了世界奇迹。

练习：请分别从正、反两面分析“逆境造就人才，顺境埋没人才”这一观点。

能力训练

一、案例分析

淘宝网与易趣的战争

身处商场，必然参与商战，或者常规性地“大鱼吃小鱼”，或者逆转性地“小鱼吞大鱼”。暂时的“弱”不一定被淘汰，看起来的“强”也不一定会取得最终的成功。电子商务领域的淘宝网和易趣的战争，是典型的“小鱼吞大鱼”，堪称互联网发展史上的经典“战役”。

2003 年之前，国内的 C2C 市场被易趣独霸，根本没有与之竞争的对手。正是这种一家独霸的局面，让易趣放松了本该时刻紧绷的弦。马云看到了国内 C2C 市场的巨大潜力，他认为，易趣再强大，也不可能将国内市场全部占领。于是，他果断出手，用东拼西凑的 50 万元创立了阿里巴巴。但因为实力太弱，根本不受外界重视。直到阿里巴巴从软银、高盛、美国富达投资等机构融资 2 500 万美元后，才在中国电商市场赢得了一点名声。

2003 年 5 月 10 日，阿里巴巴投资成立淘宝网，正式挑战国内霸主易趣。

易趣模仿当时世界第一大电商网站 eBay 的收费经营模式，即用户在易趣上买卖商品都要交纳一定费用，例如：交易服务费，即如果交易成功，平台将收取2%左右的服务费，不成交则不收费；上传登录费，即在线上传商品有0.1元到8元不等的登录费；橱窗展示位费，即付费越高的用户，其商品的位置越靠前等。

马云认为，中国的电子商务市场才刚刚起步，绝大多数人对此还不了解，也不相信，若此时采用收费模式，会阻碍电商的发展。于是，他决定独树一帜，宣布淘宝网全部免费。这个消息对于在互联网上做买卖的生意人来说，无疑有极大的吸引力。一方面，很多想借助网络平台进入商场的“新兵”，刚刚涉足新领域，心里难免没底，自然期望在投入方面越少越好；另一方面，已经在互联网中尝到甜头的“老将”，也希望能降低成本投入。很多人萌生了“不开白不开”的想法，不管有没有客户，甚至可能连产品都没有，也先在淘宝上开一个店。一时间，淘宝网上热闹非凡，卖家数量迅速增长。卖家多了，买家自然随之而来，有些是购物，有些只是好奇，还有一些就是为了看热闹。但不管怎样，大量卖家、买家会聚到了淘宝网。2003年底，淘宝网的注册会员超过30万，其中一部分是从易趣“倒戈”来的。

很多易趣用户看到淘宝免费后，开始对易趣的收费政策产生鄙夷，内心对易趣免费的期望越来越高。但易趣没能快速反应过来，依然坚持收费，最终扼杀了用户参与的积极性。虽然“一直宣称免费”不是一种商业模式，但淘宝网的免费已经从根本上动摇了易趣在中国市场的占有份额。在重重压力之下，2005年12月20日，易趣终于妥协，宣布推出“免费开店”。但此时，易趣的用户已经跟淘宝网相差了20倍，完全不是一个级别的了。

思考：（1）用逆向创新思维分析淘宝网是如何战胜易趣成为国内第一大C2C平台的？

（2）你在学习和生活中用过逆向创新思维吗？

二、能力测试

你有逆向思维创新能力吗？

请对下列各题做出最适合你的选择。

（1）在做几何证明题时，你喜欢使用反证法吗？

A. 是　　B. 说不准　　C. 否

（2）你会将问题倒过来考虑吗？

A. 是　　B. 说不准　　C. 否

（3）你喜欢反驳别人的观点吗？

A. 是　　B. 说不准　　C. 否

（4）你的反驳意见能被别人接受吗？

A. 是　　B. 说不准　　C. 否

（5）在写作文时，你尝试过倒叙写法吗？

A. 多次尝试　　B. 尝试过几次　　C. 没有尝试过

（6）与人争论过后，你会从对方角度想一下事情的对错吗？

A. 是　　B. 说不准　　C. 否

（7）你会提出与正在讨论的问题相反的问题吗？

A. 是　　B. 说不准　　C. 否

(8) 看小说时，你会直接翻到书尾看看结局如何，再决定是否仔细阅读整本书吗？

A. 多次　　B. 有几次　　C. 否

(9) 在受挫时，你能意识到它给你带来的帮助吗？

A. 能　　B. 说不准　　C. 不能

(10) 在解数学题时，你常常使用逆推法（即从结果推演到条件）吗？

A. 是　　B. 说不准　　C. 否

(11) 你了解守恒原理吗？

A. 是　　B. 说不准　　C. 否

(12) 你的思维灵活吗？

A. 是　　B. 说不准　　C. 否

(13) 你了解辩证法基本原理吗？

A. 是　　B. 说不准　　C. 否

(14) 你理解并赞同“坏事可以变成好事”的说法吗？

A. 完全理解和赞同　　B. 有些理解　　C. 不理解、不赞同

(15) 你了解数理统计学中假设检验的理论和方法吗？

A. 是　　B. 说不准　　C. 否

下面请你准备好纸和笔，把一个钟表放在面前，并回答以下问题。记下各题答题时间（过了 10 分钟仍没有找到正确答案视为没有答出，可开始做下一题），看看你的答题情况符合 A、B、C、D 四种选择中的哪一种。

(16) 请你想一个办法，让煮熟的鸡蛋直立在桌上，注意，不允许借助其他工具或物品。

A. 1 分钟内完成　　B. 1～5 分钟内完成

C. 5～10 分钟内完成　　D. 10 分钟内没有完成

(17) 瓶塞已深陷瓶口，无法用手取出。请问，在不打破瓶子的前提下，你有办法让瓶中的液体流出来吗？注意，不允许借助其他工具或物品。

A. 1 分钟内完成　　B. 1～5 分钟内完成

C. 5～10 分钟内完成　　D. 10 分钟内没有完成

(18) 一只乒乓球掉入被固定于水泥地面的一根直立的铁管（铁管长 15 厘米）中，铁管的直径比乒乓球的直径大 1 厘米。在不破坏地面及铁管的前提下，你如何让乒乓球从管中出来？

A. 10 分钟内找到 5 种以上办法　　B. 10 分钟内找到 2～5 种办法

C. 10 分钟内找到 1 种办法　　D. 10 分钟内没有找到办法

(19) 在炎热、干燥的沙漠中，两位摩托车手为获得一笔优厚的奖金正进行一项奇怪的比赛：谁的车最迟到达位于沙漠另一处的目的地，谁就获胜。出发后，两位车手都磨蹭着不肯前行，越来越严重的饥渴感包围着他们。你能替他们想一个办法，使他们既能尽快到达目的地，又不会因此输掉这场比赛吗？

A. 1 分钟内完成　　B. 1～5 分钟内完成

C. 5～10 分钟内完成　　D. 10 分钟内没有完成

（20）一位老师与两个学生做游戏："这里有 3 支笔，2 支是蓝色的，1 支是黑色的。现在我们每人 1 支。请你们根据自己手上笔的颜色，猜出对方所拿笔的颜色。"这两个学生拿到笔以后，起先都愣了下，好像都猜不出来。突然，两个学生都喊了起来："我猜着了。"你知道他们是如何猜出来的吗？

A. 1 分钟内完成　　B. 1～5 分钟内完成

C. 5～10 分钟内完成　　D. 10 分钟内没有完成

第 16～20 题答案解析：

第 16 题：从结果开始，设想鸡蛋已直立于桌上。由于不允许使用其他工具或物品，鸡蛋的一端必须有一定面积与桌子接触才能稳稳地立住。结论是打碎鸡蛋的一端。

第 17 题：瓶塞无法取出，但可以推入瓶中。

第 18 题：考虑结局。由于铁管是固定的，因此结局只有一种：乒乓球从管中出来。此题对工具和乒乓球是否损坏没有限制，故有多种办法：1）将长长的细管伸入铁管底部吹气，吹出乒乓球；2）向铁管中充水或其他液体使乒乓球浮起；3）用细铁丝钩出乒乓球；4）在筷子的一端涂上黏合剂，伸入铁管粘出乒乓球；5）有节奏地敲打铁管，震出乒乓球；6）将沙土缓缓灌入铁管，使乒乓球被顶起；7）用尖锐的细棒戳入乒乓球，再提起球等。

第 19 题：考虑到比赛的结果是谁的车迟到，谁就获胜，故只要将两人的车互换，比赛谁快即可。

第 20 题：不从自己的笔开始推理，从对方的表现开始推理。考虑到对方拿笔不能一下子猜出来，说明参考方拿的不是黑笔，否则对方早就猜出自己拿的是蓝笔了。

分数分配：

第 1～15 题，答 A 计 2 分，答 B 计 1 分，答 C 计 0 分。第 16～20 题，答 A 计 6 分，答 B 计 4 分，答 C 计 2 分，答 D 计 0 分。各题得分相加，统计总分。

得分分析：

0～19 分：你的逆向创新思维能力不佳。

20～40 分：你的逆向创新思维能力一般。

41～60 分：你的逆向创新思维能力较好。你善于从相反方向考虑问题，找到解决问题的正确思路。

三、拓展训练

（1）（　　），36，19，10，5，2

A. 77　　B. 69　　C. 54　　D. 48

（2）一群羊的只数乘以 0.2 后除以 3，再乘以 0.2 后除以 3，正好是 2。这群羊有多少只？

（3）有 100 张多米诺骨牌整齐地排成一列，依顺序编号为 1，2，3，…，99，100。第一次拿走所有奇数位置上的骨牌，第二次再从剩余骨牌中拿走所有奇数位置上的骨牌……依此类推。请问：最后剩下的一张骨牌的编号是多少？

A. 32　　B. 64　　C. 88　　D. 96

（4）逆向创新思维有反转型、转换型、缺点型、过程型、还原型和对立型等多种，请指出下列案例运用了何种逆向创新思维。

1）裂纹釉彩釉精品。（　　）

2）火箭发射等关键时刻的倒数计时。（　　）

3）人们将电风扇反向安装，做成了排风扇，发明了抽油烟机。（　　）

4）根据电化学效应，在金属腐蚀的原理的基础上发明了电化学加工法。（　　）

5）里外都能穿的羽绒服。（　　）

6）将欲取之，必先予之。（　　）

（5）分组讨论：

1）李白无事街上走，提壶去买酒。遇店加一倍，见花喝一斗。三遇店与花，喝光壶中酒。试问：壶中原有多少酒？

2）从前有个农夫，死后留下了一些牛，他在遗书中写道，妻子得全部牛的半数加半头；长子得剩下的牛的半数加半头，正好是妻子所得的一半；次子得剩下的牛的半数加半头，正好是长子所得的一半；长女得剩下的牛的半数加半头，正好是次子所得的一半。结果一头牛都没杀，也没剩下，请问农夫一共留下多少头牛？

3）2019 年 8 月 18 日晚，南京市民张先生在该市人民路的一家银行的 ATM 取款，不料机器只发出数钱声，却不吐钱，最后银行卡也被吞了。张先生拨打银行客服电话，对方表示已下班，要求其次日来银行处理。因担心发生意外，张先生又报警求助，但警察也无计可施。后来，张先生急中生智，逆转思维，再一次给银行打电话，银行态度大变，行长亲自带两名工作人员在 10 分钟内急匆匆地赶到了现场并处理好。请问张先生是如何做到的？

4）一位财主家里失窃，一枚价值连城的夜明珠不翼而飞，种种迹象表明是家贼偷的，但是经过一番调查之后，还是查不出是谁偷的。经过一番思考，财主有了主意。他请来一位算命先生，然后把家里所有人召集起来，对他们说："这位大师法力无边，他有办法帮我把贼抓出来。"只见算命先生手中拿着很多小木棍，口中念念有词，施了一番法术。财主告诉众人："大师已经作法了，现在把这些长短一样的木棍发给大家，每人一个，明天自有分晓。偷珠贼的木棍会变长一寸。"真的会这样吗？

5）一天，一位父亲带着上初中的儿子到池塘边抓鱼。抓鱼前，父亲叮嘱儿子抓鱼时不能发出声音，以免鱼受到惊吓躲到深处去，儿子听了后一直默不作声，然而，父亲也只是抓了三四条鱼而已。如此几次之后，儿子发现虽然每次自己都很安静，但父亲每次并不能抓到很多鱼。一向爱动脑筋的儿子便开始琢磨，如何能抓到更多的鱼呢？最后，他逆着父亲抓鱼的思路想到了一个办法，并告诉了父亲。父亲试着采用了他的办法，没想到，半天下来就抓到了整整一筐鱼。你猜，儿子想到的办法是什么？

（6）用逆向创新思维解决实际问题：

1）如何让懒得收拾餐盘的同学自觉收拾餐盘？

2）有些人总是随地吐痰，你能让他不再随地吐痰吗？

3）空调排出的热气增加了环保负担。请思考，应如何利用热气，变废为宝？

任务五 联想类比创新思维训练方法

知识目标

1. 理解联想类比创新思维的概念。
2. 理解联想类比创新思维的应用方法。

能力目标

1. 掌握联想类比创新思维的特点。
2. 能够运用联想类比创新思维分析事物。

案例导入

飞机的发明

莱特兄弟（Wright Brothers）是美国俄亥俄州人，他们的父亲是一个牧羊人，母亲是一位音乐教师。

1878 年 6 月，他们全家从俄亥俄州的代顿市搬到了艾奥瓦州的锡达拉皮兹市，住在该市的亚当街。圣诞节那天，莱特兄弟的爸爸给他们带回了一个“蝴蝶”玩具，爸爸告诉他们，这是飞螺旋，能在空中高高地飞去。“鸟才能飞呢！它怎么也会飞！”哥哥威尔伯·莱特（Wilbur Wright）有点怀疑。爸爸当场做了表演，只见他先把上面的橡皮筋扭好，一松手，玩具就发出呜呜的声音，向空中高高地飞去。兄弟这才相信，除了鸟、蝴蝶之外，人工制造的东西也可以飞上天。于是，弟兄俩便把它拆开了，想从中探索一下，这个“蝴蝶”玩具为何能飞上天。

从这以后，他们的幼小心灵就萌发了将来一定制造出一种能飞上高高蓝天的东西的愿望。这个愿望一直影响着他们。莱特兄弟不仅努力掌握前人的研究成果，而且十分注意直接向活生生的飞行物——鸟类学习。他们常常仰面朝天躺在地上，一连几个小时仔细观察鹰在空中的飞行，研究和思索它们起飞、升降和盘旋的机理。当年他们提出的许多新颖想法，都在以后的航空工业中得到了应用。

奇迹发生在 1903 年 12 月 17 日。

这天清晨，美国北卡罗来纳州天气寒冷，刮着大风，空旷的沙滩上静静地停放着一个带着巨大双翼的“怪家伙”，这就是人类历史上第一架飞机——“飞行者一号”。空旷的场地上冷冷清清，到现场观看的只有 5 个人。10 时 35 分，一切准备就绪。为了能够率先登机试飞，兄弟俩决定以掷硬币的方式确定谁先登机，结果，弟弟奥维尔·莱特（Orville Wright）赢了。

奥维尔爬上“飞行者一号”的下机翼，俯卧于操纵杆后面的位置上，手中紧紧握着木制操纵杆，威尔伯则开动发动机并推动它滑行。飞机在发动机的作用下先是剧烈震动，几秒钟后便在自身动力的推动下缓缓滑行，在飞机达到一定速度后，威尔伯松开手，飞机像小鸟一样离地飞上了天空。虽然“飞行者一号”飞得很不平稳，甚至有点跌跌撞撞，但是它毕竟在空中飞行了 12 秒共 36.5 米后，才落在沙滩上。接着，兄弟俩又轮换着进行了 3 次飞行。在当天的最后一次飞行中，威尔伯在 30 千米/小时的风速下，用 59 秒飞行了 260 米。人们梦寐以求的载人空中持续动力飞行终于成功了！不幸的是，几分钟后，一阵突然刮来的狂风把“飞行者一号”掀翻了，飞机严重损坏，但它已经完成了历史使命。人类动力航空史就此拉开了帷幕。

1905 年 9 月 29 日，莱特兄弟在俄亥俄州代顿附近的霍夫曼草原上进行第 41 次飞行，高度为 18 米。

1905 年，莱特滑翔机经过改装，飞行员可以坐着驾驶，且安装了一个乘客座位。

1908 年 9 月 17 日，奥维尔和美国陆军中尉托马斯·塞尔弗里奇（Thomas Selfridge）在飞行中失事，后者是军队观察员，也是此次飞行的乘客。飞机在示范飞行中坠毁，托马斯中尉受伤身亡，这是军事飞机史上的首个死亡案例。这次事故导致奥维尔左腿骨折、四根肋骨断裂。后来，经过治疗与恢复，奥维尔又重新投入他热爱的航空事业中。

1909 年，威尔伯在纽约进行了 33 分钟的长途飞行。威尔伯从总督岛出发，飞越哈德逊河，到达格兰特将军墓后返航。几十万纽约居民观看了此次飞行壮举。2 月 15 日，在法国波城，莱特兄弟和妹妹凯瑟琳·莱特（Katharine Wright）一起进行了飞行。7 月，在弗吉尼亚州的梅尔堡，奥维尔向美国军队进行展示飞行。之后，莱特兄弟将滑翔机出售给了美国陆军航空部。

1939 年 8 月 19 日，美国总统富兰克林·罗斯福（Franklin Roosevelt）将每年的这一天定为“国家航空航天日”，以纪念航空事业的发展。

资料来源：https://baike.baidu.com/item/莱特兄弟/175078.

培根有一句名言：“类比联想支配发明。”他把联想类比思维和发明创造紧密相连，认为只有有了联想类比，才能有新的发明，不论是寻找创造目标，还是寻找解决的办法，都离不开联想类比的作用。看到莱特兄弟发明飞机的案例，想必大家发现了，飞螺旋这个玩具触发了莱特兄弟对飞行原理的思考，他们根据鸟类飞行的原理联想类比到飞行机器的制造原理，促使了人类交通工具的变迁。这种思维过程就是我们将要学习的联想类比创新思维。

一、认识联想类比创新思维

（一）联想类比创新思维的概念

联想类比是指由某一事物的触发而引起和该事物在性质上或形态上相似事物的联想，

进而对该事物进行类比，延伸出另外的事物。联想类比创新思维是人们经常用到的思维方法，是一种由某一事物的表象、词语、动作或特征联想到其他事物的表象、词语、动作或特征的思维活动。通俗地讲，联想类比创新思维一般是由于某人或者某事而引起的相关思考，人们常说的“由此及彼”“由表及里”“举一反三”等就是联想类比创新思维的体现。“盾构施工法”就是联想类比创新思维的产物。19世纪20年代，英国要修一条穿越泰晤士河的地下隧道。如果采用传统的“支护开掘法”，松软多水的岩层很容易塌方。法国工程师布伦诺尔为此一筹莫展。一天，他无意中发现有只小虫使劲儿往坚硬的橡树皮里钻。细心的布伦诺尔注意到那只小虫是在其硬壳的保护下进行“工作”的，此情此景使他恍然大悟：河下施工为什么不能采用小虫的掘进技术呢？循着这条思路，布伦诺尔发明了“盾构施工法”，也就是先将一个空心钢柱打入岩层中，而后在这个“盾构”的保护下进行施工。采用了这种方法后，工程队最终顺利地完成了对松软岩层的施工。100多年来，“盾构施工法”得到了很大发展，已经成功应用在各种岩层条件下。在这里，那只以壳护身、敢钻橡树皮的小虫成为“创新源”，使得工程师布伦诺尔联想到了水下隧道施工技术，二者的共同点是“壳”。通过联想，用“盾构”代替了“支护”，是一个了不起的创新。

联想类比是从一种事物想到另一种事物的心理活动，它既可以是概念与概念之间的联想类比，也可以是方法与方法之间的联想类比，还可以是形象与形象之间的联想类比。由下雨想到潮湿，由烟雾想到白云，由狮子想到猫……都是联想类比。联想类比的本质是发现原本认为没有联系的两个事物（或现象）之间的联系，这难道不是创新吗？有一句话说得好：“在一定程度上，人与人之间创造力的差别在于看到同样的事情产生不同的联想。”农民科学家、“棉花迷”吴吉昌一度为棉桃落花问题而苦恼。有一天，他看到瓜农在甜瓜刚刚长出两片真叶时就打顶，便上前询问原因。瓜农回答，这样做既可以促进瓜秧早坐瓜、多坐瓜，又可以防止嫩瓜脱落。吴吉昌马上从甜瓜联想到了棉花，甜瓜和棉花虽然不是一回事儿，但结瓜和结棉桃是它们的共性，能不能把这个方法应用到棉株上呢？吴吉昌立刻行动，不避寒暑地坚持试验，终于在减少棉桃落花问题上取得了新的突破。善于联想就是善于抓住两个事物之间本质上的相似之处，从已知推导未知，以获得新认识、产生新设想。联想类比是跳跃式的信息检索，属于非逻辑思维。

联想类比是创新者在思考时经常使用的方法，也是比较容易见到成效的创新思维方式。英国有一句著名的谚语：“丢了一个铁钉，丢了一个王国。”请问这是怎样联系起来的？试着这样联想一下：铁钉→马掌→战马→统帅→战争→王国。通过联想类比能将表面看来互不相干的事物联系起来，从而实现创新。联想类比创新思维有助于人们利用自己已有的经验进行创新，也可以利用别人的发明或创造进行创新。任何事物之间都存在一定的联系，联想类比最主要的方法就是积极寻找事物之间的一一对应关系。这个方法源远流长，应用广泛，其优点有：帮助实现知识迁移，是快速学习、高效记忆的利器；促进沟通，提供达成共识的基础模型；启发思路，增强创意，提供进一步研究的线索。但如果使用不当，忽略其从特殊到特殊并不必然正确的特点，也有可能导致故步自封，丧失敏锐。

总体而言，联想类比创新思维就是按想法之间的联系引导思维，使概念或形象接近或相连的思维方法。联想类比可以帮助人们很快地从记忆里追索出需要的信息，构成一条链，通过事物的接近、对比、同化等条件，把许多事物联系起来思考，它能拓展思路，加深对事物之间联系的认识。联想类比离不开实践活动，人们知识的获得、经验的积累、对事物的理解都是通过联想类比形成的。而联想类比不是先验的，作为一种创造能力，它是人们在后天的实践中锻炼和培养起来的。联想类比能力越强，创造性思维就越活跃，就越容易出创造性成果；反之亦然，创造性思维越活跃，联想类比能力就越强，就越能把意义上差距很大的两个事物或概念联系起来，生成新知识、新见解。作为探索未知的一种创造性思维活动，联想类比是关于事物之间存在普遍联系观点的具体体现和实际运用。没有存在于事物之间的客观联系，联想类比就很难发生，离开了事物之间客观联系的联想类比只是幻想。所以，要想提高联想类比能力，就要广泛地参与实践，接触和了解事物，然后把许多实际经验、知识信息储存在大脑里，使大脑建立起许多暂时的联系，一旦需要联想类比时，大脑就会把各种信息调动起来，建立各种各样的联系，由此产生丰富的联想类比，进行创造性思维活动。

（二）联想类比创新思维的特点

1. 连续性

联想类比创新思维的主要特点是由此及彼、连绵不断地进行，它既可以是直接的，也可以是迂回曲折地形成联想链，而联想链的首尾两端往往是风马牛不相及的。

2. 形象性

由于联想类比创新思维是形象思维的具体化，其基本的思维操作单元是表象，是一幅幅画面，因此联想类比创新思维和想象思维一样十分生动，具有鲜明的形象性。

3. 概括性

联想类比创新思维可以很快把联想到的思维结果呈现在联想者的眼前，而不顾及其细节如何，是一种整体把握的思维操作活动，因此有很强的概括性。

（三）联想类比创新思维的作用

1. 在两个以上的思维对象之间建立联系

通过联想类比，可以在较短时间内将问题对象和某些思维对象建立起联系，这种联系会帮助人们找到解决问题的答案。

2. 为其他思维方法提供一定的基础

联想类比创新思维一般不能直接产生有价值的新的形象，但是，它往往能为产生新形象的想象思维提供一定的基础。

3. 活化创新思维的活动空间

联想类比就像风一样，扰动了人脑的活动空间。由于联想类比创新思维有由此及彼、触类旁通的特性，常常把思维引向深处或更加广阔的天地，因此可以直接带来想象思维的形成，甚至灵感、直觉、顿悟的产生。

4. 有利于信息的存储和检索

思维操作系统的重要功能之一，就是把知识信息按一定的规则存储在信息存储系统，并在需要的时候把其中有用的信息检索出来。联想类比创新思维就是思维操作系统的一种重要操作方式。

(四) 联想类比创新思维的分类

1. 接近联想

如果甲、乙两事物在空间或时间上接近，在审美主体的日常生活经验中又经常联系在一起，已形成条件反射，那么由甲联想到乙，就会引起一定的表象和情绪反应。如听到蝉声就联想到盛暑，看到大雁南去就联想到秋天到来等。人们经常见某景、睹某物、游某地，而想到与此景、此物、此地有关的人和事。“昔我往矣，杨柳依依。今我来思，雨雪霏霏。”在中国古代诗词中，可以看到大量的这种联想。在小说创作中，这种联想类比创新思维也是普遍的。而在现代生活中，我们提到“魔都”就知道是上海，提到“雾都”就会想到伦敦，说到重庆会想到“火锅之城”，这些都是接近联想，即城市的地理属性或者居民生活状态给人以联想。

2. 类比联想

类比联想是指对某一事物的感受引起对与其在性质上或形态上相似的事物的联想。如文艺作品中用暴风雨比喻革命，用雄鹰比喻战士，便是运用了这种联想思维形式。这种联想既带有社会的、时代的、民族的普遍性，也带有个人思想感情的特殊性。同是大江，有人联想到“大江东去，浪淘尽，千古风流人物”，有人却联想到“问君能有几多愁，恰似一江春水向东流”。

而发明创造中的类比联想，不受通常的推理模式的束缚，具有很大的灵活性和多样性。在发明创造活动中常见的类比联想形式有：形式类比、功能类比和幻想类比等。形式类比包括形象特征、结构特征和运动特征等几个方面的类比，不论哪个形式都依赖于创造目标与某一装置或客体在某些方面的相似关系。如飞机与鸟类、飞机与蜻蜓，有人根据鸟的飞行运动制成了飞机，有人根据蜻蜓羽翅的减振结构设计了飞机的减振装置。天津一个学生根据小狗爬楼的运动方式设计了狗爬式上楼车，这也是类比的结果。功能类比是根据人们的某种愿望或需要类比某种自然物或人工物的功能，提出创造具有近似功能的新装置的发明方案，这种方法在仿生学研究上有广泛应用，如各种机械手、鳄鱼夹等。幻想类比是根据幻想中的某种形象、某种作用，或某种运动装置进行发明创造。例如：《海底两万里》的作者幻想了一种能长时间在海底活动的潜艇，经过几十年的努力后制成的现代潜艇即是这种幻想的实施。当然，一项成功的发明也可以是以上多种类比的综合，如各种机器人的出现绝非是一种单纯的创造性思维就能实现的。

3. 对比联想

对比联想是由某一事物的感受引起对和它有相反特点的事物的联想，或者是由事物本身包含的两种对立属性形成联想。它是对不同对象对立关系和相同对象对立属性的概括，如形象的反衬就是这种联想类比创新思维的运用。一天，美国艾士隆公司的董事长在散步时看到有几个小孩子正在玩一只小虫子。这只小虫子不仅满身污泥，而且长得十分丑陋难看，可是这几个小孩却玩得津津有味。这一情景让他联想到：市场上销售的玩具清一色都是形象美丽的，凡是动物玩具，个个都面目清秀、俏丽乖巧。假如生产一些丑陋的玩具投放市场，销路又将如何呢？他决定试一试。于是他让设计人员迅速研制了一批丑陋的玩具投放到市场：有橡皮做的“粗鲁陋夫”，长着枯黄的头发、绿色的皮肤；有一串小球组成的“疯球”，每个小球上都印着丑陋不堪的面孔……没想到这些丑陋玩具上市后，竟然一炮而红，市场反响热烈，给艾士隆公司带来了丰厚的利润。虽然这些玩具的价格大大高于一般玩具的价格，其销售却长盛不衰。

由于客观事物之间普遍存在相对或相反的关系，因此运用对比联想往往也能引发新的设想。例如：由实数想到虚数，由欧氏几何想到非欧氏几何，由粒子想到反粒子，由物质想到反物质，由精确数学想到模糊数学，等等，这些都是对比联想的结果。鲍罗奇是一位专营中国食品的美国企业家，他公司的注册商标图案原先是一位“中国胖墩”，在第二次世界大战期间销路很好。但随着时间的推移，采用“胖墩”商标的食品销路越来越差。“既然‘胖’不行，那么‘瘦’怎么样？”鲍罗奇想到。于是他将商标图案改成了“中国瘦条”，结果这一微不足道的改动，起到了立竿见影的效果。原来在战争期间，肥胖象征着财富与安乐，因此以“胖墩”为商标的产品的销路当然不会差。可随着人们生活水平的提高，减肥运动悄然兴起，这时，“瘦条”反而能适应减肥这一新潮流。因此，鲍罗奇运用对比联想做出的这一改动就使自己公司的食品销量大增。

4. 相似联想

相似联想是由某一事物想到与其相似的事物，是根据事物之间的形式、结构、性质、作用等某一方面或某几方面的相似之处进行联想，并将两种不同事物间某些相似的特征进行比较。运用相似联想的具体做法是：看看它像什么或它让你想起了什么，还可以提出更具体的问题，例如：“它听上去像什么？”“它的味道像什么？”“它给人的感觉怎样？”“它的功能像什么？”

正如俄罗斯生理学家马格里奇所言，独创性常常在于发现两个或两个以上研究对象或设想之间的联系或相似之处，而原来的这些对象或设想彼此没有关系。这种方法在科研创造领域有着较为广泛的应用。航天飞机、宇宙飞船、人造卫星等太空飞行器要进入太空持续飞行，就必须摆脱地心引力，这就要求运载它的火箭提供强大无比的能量。同时，太空飞行器自身重量越轻，就越能减轻运载火箭的负担，也就能使太空飞行器飞得更高、更远。因此，为了减轻太空飞行器的重量，科学家们绞尽脑汁，与太空飞行器“斤斤计较”。可是减轻太空飞行器重量，还要考虑不能降低其容量和强度，要达到上述目的相当困难。科学家们尝试了许多办法都无济于事。最后，还是蜜蜂的蜂窝结构帮助科学家们解决了这个难题。

大家都知道，蜂窝是由一些一个挨一个、排列得整整齐齐的六角形小蜂房组成的。18世纪初，法国学者马拉尔琪测量到蜂窝的几个角都是有一定规律的：钝角为 109°28′，锐角为 70°32′。后来经过法国物理学家列奥缪拉、瑞士数学家克尼格、苏格兰数学家马克洛林先后多次计算，得出一个结论：要消耗最少的材料制成最大的菱形容器，它的角度就应该是 109°28′和 70°32′。也就是说，蜜蜂蜂窝结构是容积最大且最节省材料的。但从正面观察蜂窝，它是由一些正六边形组成的，那么每一个角都应是 120°，怎么会有 109°28′和

70°32′呢？这是因为蜂窝不是六棱柱，而是底部由 3 个菱形拼成尖顶构成的“尖顶六棱柱”。我国数学家华罗庚准确指出：在蜜蜂身长、腰围确定的情况下，尖顶六棱柱的蜂房用料最省。上述蜂房结构不正是太空飞行器结构所要求的吗？于是，科学家们选择采用蜂房结构来设计太空飞行器，这种结构的太空飞行器容量大、强度高，且大大减轻了自重，也不易传导声音和热量。因此，今天我们见到的航天飞机、宇宙飞船、人造卫星都采用了这种蜂房结构。勤劳的蜜蜂们也许不会想到，它们的杰出构思被人类借鉴和应用，使人类飞上了太空。

蜂房结构的应用是一个典型的相似联想的案例。运用相似联想的一个关键点就是寻找事物之间的共同点、相似点。世界上没有两片完全相同的树叶，同样，世界上也没有两片完全不同的树叶。任何两种事物或者观念之间，都有或多或少的相似点。一旦在思维中抓住了相似点，便能够把千差万别的事物联系起来思考，从而产生新创意。

5. 相关联想

相关联想是指由一种事物的外部构造、形状或某种状态与另一种事物的类同、近似而引发的想象延伸和连接，或是指联想物和触发物之间存在一种或多种相同且极为明显属性的联想。运用相关联想，就要在思考问题时，尽量根据事物之间在时间或空间等方面的联系进行联想。由于世上万物都不是孤立存在的，在空间上或时间上总是保持着一定的联系，因此灵活运用相关联想，常常也能打开思路、做出创新。

我们生活中常见的许多创意或创造物，都是相关联想的产物。例如：“人造血”的发明就是科学家们运用相关联想的结果。当时，有一只老鼠掉进了氟化碳溶液中，但它没有被淹死。于是，科学家们马上联想到这与氟化碳能溶解和释放氧气、二氧化碳有关，并利用氟化碳制成了“人造血”。

读一读

（1）苏东坡到杭州任地方官的时候，西湖早已名不副实了。长年累月的泥沙越淤越多，碧波荡漾的西湖成了“大泥坑”。苏东坡对此黯然神伤。随后，他多次巡视西湖，反复思考如何加以疏通，使往日风光秀美的西湖重现迷人的风采。几次巡视后，他发现最棘手的问题是：从湖里清除的大量淤泥无处存放。有一天，他忽然想到，西湖有 30 里长，若环湖走一圈，恐怕一天也走不完。如果把湖里挖上来的淤泥堆成一条贯通南北的长堤，既清除了淤泥，又方便了游人，不是很好的办法吗？这时他又联想到，挖掉了淤泥后，可以招募附近的农民来此种麦，种麦所获的收益，反过来作为整治西湖的资金，这样疏通西湖有了钱，挖出来的淤泥有了去处，西湖附近的农民也增加了收益。西湖不仅有了一条贯穿南北的通道，便利了来往的游客，还增添了一道风景。苏东坡修西湖就运用了相关联想，巧妙地解决了问题，他联想到将淤泥做成长堤，又联想到淤泥堆成的地面可以用来做农田，既解决了河道疏通的问题，又增加了农民的效益，真可谓一举两得。

（2）1982年2月底至3月初，墨西哥爱尔·基琼火山喷发，亿万吨火山灰直冲云霄。就在大家为火山喷发的壮观景象惊叹时，精明的美国政府已开始调整国内政策，准备借机大赚一笔。原来爱尔·基琼火山爆发后，美国政府联想到悬浮在空中的火山灰会将一部分从遥远的宇宙射向地球的太阳能反射回去，从而形成大面积低温多雨的天气，造成世界范围的粮食减产。于是，预见到世界各地的粮食生产将会不景气的美国政府便主动调整了国内粮食政策。第二年，世界各国粮食产量果然大幅度下降，而美国政府由于及时采取了相关措施，成了唯一的粮食出口国，并由此在国际事务中占了上风。

资料来源：根据互联网公开信息改编。

这些都是相关联想的结果。各种事物之间都存在或多或少的关联点，只要我们能够转换观察的视角，就可以获得新的认识、新的看法，给事物以新的意义，而这种新的意义往往蕴含着解决问题的“捷径”。

6. 因果联想

因果联想源于人们对事物发展变化结果的经验性判断和想象。触发物和联想物之间往往存在一定的因果关系，如看到蚕蛹就想到飞蛾，看到鸡蛋就想到小鸡。同时，因果联想还可以触发我们的逆向思维。广东海康医药有限公司在研制人造牛黄时，就是从人造珍珠得到启示。人造珍珠是把碎粒嵌入河蚌的体内，由河蚌分泌的黏液包住后摩擦而成，这和天然牛黄的形成过程十分相似：牛胆囊里进了异物后，以它为中心，周围凝聚许多胆囊的分泌物，逐渐就形成了牛胆结石——牛黄。于是，研制人员对牛实施了外科手术，在胆囊里植入异物，经过一年的实践，果然从牛胆囊里取出了结石——人造牛黄。这项科研成果的取得，靠的就是因果联想。

（五）联想类比创新思维的应用

1. 联想类比创新思维在数学学习中的应用

概括而言，联想类比创新思维就是指具有某些共同属性的两个对象，如果已知其中一个对象具有除共同属性外的其他属性，那么依此就可以得出另外一个对象也可能具有这种属性的结论。可以这样表达：如果对象P具有属性a、b、c；对象Q具有属性a、b；那么，对象Q也可能具有属性c。

联想类比创新思维与演绎法（从一般到特殊）和归纳法（从特殊到一般）不同，它是一种从特殊到特殊的推理方法。康德说过，每当理智缺乏可靠论证的思路时，类比这种方法往往能指引我们前进。人类文明史上的许多发明创造以及现代科学文化的研究受益于联想类比创新思维的实例不胜枚举。联想类比创新思维按其类比对象的不同又可分为许多类型，如概念类比、性质类比、公式类比、定理类比、条件类比、结构类比、目标类比、方法类比等。

2. 联想类比创新思维在语文学习中的应用

一方面，联想类比以故事、寓言的方式表达对事物的认识和理解，按照《现代汉语词典》的解释："故事是真实的或虚构的用作讲述对象的事情，有连贯性，富吸引力，能感染人。"故事因其故事性、通俗性而具有吸引力，为大家所喜闻乐见。另一方面，每一个真实的或虚构的故事背后，都有其背景及其隐喻，对背景及其隐喻的解读往往给人带来启示和帮助。联想类比通过故事、寓言的方式拓展延伸我们的思维，有助于产生新的想法和新的思考，改善我们自身的学习和生活方式。

3. 联想类比创新思维在英语学习中的应用

联想类比在英语学习中发挥作用，其实是将联想类比理解成分类比较、相似联想。分类比较可以从音、形、意三处着手。同一类词根、词缀可以串起许多单词；同一类英文短语放在一起，也为英语学习提高效率。相似联想则利用相近的发音、字母排列、单词时态转换、单复数变形等，根据相似的单词词根进行联想记忆。很多考研英语、四六级英语的"单词词根＋联想记忆法"类的书籍，就会利用联想类比对单词进行分类、排列和归纳，帮助大家更好地找出单词规律，并进行记忆。

4. 联想类比创新思维在记忆中的应用

运用联想类比的方式处理待学习或记忆的材料，通过联想类比搭建理解、记忆材料的桥梁。斯科特·扬（Scott Young）在《如何高效学习》这本书里介绍说：联想类比就是在不熟悉的知识和熟悉的知识之间架起一座沟通的桥梁。在文学中，联想类比主要提供视觉上的相似；在整体性学习中，联想类比联系的是类似的过程、事件或者信息的顺序。在运用联想类比创新思维时，不必拘泥于两者有多么相似，只要有一点相似，不管是视觉、听觉、感觉还是直觉，也不管是原理、目的还是过程，都可以拿来进行联想类比。

（六）联想类比创新思维的使用方法

1. 直接联想类比：寻找直接相似点

直接联想类比是从自然界或者从已有的发明成果中，寻找与发明对象的相似之处，创造新的事物。例如：谷物的扬场机是直接联想类比人工扬场方式得来的；医学上用于叩击病人的胸、腹部来诊断是否有腹水的"叩诊法"，是直接联想类比酒店叩击酒桶发出的声音来判断量的多少而得来的。

运用直接联想类比进行的发明创造还有：鱼骨——针；茅草——齿锯；鸟——飞机；鱼——潜水艇；蛋——薄壳仿蛋屋顶；树叶的结构——伞等。

在生活中，人们可以有意识地进行联想类比，当要创造某一事物而又思路枯竭的时候，就可通过直接联想类比，从自然界或人工物品中，直接寻找与创造对象、目的类似的对应物，避免凭空想象。

读一读

美国有个叫杰福斯的牧童，他的工作是每天把羊群赶到牧场，并监视羊群不越过牧场的铁丝栅栏到相邻的菜园里吃菜。有一天，杰福斯在牧场上不知不觉地睡着了，不知过了多久，他被一阵怒骂声惊醒了。只见老板怒目圆睁，大声吼道："你这个没用的东西，菜园被羊群搅得一塌糊涂，你还在这里睡大觉!”杰福斯吓得面如土色，不敢回话。这件事发生后，机灵的杰福斯就想，怎样才能使羊群不再越过铁丝栅栏呢？他发现，有玫瑰花的地方，并没有更牢固的栅栏，但羊群从不过去，因为羊群怕玫瑰花的刺。“有了!”杰福斯高兴地跳了起来，“如果在铁丝上加上一些刺，就可以挡住羊群了。”于是，他先将铁丝剪成5厘米左右的小段，然后把它结在铁丝上当刺。结好之后，他再放羊的时候，发现羊群起初也试图越过铁丝栅栏去菜园，但每次被刺疼后，都惊恐地缩了回来，被多次刺疼之后，羊群就再也不敢越过铁丝栅栏了。半年后，他申请了这项专利，并获批准。后来，这种带刺的铁丝栅栏便风行世界。

资料来源：根据互联网公开信息改编。

直接联想类比是联想类比创新思维中最常运用的一种方法。虽然这是一种比较简单的方法，但起到的创造性作用是很大的，在各个领域均有应用。

2. 间接联想类比：非同类事物间接对比

间接联想类比就是用非同一类产品联想类比产生创造。在现实生活中，有些创造缺乏可以比较的同类对象，这就可以运用间接联想类比。

例如：空气中存在的负离子，不仅可以消除疲劳、使人延年益寿，还可辅助治疗哮喘、支气管炎、高血压、心血管病等，但负离子在高山、森林、海滩、湖畔处较多，日常环境中并不多见。后来，科学家们通过间接联想类比，创造了水冲击法产生负离子，后吸取冲击原理，又成功创造了电子冲击法，这就是现在市场上销售的空气负离子发生器。

间接联想类比在生活中也常常能激发出许多创造性的想法。

读一读

有一天，奈尔斯·赖伯格·芬生（Niels Ryberg Finsen）午饭后坐在门前晒太阳，看见一只猫在阳光下安详地打着盹，很是悠闲。时间一分一秒地流走，每隔一段时间，猫都会随着阳光的移动而不停地变换睡觉的场地。这一切在我们看来是那样的司空见惯，却引起了芬生博士的好奇。猫为什么喜欢待在阳光下呢？猫喜欢待在阳光下，那么这说明光和热对它一定是有益的。那对人呢？对人是不是也同样有益？这个想法在芬生的脑子里闪了一下。这个一闪而过的想法，成为闻名世界的“日光疗法”的触发点。芬生博士因此获得了诺贝尔医学奖。如果我们家的院里也有这么一只睡懒觉的猫，我们也看到它一次次地趋近阳光，我们是不是能像芬生博士那样去想问题呢？猫趋近阳光，是因为晒太阳对它的身体有益。那太阳对人的身体是否有益呢？正是产生了这样的想法，芬生博士从猫想到人，才有了今日的“日光疗法”。

资料来源：根据互联网公开信息改编。

间接联想类比通常不是首先明确创造的目的，而是首先发现了某事物具有很值得借鉴的特点，然后去寻找或创造有什么东西可以与之对应。例如：走路时不小心踩到香蕉皮，很容易滑倒。这是很多人司空见惯的一种现象。20世纪60年代，一位美国学者却对这一现象产生了浓厚的兴趣。他通过显微镜观察，发现香蕉皮是由几百个薄层构成，层与层之间很容易产生滑动。他突然想到，如果能找到与香蕉皮类似的物质，则能作为很好的润滑剂。最后，他发现二硫化钼与香蕉皮的结构十分类似。经过再三实验，一种性能优良的润滑剂被制造出来了。

间接联想类比可以扩大联想类比范围，使许多非同一性、非同类的行业也可得到启发，开拓新的领域。

3. 形状联想类比：根据形状进行创造

形状联想类比往往是由某一原型的外形、结构而类推出与此外形、结构相仿的创造物。例如：科学家模仿昆虫的复眼结构，将许多小的光学透镜有规则地排列起来，制成了光学元件——复眼透镜，用它做镜头制成的"复眼照相机"一次能照出千百张相同的照片。1903年，莱特兄弟制造出了飞机，但他们不知道怎样使飞机在空中拐弯时保持平稳。他们思考，这种现象在鸟儿那里是怎样处理的呢？于是他们仔细观察了老鹰的飞行，发现老鹰在转弯时，其羽翼可以弯折。他们仿照老鹰的羽翼，制造了可以弯折的机翼，这就是现代飞机襟翼的原型。形状联想类比不但大量运用于仿生学，在其他领域也发挥着重要的作用。

如果你在家仔细观察过可口可乐的瓶子，是否觉得它的形状很像一位小女孩穿裙子的形象？那么，它是怎样诞生的呢？美国有一位叫鲁托的制瓶工人，有一天他与女友约会，女友穿的裙子十分优雅。突然，鲁托灵光一现，想到了一个好的设计——如果把玻璃瓶设计成女友的裙子那样，一定会大受欢迎。他经过反复试验和改进，最后设计出这样一种瓶子：握上瓶颈时，没有滑落的感觉；瓶内所装的液体，不仅看起来比实际的分量多，而且外观别致优美。鲁托设计的玻璃瓶被可口可乐公司看中了，可口可乐公司最终以600万美元买下鲁托这项设计的专利，鲁托因此成为百万富翁。而可口可乐公司自从1923年买下这项专利后，至今仍使用这种设计的玻璃瓶。

无独有偶，吉列刀片的创造源于耕地用的耙子形状的联想类比。"掌握全世界男人的胡子"的吉列公司的创始人金·吉列（King C. Gillette）曾是一家小公司的推销员。一天早上，吉列刮胡子时，由于刀磨得不好，刮得很费劲，脸被划了几道口子，懊丧之余，吉列盯着剃须刀，产生了创造新型剃须刀的念头。于是，他对周围的男性进行调查，发现他们都希望有一种新型的剃须刀，基本要求包括安全、保险、使用方便、刀片随时可换等。这样，吉列就开始了他开发剃须刀的行动。"这种新型剃须刀该是什么样的呢？"吉列苦思冥想。由于没能冲破传统习惯的束缚，新发明的基本构造总是脱不掉老式长把剃须刀的局限，怎么办呢？吉列绞尽脑汁，还是不得要领。一天，他望着一片刚收割完的田地，看到一位农民正轻松自如地挥动着耙子修整田地，一个新思路出现在脑海里，他心想，"对！新剃须刀的基本构造就应该同这耙子一样，简单、方便、运用自如。"

运用形状联想类比，需要我们在生活中仔细观察事物的形状结构，将其构造与我们的研究对象相结合，创造出与原有事物形状相似的物品。当然，也需要我们具有敏锐的洞察力，不放过任何一个可以用来效仿的对象。

4. 功能联想类比：根据相似的功能进行联想类比

功能联想类比是根据人们的某种愿望或需要联想类比某种自然物或人工物的功能，提出创造具有近似功能的新装置的发明方案，如各种机械等。

长颈鹿的脖子很长，从大脑到心脏有 3 米之遥。因此它的血压很高，非如此不能将心脏的血“压”上 3 米高的脑部，保证大脑供血充足。但是，当长颈鹿低头喝水时，心“高”头“低”，心脏的血会猛烈冲击脑部，此时，长颈鹿却安然无恙。原来，长颈鹿身上裹着一层“厚皮”。当它低头喝水时，“厚皮”会自动收缩，箍住血管，从而限制了血液的流速，缓解了脑血管的压力。科学家模拟长颈鹿的皮肤原理，制成“抗荷服”，用于保护飞行员。当飞机加速时，“抗荷服”可以自动压缩空气、压迫血管，从而限制飞行员的血液流速，使其血压保持正常。

功能联想类比应用范围比较广，不只是科学专家的专利，每一个人都可以运用。

我国某机械厂一位工人在厂里劳动时，看到大部分精密零件的加工都需要用手操作。为了防止零件生锈，工人们必须整天戴手套，而且手套必须套得很紧，手指头才能灵活弯曲。这样，不但戴上、脱下相当麻烦，手套还很容易损坏。他常想：难道只能戴这样的手套吗？能不能想个办法改进一下呢？有一天，他在帮助妹妹做纸手工艺品时，手指上沾满了糨糊。糨糊很快干了，变成了一层透明的薄膜，紧紧地裹在手指上。他当时就想：“真像个指头套，要是厂里的橡皮手套也这么方便就好了！”后来他又想起，小时候曾在雨后的泥泞路上行走，不小心滑倒了，双手沾满了泥污，干了后也像戴了泥手套似的。过了不久，有一天清早醒来，他躺在床上，眼睛望着天花板，头脑里突然想到：可以设法把手浸在一种像糨糊一样的液体里，干了以后就让手上沾的液体成为手套。不需要它时，手浸在另外一种液体里，泡一下就让它褪掉。这不比戴橡皮手套方便得多吗？他将自己的这一设想向公司汇报后，公司成立了一个研究小组，这位工人也从生产车间调到了这个组里。经过反复研究、试制，终于发明了“液体手套”。使用这种手套，只需将手浸入一种化学药液中，就能在手上覆盖一层透明的薄膜，像真的戴上了手套一样，而且它比戴任何一种手套都更柔软、更舒适、更富有弹性。不需要它时，把手放进水里泡一下，就能完全化掉。

与此相类似，一位技术人员利用功能联想类比创造了使油漆易脱落的方法。如何才能比较容易地清除掉旧家具或墙壁上的油漆？这曾经是一个不容易解决的难题。一次，一家化学公司的技术人员在一起讨论这个问题，大家查文献、找资料，先后提出了许多办法，结果或者不恰当，或者行不通。有个工程师想了一会儿，一下子思想“开小差、走了神”，回忆起儿时的情景。他想到了小时候同小伙伴一起放鞭炮，导火绳一点燃，噼里啪啦地响上一阵，裹在鞭炮上的纸就被炸得“四处飞舞”“片甲不留”。这时，他头脑里突然冒出一个想法：是不是也可以在油漆里放点儿炸药，当需要油漆脱落的时候把油漆炸掉呢？他把这个想法在会上提了出来。大家听后都笑了，这不是小孩子天真幼稚的想法吗？这位工程师并没因为受到大家的讥笑而马上放弃自己的想法。后来，他沿着这条思路不断地探索、不断地试验，终于发明了一种可以加进油漆中的添加剂。把这种添加剂加在油漆里以后，它不会引起油漆质的变化，可是当它接触到另一种添加剂时，便会马上起作用，使油漆从家具或墙壁上掉得干干净净。放鞭炮和除油漆从表面上看是风马牛不相及的事情，但只要仔细思考，就会发现鞭炮与添加剂的功能是相通的，只要添加剂找得恰当，就能够达到预期的效果。

功能联想类比不仅为我们的思考方式打开了另一扇门，而且随着控制论、信息论等现代科学技术的出现，功能联想类比得到了更大的发展。正如控制论发明人诺伯特·维纳（Norbert Wiener）所言："把生命机体与机器做联想类比的工作，可能是当代最伟大的贡献。"

二、联想类比创新思维的训练方法

（一）自由联想类比创新思维的训练方法

1. 基本概念

自由联想类比创新思维指的是思维不受任何限制的联想，可以从多方面、多种可能性中寻找问题的答案。

读一读

老冯准备去庆祝一位好友的 60 岁生日。他钻进了汽车，驶上高速公路，一路开到了机场，坐飞机横跨了整个国家。当晚的生日聚会非常成功——朋友们用蜡烛摆出了一个"6"和一个"0"以庆祝寿星的六十大寿。第二天一早，老冯的朋友把他送到机场，老冯直接飞回了家。当他落地后，又钻回了在停车场的汽车里，向家开去。路自然还是那条老路，老冯已经走了上千次了。但他总感觉这次回家和前一天开向机场时相比，有些古怪之处。每当汽车的仪表盘转到"60"的时候，他总是忍不住盯着看，而且，这个数字总是瞬间让他想到刚刚经历的生日聚会。这"一去一回"两段路程对比强烈，揭示出老冯的变化。自打老冯有了带仪表盘的车后，看了上千次"60"这个数字，却从未有过什么特别的想法。然而，这次就不同了。由于前一天的生日聚会，尤其主题还是庆祝六十大寿，"60"这个概念在他心中被高度激活了，这个概念深藏在老冯脑中，此时正在乐此不疲地寻找类比。它一直安安静静地等待着现身的机会，当仪表盘指向"60"时，机会来啦！老冯朋友的"60"岁和仪表盘上的数字这一对新建立的联系，有什么认知上的作用吗？没有。这个"新发现"毫无目的。只不过在老冯脑中一闪而过，没能产生哪怕一丁点儿新的想法，而是转瞬间就化为过眼云烟了。

资料来源：根据互联网公开信息改编。

为什么要关注这样一件短暂、没用的事呢？人们总是禁不住认定，联想类比必然是一个微妙且深层的思维过程，它肯定在认知层面有着远大的目标，而且被人们小心谨慎、高效地运用着。然而，有时人类创建的类比根本不产生任何结果，也就是说，联想类比是人类认知过程中自动出现的副产物，它们在未知领域里一刻不停地搜寻着熟悉的足迹，但未必总是会产生深刻的洞见。简而言之，我们做出的很多类比都是毫无作为的。尽管如此，“60”这一没有用处的类比也可以揭示重要的事情。对于理解、推理、决策、解惑、学习，以及发现等人类重要且深层的活动来说，联想类比是其中的关键。这一事实已经确立了联想类比在人类认知中的核心地位。因此，上述把两个“60”联系在一起的联想类比，尽管没什么用处，却更明显地揭示出了联想类比是如何深植于人类的思维之中的。它表明，思维在永不停歇地寻找着情境之间的联系，以至于在潜意识中源源不断地凭空产生各种琐碎的、毫无意义的类比。说不定什么时候，联想类比就会跳出来吸引我们的注意力。

这个“60”的联想类比一点儿也不反常。如果可以通过神经学手段捕捉转瞬即逝的念头，将收获数不尽的无用类比。但正是因为它们没用，所以注定在诞生后不久就会被人们忘到脑后。因此，需要一点儿训练和兴趣才能注意到这些转瞬即逝的联想类比。自由联想类比虽然能产生许多出奇的设想，但成功率都不太高，不过有时也会收到意想不到的创造效果。

读一读

因家境贫寒，生物学家安东尼·列文虎克（Antony van Leeuwenhoek）16岁时就开始在一家杂货铺当学徒。他一有空就到眼镜工匠那里学习磨制玻璃片的技术。一天，他终于磨制出了一个能将物体放大许多倍的镜片。他几乎不敢相信自己的眼睛，在这个镜片下，鸡毛的绒毛变得像树枝一样粗，跳蚤和蚂蚁的腿变得粗壮而强健。这时他联想到，是不是可以提高放大倍数看到更小、更精细的东西呢？为此，他提高放大倍数，磨制出了更精密的镜片。他把两个镜片嵌在圆形金属管子的两头，中间还安上了可以调节两个镜片距离的螺丝杆，制成了世界上最早的可以放大近300倍的金属结构的显微镜。他用这架当时世界上“最精良”的显微镜第一次看到了血液在毛细血管里的流动。列文虎克把他看到的微小生物仔细地画下来，并详细地记述了它们的特征和活动。1673年，他将观察记录的材料整理成《列文虎克用自制的显微镜观察皮肤、肉类以及蜜蜂和其他虫类的若干记录》一文，寄给英国皇家学会。列文虎克的发现立刻轰动了全世界。

资料来源：根据互联网公开信息改编。

你一定见过或用过显微镜，看了这个案例有何感想呢？“这种事儿我也见过，怎么就没想到呢？”——很多人在别人的创造面前常常这样想。其实，这里深藏着的是问题意识和创造精神两个关键要素。

2. 思维训练

（1）思维发散。即想起同一刺激或环境下相似的信息。如从警察想到士兵（警察→士兵），从医生想到护士（医生→护士）等。请根据下列词汇进行联想：

猫→	狗→	湖泊→	小溪→
茅草→	手机→	面包→	汽车→

（2）联想接龙。即首先选定好某一个词或者词组为中心主题，然后由中心主题激发出一个联想，再由激发出的联想变成主题继续激发出下一个联想，并无限制地往下延伸。它就像一个无限的舞台，每一个激发出来的联想都是主题。联想接龙分为两种：一种为自由式，可以任由思维自由发挥；另一种为固定式，以成语、歌词、故事、因果关系等为固定发散结构。

联想接龙的关键要点包括：

1）由主题直接发散出一个联想。

2）由联想变成主题再激发下一个联想。

3）一层一层深入联想、自由思考。

4）直接、快速、不加修饰。

5）尽情释放大脑。

（二）强制联想类比创新思维的训练方法

1. 基本概念

强制联想类比创新思维是指把思维强制性地固定在一对事物中，并要求对这对事物产生联想。如对花和椅子两个事物进行强制联想。试一试，怎样把二者联系起来呢？可以这样想：花→花型→镂花椅子；花→花香→带花香味的椅子等。将看起来毫无关系的两个事物强行联系在一起，虽然思维的跳跃度较大，但能帮助我们克服经验的束缚，产生新设想或开发新产品。它是与自由联想相对而言的，是对事物有限制的联想。这里的限制包括同义、反义、部分和整体等规则。一般的创造活动都鼓励自由联想，这样可以引起联想的连锁反应，容易产生大量的创造性设想。但是，具体要解决某一个问题、有目的地去发展某种产品时，也可采用强制联想，让人们集中全部精力，在一定的控制范围内去进行联想，也能有所发明和创造。在创造活动中，这类创造发明的案例也是屡见不鲜的。

读一读

日本软件银行总裁孙正义认为自己的成功就得益于他早年在美国留学时的“每天一项发明”。那时候不管多忙，他每天都要给自己5分钟的时间强迫自己想一项发明。他发明的方法很奇特：首先从字典里随意找三个名词，然后想办法把这三样东西组合成一个新东西。一年下来，他竟然有250多项“发明”。在这些“发明”里，最重要的是“可以发声的多国语言翻译机”。这项发明后来以1亿日元的价格被卖给了日本夏普公司，为孙正义赚到了创业的资金。在这里，孙正义所用的就是强制联想类比创新思维。

资料来源：根据互联网公开信息改编。

焦点法是一种典型的强制联想类比创新思维方法，它是以某一预定事物为中心、为焦点，依次与罗列的各元素一一构成联想点，寻求新产品、新技术、新思想的推广应用和对某一问题的解决途径。

焦点法的操作步骤如下：

第一步，确定目标 A。

第二步，随意挑选与 A 不相关的事物 B 作为刺激物。

第三步，列举事物 B 的属性。

第四步，以 A 为焦点，强制性地把 B 的所有属性与 A 联系起来，产生强制联想。

联想的结果有的可能很荒唐，有的则有一定价值。如果均不令人满意，还可以就其中某一种属性，产生进一步的联想。在使用焦点法时，每产生一个层次的联想，就意味着突出该事物的一种属性，如某种外形或某种功能；类比如果适当，刺激物的有用要素与目标进行重组，表象的联结就趋于成功。例如：悬挂式多功能组合书柜就是采用“书柜”与“壁挂”的强制联想设计而成的。“壁挂”是装饰手段较丰富的室内装饰物，将“书柜”与“壁挂”进行强制联想，把书柜按照形式美的规律做成像壁挂那么美观的形式，挂在墙上，再放上书籍，就有更广泛的表现力。又如：大家知道，机枪是打仗用的，播种机是种庄稼用的，两件东西简直是风马牛不相及。但偏偏美国加利福尼亚州的一位生物学家就将机枪与播种机联系在了一起，发明了机枪播种法。他将这一方法配合飞机播种使用，有效解决了单纯飞机播种只能把种子撒在泥土表面的缺点，随着机枪的“嗒嗒声”，“种子枪弹”就被射入了土地。

2. 思维训练

进行强制联想类比创新思维训练时，既要在限定的两个事物间进行，又要让思维活跃起来，找到两点之间尽可能多的联系。请思考：

（1）钢笔和星星，它们之间怎样发生联系？

（2）土和纸，二者之间有什么联系？

（三）仿生联想类比创新思维的训练方法

1. 基本概念

仿生联想类比创新思维是通过研究生物的生理机能和结构特征，联想类比创造对象的方法。

自然界的生物经过亿万年的优选、演变，存在人类取之不尽、用之不竭的创造模型。例如：

（1）飞机的原型是？是飞鸟。

（2）飞机夜间安全飞行的原型是？当然是蝙蝠。

（3）气球的原型是？对了，是蒲公英的种子。

（4）跑步的钉鞋的原型是？是虎和猫的脚。

读一读

（1）Speedo（速比涛）公司的研发者研究水如何流过鲨鱼皮，并且学以致用，研制出了 LZR 鲨鱼皮泳衣。鲨鱼作为“杰出的泳者”，身上布满了被称为“肤齿”的微小齿状凸块，这些肤齿的分布帮助鲨鱼高效地穿过水流，减少水的阻力和所需消耗的能量，从而游得更快。短鳍鲛鲨被认为是所有鲨鱼中游得最快的，速度可达到每小时

46 英里（约 74 千米）。相较之下，最快的游泳者速度也仅达到每小时 5 英里（约 8 千米）。应用这些观点，Speedo 公司的套身 LZR 鲨鱼皮泳衣压缩人体躯干的若干部分，并且使用仿效鲨鱼皮的特殊设计的织物，这种泳衣的弹力会随着身体位置的不同而改变。

（2）研发人员曾研究猫头鹰羽毛的航空动力学原理，探究猫头鹰能如此安静滑翔的原因，希望能总结经验，从而降低飞机的噪声。随着航空旅行的增多，噪声问题越发困扰着城市。猫头鹰与其他鸟类，如鹰和雕，是不一样的，大多猫头鹰在夜晚捕猎，无声无息。夜间活动的猫头鹰不需要依靠敏锐的视觉俯冲捕捉猎物，往往能在低空安静地滑翔——俯冲下来捕捉猎物前先精确定位。猫头鹰被认为是飞行动物中最安静的，它在 6 000 万年前已经进化形成特殊的羽毛，能打破、抑制和吸收风吹过翅膀产生的声波。在探寻飞机设计中如何模仿这样的声学特性的问题时，美国国家航空航天局的研发人员发现，可能的方法包括在机翼后缘实现可伸缩的外围，或是安装的起落架像猫头鹰的腿一样长满天鹅绒的外层。

资料来源：根据互联网公开信息改编。

所有这些仿生学的案例都有一个共通之处：无数实验表明，大自然通过亿万年的自然选择，已经实现地球上的有机体和动植物适应性的最优化和革新。在某种意义上，科学家们认识到自然革新存在的潜在的巨大价值，而困难在于要判断哪种联想类比是误导性的，哪种联想类比为人类实际运用提供了真正的可能性。

2. 思维训练

多做仿生联想类比创新思维的训练，不仅可以锻炼联想类比能力，而且能提高自身对外部环境的观察力，从而产生创新的灵感。请思考：

（1）有人设计了香蕉形电话，话筒的颜色、形状活脱脱像一根新鲜的香蕉，使人一见就感到清新俏皮。你认为这种产品销售到哪些地方比较合适？

（2）雨中观荷，想必别有诗意。雨滴落在荷叶上，会怎么样？由此你想到了什么？

（四）相似（相关）联想类比创新思维的训练方法

1. 基本概念

相似（相关）联想类比创新思维，可以是与所思考的事物或者在形态上接近或相似，或者在属性上接近或相似，或者在时空上有某种联系等。运用相似（相关）联想类比创新思维产生的发明成果很多，但其发明创造性稍差。这是因为，在接近或相似的事物中寻找解决问题的办法，绝大多数人都比较熟悉，容易想得到，很难跳出传统的思维范围，所以普遍缺乏创新之举。尽管如此，相似（相关）联想类比创新思维在创造发明的运用中还是十分普遍的。例如：我国古代的能工巧匠鲁班，发明过很多工具，是名副其实的发明家。他的发明有很多是从现实事物中联想而来的。有一次，他在山上，手指突然被茅草划了个口子，他很吃惊，这么柔嫩的草叶竟然能划破他满是老茧的手。于是他仔细观察起来：原来这根茅草的边缘呈细齿状。正是这个结构使得小草具有了这样的威力。由此他联想到，如果把片状钢条的边缘打成细齿，就可以锯木头了。经过反复试验，鲁班最终发明了锯子。鲁班发明锯子的事例说明，发明创造的灵感常常来源于生活中不起眼的小事。如果我们时刻留心观察、积极联想，就可以有所创新。

读一读

一行和尚30多岁时，唐玄宗把他请到了京城长安，请他主持修订历法。一行发现当时的历法预报日食不准确，需要改进，便认真地担负起这个任务。他重新测定了150颗恒星的位置，还重新测量了28宿（由恒星组成的星座）距离地球北极的角度。但他发现自己求得的数据与古代天文书上的记载差距很大。一行原以为自己观察和计算有错误。但他反复观察和计算了许多遍，结果都一样。这究竟是怎么回事呢？有一次，一行在庭院中散步，走到一棵古树前停住了。他偶然看到，树枝上挂着的冰凌在阳光下慢慢消融，水缓缓地沿着冰凌往下滴。可是滴了几滴，冰凌的长度似乎毫无变化，只有经过很长一段时间，人们才能明显地看出冰凌变短了。这个普通的现象触发了一行的灵感，他由此想到了恒星也在移动。为什么人们一直认为恒星是不动的呢？因为恒星移动得很慢，所以一年、两年，甚至几十年，人们都看不出它在移动。可是过了几百年，移动的位置就明显了。想到这里，一行急忙回到房间，拿起天文图像分析起来。不久，他进一步发现：古代的记录和现代的观察虽然差距不小，但这些差距的变化也是有规律可循的。这些不同的数据表明，有的恒星星座是由南往北移动，有的则是由北往南移动。这些恒星完全是按照自己的一定规律在慢慢运动。我们今天讲到恒星是在运动的，恐怕没有哪个人感到奇怪，但是在1200多年前，用古老的铜仪观察并研究出这一结论，实在是值得钦佩的。在这一方面的联想过程中，掌握下面两点是很重要的：一是思路要灵活多变，善于调整思考的角度，适时地改变思维方向；二是要有敏锐的洞察力，善于从不同事物中找出相同点和相似点。

资料来源：根据互联网公开信息改编。

相似（相关）思维是普遍存在的，它对我们的工作和生活有着极为重要的作用。客观世界到处存在相似的痕迹和联系。人类科学发展史和社会发展史都如史学家惊叹的那样，“呈现着惊人的相似”。

2. 思维训练

观察身边的事物，找找看这些事物相似（相关）的属性。请思考：

（1）以学校课程为观察对象，寻找其相似（相关）的事物。如不同专业之间的课程重叠，那么为什么不同专业之间会有重叠课程？设置这门课程的意义是什么？

（2）观察宿舍内的生活用品。哪些用品的设计概念是利用自然界中生物或景象的特征设计的？

（3）你经常去吃饭的餐厅的装修风格和店铺名称之间的关系如何？

（五）对比联想类比创新思维的训练方法

1. 基本概念

对比联想类比创新思维是由某一事物的感知和回忆引起和它具有相反特点的事物的回忆，或者由事物本身含有的对立属性、特点引发的联想。例如：发明者在进行联想构思时，联想构思的结果可能是已有的发明项目，可能是有意义的新发明项目，也可能是无意义的联想。又如：黑与白、大与小、水与火、黑暗与光明、温暖与寒冷等，每对词语既有共性，又具有个性，如黑暗亮度小，光明亮度大，但都表示亮度。对比联想既具有悖逆性，又具有挑战性，例如：物理学家开尔文（Kelvins）了解到微生物学家路易斯·巴斯德（Lowis Pasteur）已经证明了细菌可以在高温下被杀死，食品经过煮沸可以保存后，便大胆地运用对比联想：既然细菌在高温下会死亡，那么在低温下是否也会停止活动？在这种思维的启发下，他经过精心研究，终于发明了“冷藏”工艺，为人类的健康做出了重要的贡献。

对比联想可分为下列几种：

（1）从性质属性对立角度进行对比联想。例如：日本的中田藤三郎关于圆珠笔的改进就是从性质属性对立的角度进行思考才获得成功的。1945 年，圆珠笔问世，但写 20 万字后就会漏油，改进了的圆珠笔在书写 20 万字后，油恰好被使用完，这时就可以把圆珠笔扔掉。这里就运用了对比联想法。

（2）从优缺点角度进行对比联想。发明者在从事发明时，既要看到事物的优点和长处，又要想到事物的缺点和短处。例如：铜的氢脆现象使铜器件产生缝隙，令人讨厌。因此，铜在 500℃左右处于还原性气氛中时，铜中的氧化物被氢脆无疑是一个缺点，人们总是想方设法去克服它。可是有人却偏偏把它看成是优点加以利用，这就是制造铜粉技术的发明。用机械粉碎法制铜粉相当困难，在粉碎铜屑时，铜屑总是变成箔状。但把铜置于氢气流中，加热到 500℃～600℃，时间为 1～2 小时，使铜屑充分氢脆，再经球磨机粉碎，合格铜粉就制成了。

（3）从结构颠倒角度进行对比联想。即从空间考虑，将前后、左右、上下、大小等结构颠倒着进行联想。例如：日本索尼公司的工程师运用对比联想，由大彩电开始进行对比联想，制成薄型袖珍电视机，其显像管只有 16.5 毫米。

（4）从物态变化角度进行对比联想。即看到事物从一种状态变为另一种状态时，联想与之相反的变化。例如：法国化学家拉瓦锡（Antoine Laviosier）把金刚石锻烧成二氧化碳的实验，证明了金刚石的成分是碳。法国化学家摩尔沃（Guyton de Mouveau）继而成功地把金刚石转化为石墨。金刚石既然能够转变为石墨，用对比联想来考虑，那么反过来石墨能不能转变成金刚石呢？有了这样的思考，用石墨制成金刚石在科学家的尝试下最终也变为现实。

对比联想在学习中也得到了广泛的应用。两个相反的对象，只要想到一个，便自然而然地会想出相对的那个来。许多学生有这样的经验和体会：在学习数、理、化知识时，可以把那些彼此对立的定理、公式和规律归纳到一起，以便用对比联想法帮助记忆。例如：在记忆圆锥曲线时，对于椭圆、双曲线和抛物线的定义、方程、图形、焦点、顶点、对称轴、离心率等性质，可以用对比联想法记忆。再如：正数和负数、微分和积分、乘方和开方等概念都是对立的，运用对比联想法会收到良好的效果。

2. 思维训练

举例并思考事物对立属性产生的发明创造或者由某一事物的感知和回忆引起跟它具有相反特点的事物的发明创造，并分析以下问题：

(1) 为什么手机以前是大哥大的样式，后来却越来越小巧，但现在又开始回归大屏的设计潮流？

(2) 同样是汽车，为什么 F1 赛车采用超轻碳纤维的材料，家用轿车却需要质量过硬的钢材？

(3) 超市里相同商品单个售卖与组合售卖策略是否利用了对比联想？

(六) 因果联想类比创新思维的训练方法

1. 基本概念

各种各样的联想方法都可以产生创造性设想，并以此获得创造的成功。这里的关键不是运用哪一种联想方法，而是我们要解决什么问题？需要进行什么创造？要达到怎样的目的？因此，我们应根据各自的不同要求和想法，有意或无意地进行联想，从联想产生的设想中获得创造的成功。因果联想类比是联想类比的一种，其特点是由一种事物的经验联想到另一种与它有因果联系的事物。两种事物之间存在一定的因果关系，由一种原因会联想到它的结果，或由事物的结果联想到它的原因等。例如：在合成树脂（塑料）中加入发泡剂，使合成树脂中布满无数微小的孔洞，这样的泡沫塑料既省料，重量又轻，并有良好的隔热和隔音性能。日本的一个企业运用因果类比，联想到在水泥中加入一种发泡剂，使水泥也变得既轻又具有隔热和隔音的性能，结果发明了一种气泡混凝土。

在因果联想类比中，有一种剩余法值得我们学习。

剩余法指的是：如果某一复合现象是由另一复合原因所引起的，那么，把其中确认有因果联系的部分减去，则剩下的部分也必然有因果联系。

剩余法的推理形式如下：

被研究的复杂现象：甲、乙、丙、丁；

现象的复杂原因：A、B、C、D；

如果已知 B 是乙的原因，C 是丙的原因，D 是丁的原因，那么，A 是甲的原因。

自然科学史上有这样一个例子：1846 年前，一些天文学家在观察天王星的运行轨道时，发现它的运行轨道和按照已知行星的引力计算出来的它应运行的轨道不同——发生了几个方面的偏离。经过观察分析，天文学家知道其中几方面的偏离是由已知的其他几颗行星的引力所引起的，但有另一方面的偏离原因不明。这时天文学家就考虑：既然天王星运行轨道的各种偏离是由相关行星的引力所引起的，现在又知其中的几个方面的偏离是由另几颗行星的引力所引起的，那么，剩下的一处偏离必然是由另一个未知的行星的引力所引起的。后来，有天文学家据此推算出了这个未知行星的位置。1846 年，天文学家按照这个推算的位置进行观察，果然发现了一颗新的行星——海王星。

在这个过程中就有剩余法的明显运用。就这个案例来说，复合现象指天王星运行轨道的各处偏离，可设为甲、乙、丙、丁四处偏离；复合原因指各行星对天王星的引力，可设为A、B、C、D四颗行星。通过观察，已经知道偏离甲由行星A所引起，偏离乙由行星B所引起，偏离丙由行星C所引起。那么，剩下的部分，即偏离丁必由未知行星D所引起。

2. 思维训练

（1）找出生活中利用因果联想类比创新思维产生的发明创造。

（2）分析以下事物，哪些是利用了因果联想类比创新思维的发明创造？

1）收音机、录音机、收录机；

2）太阳能电池、太阳能发电站、太阳能收音机、太阳能手表、太阳能计算器、太阳能自行车、太阳能汽车；

3）树形结构的伞。

（七）警惕联想类比陷阱

在联想类比创新思维中，因为联想类比推理的客观依据是对象之间的同一性和对象之间的相关性，所以同一性和相关性的高低，必然会影响推论的可靠性程度。如果对象之间的共同属性是主要的、本质的，对象属性之间的相关性是必然的，那么，推论就是可靠的；反之，如果对象之间的共同属性是次要的，对象属性之间的相关性是偶然的，那么，所得推论就不一定可靠。这说明，联想类比创新思维和其他创新思维一样，也有它的局限性，这个局限性主要表现在以下两个方面：

（1）注重相同性，忽略了相异性。重视事物的相异性是创造性的突出特征，绝对不可偏废。假如只重视相同性，往往会导致成功的可能性和可靠性不高，有时还会把人引入迷途。

（2）联想类比具有想象成分，容易因“不完全相似”特征推出荒谬的结果。如下列的联想类比：

地球：星星，位于太阳系，有壳，会公转和自转，有生命。

月球：星星，位于太阳系，有壳，会公转和自转。

所以，月球上也是有生命的。

这就有明显的错误，属于机械的联想类比。

联想类比陷阱可以说是无处不在，如果稍有考虑不全面，就会陷入其中，科学界就曾出现过类似的错误判断。

例如：20世纪，有人根据火星与地球有许多相似之处，得出了火星有生命存在的结论，这已被近年来空间探测结果所否定。又如：1846年，有人根据行星摄动理论发现了海王星，解决了天王星的轨道和理论计算不符的矛盾。但在当时，水星轨道也与理论计算不符，于是有人就用联想类比思维，假设水星与太阳之间还有一颗星——“火神星”，并用理论计算了这颗星的轨道。这以后，许多人探索了几十年，仍然不见“火神星”的踪迹。直到爱因斯坦广义相对论的发表，才把谜底揭开，原来并无此星，水星轨道的摄动是引力波所引起的。

为了避免落入联想类比陷阱，增加联想类比的可靠性，就得特别注意如下几点：

（1）尽可能增加联想类比项。两个和两类对象之间所共有或共缺的属性联想类比项越多，可靠性越强。

（2）联想类比中的共有或共缺属性应该是本质属性。

（3）联想类比对象的共有或共缺属性与所要联想类比的属性之间应该有本质、必然的联系。

能力训练

一、案例分析

新时代的茶饮行业

从 2017 年喜茶进军上海引发全民热议起，我国的“新茶饮运动”已经进入第四年。2018 年 11 月，奈雪的茶和喜茶“互怼”上了热搜，奈雪的茶的创始人彭心指责后者抄袭自家产品，喜茶的创始人聂云宸则立刻反唇相讥。有趣的是，“鹬蚌相争渔翁得利”，长沙本地品牌茶颜悦色莫名跟着上了一次热搜。2018 年，喜茶与奈雪的茶加快了全国化步伐，门店数迅速增加，两者通过扩大规模与强化品牌感脱离了“网红”标签。同时，在茶饮品牌的第二梯队出现了强势品牌——乐乐茶从“网红鏖战”的上海突围，长沙这一区域市场则被茶颜悦色占据。而纯粹依靠营销的品牌已经掉队。例如：借由抖音的营销在 2017 年初刷屏的“答案茶”已近乎偃旗息鼓。相比喜茶与奈雪的茶篇篇爆款的文章，答案茶的文章阅读量维持在 2 000 以下，答案茶创始人朋友圈的内容显示其工作重心已转向另一个餐饮项目。不仅如此，强于内容营销而未展现商业规划的后来者，如“杯欢制茶”“谢谢茶”等，通通没有再激起水花。

在经过第一阶段的市场筛选后，“幸存”的茶饮品牌进入第二阶段“日常战争”，即弥补流量效应衰减，强化日常消费。门店数量与密度被认为是当下最重要的衡量茶饮品牌成功与否的指标。2018 年，喜茶与奈雪的茶新增门店数均接近 100 家，总门店数接近 200 家。另外，喜茶爆红之后，乐乐茶仍从“网红鏖战”的上海突围，也说明茶饮市场需求还远未被满足的同时，不同的商业模式仍拥有大量的尝试空间。乐乐茶类似于喜茶与奈雪的茶的结合体——“茶饮＋欧包”的产品结构近似于奈雪的茶，年轻化的 UI（界面）设计则看起来像喜茶。在门店模型上，乐乐茶大小店皆有，丰富的 SKU（库存量单位）和多种空间体验和奈雪的茶类似，其强调坪效、购物中心 B1 层档口店则是高坪效零售业态的体现。乐乐茶呈现了明显的“餐饮＋零售”混合经营的状态。

事实上，每一个新茶饮品牌最初都是区域品牌。喜茶从江门到深圳，再到上海，最后引爆全国，花了接近五年的时间；奈雪的茶在 2017 年底向全国扩张时，已经在大本营深圳拥有超过 40 家门店。与此同时，餐饮行业正在跨界“卖茶”。由于茶饮的流量效应与高利润的特点，且消费场景天然与餐饮相连，因此以火锅企业为代表的餐饮行业也正在布局茶饮市场。例如：呷哺呷哺的高端火锅店品牌“凑凑”已经正式推出了系列奶茶。根据相关数据，目前在“凑凑”的门店中，茶饮的销售额平均占比为 18%，到了夏秋季，这一数据会升至 22%。而仅次于海底捞与呷哺呷哺的中国第三大火锅品牌小龙坎，也推出了独立门店的茶饮品牌龙小茶。不论是标准的茶饮企业还是跨界的火锅企业，品类扩张最终考验的是产品专业度、供应链管理能力和对市场需求的洞察。优化体验、提升效率与减少损耗是新零售的核心，也是其改造线下业态的最终诉求。最终，新茶饮行业将是坪效、规模、品牌与文化输出的综合竞争。

案例简析：

茶饮行业火爆的背后，是我国优秀本土消费品牌脱颖而出的时代的到来。如今，我国正处于民族自信上升期，人们对本土的产品更有尝试的热情。经常有文章分析赛百味、棒约翰这些洋品牌为什么没有在中国做起来，重点是时机不对，如果赛百味在20世纪80年代进入中国，或许就是另一个肯德基。现在的茶饮市场，其实是由早期的奶茶门店转型而来，早期涌入大陆市场的各种台湾奶茶品牌被加以借鉴、创新，从而形成现在新兴多元的茶饮市场，不再局限于奶茶这一个种类。奶茶原为我国北方游牧民族的日常饮品，至今最少已有千年历史，自元朝传遍世界各地。虽然奶茶在我国历史上很早就出现了，但是北方的奶茶是一个地域性的产品，它的口味与我们现在喝到的门店产品或者冲剂型奶茶的口味是相距甚远的。北方的气候导致北方人民适应了这种奶茶。另外，大陆的奶茶变通性很差，这就造成其口感无法突破地域限制，因此，我们对台湾的珍珠奶茶印象比较深就不奇怪了。最初台湾是没有珍珠奶茶的，那时候，最流行的喝饮料的方式就是把粉圆加在每个人自己喜爱的饮料里。许多人喜欢把粉圆加在奶茶里，杯底的粉圆看起来很像珍珠——这就是“珍珠奶茶”的由来。

茶饮行业正通过接触越来越多的消费者来定义一种茶饮文化。它从培养年轻人喝喜茶的习惯入手，最终覆盖所有人；从随手即得的一杯茶饮开始，进军上游茶产业，战略思路简单而清晰。当下茶饮市场的发展就是一场由联想类比创新思维引发的不断在原有饮品基础上改革创新的产物变迁史。联想类比创新思维既是一个是茶饮文化的楔子，又不断给茶饮市场的开发者带来新的思维启迪。茶饮从业者皆是在原有的奶茶市场基础上进行创新，从而发展出自己的品牌。例如：“喜茶”这个品牌从一开始的茶饮售卖到品牌文化的输出，售卖者本身完成了一次次成功的品牌升级，这已经不单单是简单的联想类比创新思维的创业了，而是融入了更多元的思考于其中。因此，仅仅把握创新思维和创新方法是不够的，如何守住自己创出来的业，才是在学习创新思维之后更要去关注的东西。创新思维仅仅是将你引到创业的道路上，在创业的道路上，还应当不断学习，不断创新，不能故步自封，脱离实际。虽然餐饮行业一直是创业者积极投身的领域，但是近几年很多餐饮行业从业者惨淡退市，在市场竞争越来越激烈、新兴品牌层出不穷的情况下，如何突破重围，才是大家要面对的客观挑战。

资料来源：http://www.disansheng.com/.

思考：请结合案例及课后搜集的资料回答，为什么喜茶的经营模式获得了市场的认可？它与过去引进的奶茶品牌有何异同？在创业的过程中，喜茶的创业模式应用了哪些联想类比创新思维？其他新兴茶饮品牌的创业模式应用了哪些联想类比创新思维？这些茶饮品牌的创业历程有哪些值得我们借鉴的地方？

二、拓展阅读

一个人只要能正确地使用自己的大脑，突破思维的局限，就拥有了联想类比的空间，也就能最大限度地开发自己的联想类比能力。一个人的思考首先就是从联想开始。当一个人的视觉、听觉、嗅觉、味觉和触觉受到外部信息的刺激时，大脑就会运用联结、转结或跳跃这三种模式同时将已知的信息和外部的信息进行有效的碰撞和对接，这种碰撞和对接会让我们的视野变得开阔，由此产生一些创造性的信息。

在《像天才那样思考：优化你的大脑魔力》一书中，作者在一次培训中问他的读者们："如果我说4是8的一半，对吗？"人们回答："对。"随后他又说："如果我说0是8的一半，对吗？"经过一段时间的思考后，几乎所有的人都同意这一说法，因为人们联想到了数字8是由上下两个"0"叠加而成的。然后这位作者又问："如果我说3是8的一半，对吗？"现场的人都认为可以看到把8竖着分为两半，就是两个"3"。接着，他又说到2、5、6，甚至1都是8的一半。能否看出这些联系来，就看你是否拥有丰富的联想能力。只要你对现有信息打开自己固有的思维局限，进行有效的联结、转结或跳跃，你就会越来越惊叹自己的创造力。要提升创造力，就必须提升联想的能力，在生活、工作、学习中就必须突破生活习惯、传统观念、定式思维、专家权威的意见、对困难的畏惧以及束缚我们行动的许多条条框框，寻求突破，让我们的思维联结、转结已出现的事物，或将已出现的事物跳跃到另一个或另一种同类的或者不同类的事物上。

模式1：联结

我们很容易就发现联结规律，假设你面前有一朵玫瑰花，对事物的联结其实就是通过玫瑰花进行线性的联想，所有联想的东西都是跟玫瑰花同一个种类，没有超出"花"这一物种的层面。因为是线性的联想，所以人们总是习惯性地把相同类别的物体直接联系在一起。正是由于很多人习惯于这种固有的思维，因此极大地束缚了自己联想的空间，导致思维的狭隘。当然，从逻辑思维方面来说，这种线性的联结其实也有它的好处，但是要提升记忆力和思维能力，我们就必须尝试着摆脱这种线性联结方式，只有这样才能让联想更加自由。

模式2：转结

转结出来的事物跟玫瑰花根本不在同一层面上，就好像转了个弯一样。由玫瑰花联想到种植玫瑰花的花农、种植玫瑰花的土地、种植玫瑰花用的花棚、扎上玫瑰花的花车、摆着玫瑰花的商场、售卖玫瑰花的花店、泡上有玫瑰花的花茶、用玫瑰花装点的婚礼……这些虽然是纵向的思维，但是它们之间还是有紧密的关联性。这种转结的联想，拓展了联想的宽度，让联想更加开阔。

模式3：跳跃

再说说跳跃，这个时候思维就变得无拘无束。我们可以横向、纵向天马行空地想象，不受逻辑的限制。从玫瑰花联想到金钱、跑车、航天飞机、死亡、中奖、洗澡、房子、香水、昆虫等，只要你能想到的都可以。这种跳跃的联想跟玫瑰花看似没有任何关联，但它们之间其实是可以找到联系的。根据心理学家的实验，任何两个概念经过四五个阶段就可以建立联想。我们按照前面所说的"有联系找联系，没有联系强迫发生联系"的方法，就进行大胆的联想：

- 一个人在情人节那天靠卖玫瑰花赚了很多钱。

- 一个美女用玫瑰花装点自己的超级跑车。
- 宇航局给每一位在航天飞机上的宇航员送了一朵玫瑰花。
- 一个人吻了一下玫瑰花后就被毒死了。
- 一个男生买玫瑰花，店主送了他一张彩票，这张彩票让男生中了500万元大奖。
- 花匠端来一盆水给玫瑰花“洗澡”。
- 房子的四周栽种着粉红色的玫瑰花。
- 香水大师用玫瑰花做成了一瓶香水。
- 一群又一群的昆虫飞过来停留在玫瑰花上。

模块三 创新思维的应用

知识目标

1. 了解创新思维在人类社会演进过程中的影响。
2. 理解创新思维在问题解决过程中的作用。
3. 熟悉创新思维的几种应用形式。

能力目标

1. 树立“创新思维无处不在”的理念。
2. 能够在生活中运用创新思维界定与分析问题。
3. 掌握创新思维解决问题的一般步骤与方法。

案例导入

创新之国

在瑞士，创新无所不在，而且涉及人们生活的方方面面，包括汽车、手表、时尚、纺织以及计算机设备的创新等。

瑞士在人口和面积上算是个小国，而且天然资源匮乏，所以一直以来不得不创新求存。如今，它是世界上人均拥有专利比率最高、人均获得诺贝尔奖最多的国家。世界知识产权组织公布的2019年全球创新指数显示，瑞士连续第九年成为排名世界第一的创新国家。从制造业到金融业，从医疗技术到旅游和食品加工，没有哪个国家能像瑞士一样，拥有如此非凡的产品和国际性的品牌；没有哪个国家能像瑞士一样，能在工业领域保持领先地位；没有哪个国家能像瑞士一样，成为人均可支配收入最高的国家之一。在美国《财富》杂志发布的2019年世界500强排名中，瑞士有14家企业上榜，分别是：嘉能可、雀巢公司、罗氏公司、诺华公司、苏黎世保险集团、瑞银集团、瑞士ABB集团、瑞士再保险股份有限公司、瑞士信贷、安达保险公司、Coop集团、Migros集团、德科集团、拉法基豪瑞集团。这些公司在业内都非常厉害，很难想象这些全球性大集团竟然都出自瑞士。如今，瑞士制造成为卓越品质的保证，创新成为瑞士的国家、企业甚至每个人的精神内核。

资料来源：https://www.credit-suisse.com/about-us-news/sc/articles/news-and-expertise/innovation-switzerland-201603.html.

https://baijiahao.baidu.com/s?id=1624250291944544288&wfr=spider&for=pc.

一、创新思维与人类社会演进

（一）创新与人类社会的进步

人类为什么能够演化成今天这样？人类社会为什么能够进步到今天这个程度？对于今天忙忙碌碌的人们来说，这两个问题实在是毫无意义。但是，仔细思考起来，又有谁能够一句话说得清楚？

在6亿～7亿年前，动物在地球上出现。从那以后，动物界的演化基本上是依靠无意识（或者说自发的）行为进行的。不论是蚯蚓在土壤里挖掘，还是海豚在大洋中嬉戏，不论是雄鹰在万米高空中翱翔，还是猎豹在广袤草原上捕食，它们的行为大都是自觉的。生命的演化速度也处于一个相对缓慢的水平。

在距今10万～15万年以前，在东非生活的现代人类的祖先——智人，刚刚开始学会生火，并宣称这个世界上存在神灵。虽然智人看起来是那么冥顽不灵，似乎再过100万年、1 000万年，他们的生存状态也不会有什么大不了的改善。然而，就是从那时候开始，智人逐步从东非向各个区域挺进，开始征服地球。从那以来，智人以及随后的人类开始有意识地运用自己的四肢和头脑，并且越来越多地依靠头脑开展日常的生产和生活。在此过程中，人类的智力水平大大地提升了，行为的主动性大大地增强了。

2 000年前，人类所能从事的复杂的、称得上有技术含量的活动，不过是制作弓箭、战车，或者耕种小麦、玉米，较为高级、复杂的活动并不多，如阿基米德提出杠杆原理和浮力原理，李冰主持修筑都江堰水利工程等。

500年前，人类所能做的最复杂的事情，可能达到了制造大型帆船、原始火箭的水平，或者推导出地球围绕太阳旋转的模型，或者进行超过上万千米的横跨欧亚大陆的远程贸易，或者像王安石那样推行新法、像英国那样推出《权利法案》，或者像达·芬奇、米开朗基罗那样在文化领域大有建树。

200年前，人类有了缝纫机、动力织布机，提出了概率论和微积分，发明了煤气灯，创作出了《马赛曲》，证明了牛痘的预防效果，用载人氢气球进行了空中侦察。卡文迪许测量了万有引力常数，伏特发明了干电池，瓦特的蒸汽机开始被大规模运用于经济领域，英国政府实施了单一金本位制。

50年前，美国已经能够发射金星探测器和地球同步轨道通信卫星，IBM的民用计算机已经开始使用集成电路，苏联宇航员实现了太空行走，日本的高速铁路新干线的时速超过了200千米。

今天，一个毫不起眼的普通人所做的任何一件平淡无奇的事情，如在办公室敲击电脑键盘和发送电子邮件，乘坐民用飞机长途旅行，或者在家里用遥控器打开电视机和空调，用电饭煲做饭……在我们的“远古亲戚”的眼中都越来越显得不可思议。他们一定会认为，眼前的这个“怪物”究竟在做一些什么事情？

在社会进步的过程中，人类的认知能力、技术能力、组织能力、沟通能力越来越强大。与其说是越来越多地改造地球，不如说是越来越深刻地改造人类自身。随着仿生学、人工智能、计算机网络的迅猛发展，人类也在自我进化，而且这个进程就像奔驰在高速铁路上的列车，越来越快，停不下来。当然，这个过程也伴随着问题：人究竟会变成什么？我们究竟希望自己变成什么？“人”的定义最后会变成什么？人在各方面能力的强化，终将把我们引向何处？人类社会将走向何方？

（二）各个领域的创新

1. 技术领域的创新

从智人开始，我们就在不断强化自己的各方面能力，技术的进步从未中断。技术领域的创新一直是创新的主战场。最早的石器工具（如石刀、石斧）赋予了原始人十倍甚至百倍于自己双手的力量，使得更有效率的采摘、更加精巧的生活用品制作等成为可能。火的应用使人类掌握了强大的自然力量；车轮的发明使长距离快速移动成为可能。时至今日，技术的进步使我们在更多的领域做得更好、更快、更精细、更有效，使生活更加丰富和便捷。如果技术演化的加速原理的确存在（正如到目前为止所显示出来的那样），那么人类的科学认知将迅速增强，而且很可能呈一种指数增长的趋势。有可能在不远的将来，我们就会进入技术大爆炸的时代，今天新出现的技术到了明天早上就会变得一文不值。然而，就像克隆、转基因、原子能、大型水坝等技术引起广泛的争论、质疑甚至声讨一样，技术进步给人类带来的问题往往并不比福利少。对此我们应当保持清醒和谨慎，甚至提前保持一点杞人忧天的态度也未尝不可。

人类是有好奇心的。最早的人就有仰望星空的本能（尽管随着互联网和智能手机的泛滥，这种本能似乎正在迅速退化）。科学发现作为好奇心的产物，一直在人类社会的演进中扮演重要的、基础性角色。从哥白尼到伽利略，从牛顿到爱因斯坦，从达尔文到史蒂芬·霍金，人类运用自己的聪明才智，一步步加深对现实世界的认知。每一个科学上的发现，都意味着人类对现实世界的认知又加深了一层。这种科学认知的加深，为人类在其他领域的前进提供了关键知识。尽管这种认知和宇宙中更高级的智慧、文明相比，可能还无法相提并论，但是这毕竟是人类可以自我选择的进程。

2. 产业领域的创新

为了彻底地摆脱原始部落那种“靠山吃山靠水吃水”“男人外出捕猎和采集野果、女人饲养牲畜和操持家务”的生活方式，人类不断地扩大生产规模，升级生产方式。先是将畜牧业从农业中分离出来，形成了第一次社会大分工；接着，手工业脱离了农业；后来，商品生产、货币开始出现；此后，机器化大生产、大规模生产的实现，极大地提高了人类的生产能力，也极大地改善了我们的生活。当前，互联网的出现、信息化的进展、个性化定制等，为人类再一次实现生产能力的跳跃式发展注入了原动力。产业领域的创新一直以来都是人类文明社会中的主战场。归根结底，创新不能停留在论文纸面或者专利证书的层面，实现商业价值和社会价值是必由之路，而这就必须归结到生产活动——也就是产业。

3. 文化领域的创新

仓廪实而知礼节。人类在填饱肚皮、仰望天空之余，也创造了愉悦自我的活动。有的人拿起了小提琴和风笛，用各式各样的旋律去追求情人；有的人拿起了颜料和毛笔，用时而狂放不羁、时而细致入微的笔墨来刻画现实世界或者理想中的天国；甚至当人们围坐在酒桌或者茶壶前，觥筹交错或者坐而论道之际，也诞生了形形色色的酒文化和茶文化。历史上，文化方面的创新层出不穷，把人塑造成了今天这样拥有复杂情感、强调丰富体验的样貌。如果没有这些文化活动，人不过只是会拿起工具做出一个桌子，让自己能够吃饭、睡觉、活下去的，没有任何情感的、不会享受生活的“行尸走肉”罢了。时至今日，文化领域的新生事物越来越复杂，门类也越来越多。

4. 体制领域的创新

一个有争议的创新领域，也有可能是人为了生产生活而进行的组织管理方式。原始部落内部的主要活动概括起来可能只有 5～6 种工作，只要依靠一个白发苍苍、经验丰富的族长的权威进行管理，就能确保所有人（或者大多数人）相安无事地和平共处下去。农业社会中的见多识广的智者、城邦中聪明睿智的元老、游牧民族中的能征善战的首领等，都是特定条件下诞生的组织管理的领袖。然而，生产的社会化大分工越来越精细，社会的组成部分越来越多样，数量越来越庞大。今天的一家数百人规模的软件公司的分工种类数量可能就超过了《清明上河图》所刻画的宋代都城的分工种类数量。社会这台机器越来越复杂和难以驾驭，人类社会也相应地创造了丰富多样的制度，为这种大规模群体的组织模式和管理方法提供了解决方案。议会制和君主立宪制，大陆法系和英美法系，资本主义和社会主义……人类社会在体制创新领域所展现出的创造力从来都不逊色于在科学和技术领域的创新。

事实上，在人类演化的历史长河中，创新就是一个一个的脚印，每一次的创新活动和创新成果，都引导人类向着更聪明、更智慧、更灵活、更强大的方向前进，也引导人类社会向着更复杂、更精确、更有弹性的方向进步。

（三）推动历史进程的典型创新案例

1. 科学创新：DNA 双螺旋结构

想一想

1953 年 4 月 25 日，美国遗传学家詹姆斯·沃森（James Watson）和英国物理学家弗朗西斯·克里克（Francis Crick）在英国《自然》杂志发表了一篇合著的论文，提出 DNA 双螺旋结构模型。这个发现宣告了分子生物学的诞生，在生命科学史上翻开了划时代的一页，给人类社会带来了巨大的影响。

20 世纪 50 年代前后，有一批物理学家和化学家采用 X 线衍射技术研究 DNA 分子结构，其中包括著名的英国伦敦皇家学院的威尔金斯实验室，还有美国加州理工学院的鲍林实验室。而真正的 DNA 分子结构的发现者是个非正式的研究小组，事实上他们可以说是“不务正业”。

1951 年，23 岁的沃森既是一位遗传学者，又是一位野鸟观察家，他到实验室做博士后时，虽然真实意图是要研究 DNA 分子结构，挂着的课题项目却是研究烟草花叶病毒。比他年长 12 岁的克里克是一位晶体学家，他认为自己在 30 岁左右时就已经相当出色了。当时他正在做博士学位论文，论文题目是《多肽和蛋白质：X射线研究》。沃森说服了与他分享同一个办公室的克里克，两人便开始一起研究DNA分子结构。

受到前人的影响，他们按照三螺旋的思路进行了很长时间的工作，可是不仅构建不出合理模型，还遭到结晶学专家的强烈反对，工作陷入僵局。1953年2月，他们看到了莫里斯·威尔金斯（Maurice Wilkins）等人拍摄的DNA晶体的X射线衍射照片。根据照片，整日焦虑于DNA结构的沃森和克里克立即领悟到——这是两条以磷酸为骨架的链相互缠绕形成的双螺旋结构，氢键把它们连接在一起。分别代表腺嘌呤、胞嘧啶、胸腺嘧啶和鸟嘌呤的A、C、T、G按照一定的次序排列于双链上，A与T相对应，C与G相对应。知道一条DNA链上的字母顺序，另一条链也自然得到了确认。DNA的双螺旋链不断盘绕，加上蛋白质，就形成了存在于每个细胞核内的染色体。

利用从五金行里取得的零件，沃森逐渐收集了大量用作DNA成分的部件，并在克里克的帮助下将它们组合在了一起。这些部件的组合一完成，沃森与克里克便如同蓄势待发的飞行员，跑道上的指示牌、旗帜以及指示灯已经一一到位，只等他们完美地起飞。几经尝试，他们终于在1953年3月获得了正确的模型。最终制成的模型清晰明了、精美而令人印象深刻，最重要的是，通过碱基互补配对原理，这个模型让人们了解了遗传机制的关键。任何一个见到该模型的人，都会重复沃森与克里克激动的话语——“如此漂亮的结构必须存在！”

DNA双螺旋结构的发现，对医学和医药、农业、工业的发展产生了巨大的影响，大量的病人得以治愈，更多更优良的农作物（如粮食、蔬菜、水果、经济作物等）得以生产，更多更好的工业产品得以制造。巨大的经济效益和社会效益，使这一发现毫无争议地成为人类科学史上一大重要的创新。

资料来源：根据互联网公开信息改编。

［思维索引］

（1）挑战权威才能创新。在科学界经常遇到的是年轻人对权威无原则地屈服，甚至沃森在得知前辈莱纳斯·卡尔·鲍林（Linus Carl Pauling）提出的是三螺旋模型的一刹那，也曾后悔自己几个月前放弃了按三螺旋思路进行的工作。不过两位年轻科学家并没有盲目迷信，而是选择了向权威挑战，这需要勇气，更需要严肃认真的实验工作和深厚的科学功底。他们为了赢得时间，加快了工作。因为他们相信这是鲍林的“智者千虑之一失”，很快鲍林就会发现错误并迅速得出正确结论。事实证明，他们的大胆取得了回报。

（2）跨界往往通向创新。推断出DNA是双螺旋结构的，不是生物学家，而是物理学家和化学家。威尔金斯虽然在1950年最早研究DNA的晶体结构，但他当时对DNA究竟在细胞中的作用是什么一无所知，在1951年才觉得DNA可能参与了核蛋白所控制的遗传。作为一个化学家，鲍林研究DNA分子结构则纯属偶然——

他在 1951 年 11 月的《美国化学学会期刊》上看到一篇关于核酸结构的论文，觉得荒唐可笑，为了反驳这篇论文，才着手建立 DNA 分子模型。而克里克从事的是蛋白和多肽的 X 射线晶体衍射研究。这其中唯一一个遗传学家是当时年仅 23 岁的沃森。正是由于学科交叉，这些科学家才有可能破解 DNA 双螺旋结构的密码。

(3) 学术交流推动创新。在探索 DNA 分子结构之初，沃森和克里克远远落后于他们的竞争者——伦敦皇家学院的富兰克林和威尔金斯。然而，由于伦敦皇家学院研究小组成员之间的沟通不畅，因此无法有效地工作。与此相对，早在 20 世纪初，沃森和克里克所在的卡文迪许实验室就形成了一个“茶歇”(Tea Break) 的习惯，每天上午和下午，科学家们都有一个聚在一起喝茶的时间，有时是海阔天空的议论，有时是为某个具体实验设计的争论，不分长幼，不论地位，彼此可以毫无顾忌地展开辩论和批评。这种不拘一格、学科交叉的氛围确实有利于学术进步，所以这种习惯已经被国外许多大学和研究机构仿效，在国际学术会议的日程安排中，茶歇这个环节也已经成为通行的惯例。

2. 技术创新：飞机的发明

想一想

飞机是 20 世纪最伟大的发明之一。1903 年 12 月 17 日，威尔伯·莱特 (Wilbur Wright) 和奥维尔·莱特 (Orville Wright) 兄弟二人先后驾驶他们自己设计的“飞行者一号”飞机，成功地升空飞行。这一天，他们的最好成绩是留空 59 秒，飞行距离 260 米。他们成功地实现了人类第一次载人动力飞行。经过 100 多年的努力，民用航空、通用航空和军用航空等领域都得到了高度的发展，对社会、经济、科技、文化和军事等领域，都产生了巨大而深远的影响。

早在两千多年前，中国人就已发明了风筝。19 世纪末，滑翔机和蒸汽机都已经成熟，许多先驱者开始研究动力飞行。

莱特兄弟俩自幼喜欢机械和航空。1896 年 8 月 9 日，两兄弟听到德国航空先驱奥托·李林塔尔 (Otto Lilienthal) 在一次滑翔飞行中不幸遇难的消息，受到极大的刺激。与此同时，熟悉机械装置的莱特兄弟认定，人类进行动力飞行的基础实际上已经足够成熟，李林塔尔的问题在于他还没有来得及发现操纵飞机的诀窍。于是，莱特兄弟满怀激情地投入了对动力飞行的钻研。

这时候，莱特兄弟开着一家自行车商店。他们一边干活儿挣钱，一边研究飞行资料。3 年后，他们掌握了大量有关航空方面的知识，决定仿制一架滑翔机。他们首先观察老鹰在空中飞行的动作，为此，他们常常仰面朝天躺在地上，一连几个小时仔细观察鹰在空中的飞行，研究和思索它们起飞、升降和盘旋的机理，然后一张一张地画下来，之后才着手设计滑翔机。

1900 年 10 月，莱特兄弟终于制成了他们的第一架滑翔机，并把它带到吉蒂霍克海边。这里十分偏僻，周围既没有树木也没有民房，而且风力很大，非常适宜放飞滑翔机。兄弟俩用了一个星期的时间，把滑翔机装好，先把它系上绳索，像风筝那样放飞，结果成功了。

兄弟俩非常高兴，但并不满足。他们在想：能否制造一种不用风力也能飞行的机器？兄弟俩反复思考，把有关飞行的资料集中起来，反复研究，始终想不到用什么动力把庞大的滑翔机和人运到空中。有一天，车行门前停了一辆汽车，司机向他们借一把工具，来修理一下汽车的发动机。兄弟俩灵机一动，开始思考能不能用汽车的发动机来推动飞行。从这以后，兄弟俩围绕发动机动开了脑筋。他们首先测出滑翔机的最大运载能力是 90 千克，于是，他们向工厂定制一个重量不超过 90 千克的发动机。但当时最轻的发动机是 190 千克，工厂无法制造出这么轻的发动机。在机械师查尔斯·泰勒（Charles Taylor）的帮助下，莱特兄弟动手制造了一台功率约 12 马力、重 77.2 千克的活塞式 4 缸直列式水冷发动机。他们还制造了螺旋桨，并将带螺旋桨和发动机的飞机模型放到自制风洞中进行了模拟测试。经过无数次的试验，他们终于在滑翔机上安装了螺旋桨，并可以由发动机来推动螺旋桨旋转，带动滑翔机飞行。

又经过多次试验、反复思考、严格检查、借鉴他人的经验教训，莱特兄弟已经离成功很近。1903 年 12 月 17 日，莱特兄弟带着他们装有发动机的飞机再次来到吉蒂霍克海边试飞。奥维尔爬上“飞行者一号”的下机翼，俯卧于操纵杆后面的位置上，手中紧紧握着木制操纵杆，威尔伯则开动发动机并推动它滑行。在飞机达到一定速度后，威尔伯松开手，飞机像小鸟一样离地飞上了天空。虽然“飞行者一号”飞得很不平稳，但是它毕竟在空中飞行了 12 秒共 36.5 米，才落在沙滩上。接着，他们又轮换着进行了 3 次飞行。在当天的最后一次飞行中，威尔伯在 30 千米/小时的风速下，用 59 秒的时间，飞行了 260 米。人们梦寐以求的载人空中持续动力飞行终于成功。人类动力航空史就此拉开了帷幕。

资料来源：根据互联网公开信息改编。

[思维索引]

（1）继承他人的研究成果。李林塔尔在 1896 年试飞中不幸遇难逝世的消息，促使莱特兄弟开始关注航空和飞行的问题。在最开始的两三年，他们主要是进行一些航空入门，阅读有关书籍以加深对于航空的了解。此时，他们的航空研究仍属于业余状态，并没有立志进行飞机研究。他们在开始认真对待飞行问题后，就感到不那么简单，问题成堆。但兄弟俩没有闭门造车、闷头研究，而是首先求助科研机构。1899 年 5 月，威尔伯给相关科研机构写信求助，向他们索取与航空有关的资料。科研机构给他们提供了一份清单。在仔细地阅读了这些文献之后，兄弟俩惊奇地发现，在飞行问题上，人类已经花费了大量时间和金钱，而且有那么多杰出的科学家和发明家都在这方面进行过研究，兄弟俩深深感到自己原来对航空知识的了解竟然是那样的少。

通过研究这些资料，兄弟俩获得了重大启示：一是学到了许多基本的、系统的航空知识，特别是设计飞机所必需的基本部件和空气动力学知识，这使他们从一开始就有了较高的起点，避免了走很多弯路；二是认识到飞机研制面临的重重困难，认识到前人存在的不足，从而想到飞机研制应该采取正确的方法。当时，一位名叫塞缪尔·皮尔庞特·兰利（Samuel Pierpont Langley）的发明家受美国政府的委托，制造了一架带有汽油发动机的飞机，在试飞中坠入大海。莱特兄弟得知这个消息，便前去调查，并从兰利的失败中吸取了教训，获得了很多经验。他们对飞机的每一部件进行了严格的检查，制定了严格的操作规定——这是莱特兄弟与其他飞机研究者的不同之处。在他们之前，制造动力飞机的人很多，但很少有人认真研究并充分吸取前人或同时代人失败的教训。

（2）强调观察和实验的重要性。莱特兄弟对鸟类的飞行进行了大量观察。他们常常仰面朝天躺在地上，一连几个小时仔细观察鹰在空中的飞行，研究和思索它们起飞、升降和盘旋的机理。当年他们提出的许多新颖想法，都在以后的航空工业中得到了应用。例如：他们发现鸽子的翼尖沿着一个横向轴摆动，这样就可以控制它的横向平衡。莱特兄弟把这种方法成功地用于飞机设计上，就是所谓“翼尖曲翘”的控制方法。

为了研究飞机的稳定控制性，1899 年莱特兄弟首先制作了一个 1.5 米宽的滑翔机，目的是通过试验证明他们发现的保持平衡的翼尖曲翘方法的有效性。试验结果是肯定的，这给予他们极大的信心。于是在 1900—1902 年间，莱特兄弟又先后制作了 3 架试验用的全尺寸滑翔机，并用它们进行了无数次试验飞行。试验飞行之后，莱特兄弟分别对展弦比、翼面积、翼面弯曲度进行了调整，对水平安定面和垂直安定面进行了改装，使滑翔机的稳定性和操控性得到了很大改善，升力也得到了较大提高。1902 年 9 月末，在用第 3 号滑翔机试飞时，威尔伯的最好成绩达到 26 秒内滑翔 190 米，奥维尔的最好成绩达到 21 秒内滑翔 188 米。这个巨大的成功使得莱特兄弟极度兴奋，他们感到给飞机加装发动机的时机到了，决定向动力飞行进行最后的冲刺。在此期间，为了获得设计飞机所需要的可靠的数据，莱特兄弟还进行了多次空气动力学的试验。特别值得一提的是，他们自制了一个小型的风洞，风扇功率为 1.5 千瓦，长约 1.5 米，口径为 56 厘米×56 厘米，风速为 27 千米/小时。他们用这个小型风洞进行了几千次试验，研究了 200 多种不同翼型，获得了大量数据，为他们以后的成功打下了坚实的基础。在他们的动力飞机“飞行者一号”试飞取得具有巨大历史意义的成功后，莱特兄弟并没有满足，又设计制造了“飞行者二号”和“飞行者三号”，反复试验，不断改进飞机的性能，克服了快速转弯时的失速、失控的问题，使之能够转弯、圆周飞行、倾斜飞行、8 字飞行、重复起降。到 1904 年 10 月 5 日，“飞行者三号”的最佳纪录是在 38 分 2 秒内飞行了 38.6 千米。“飞行者三号”被看作世界上第一架实用动力飞机。可以说，没有这些试验，就没有莱特兄弟设计制造飞机的伟大成功。

3. 产业创新：福特公司的T型车

想一想

福特公司的T型车是世界上第一条流水线上装配而成的汽车。福特通过改变生产方式，提高T型车产量，从而使汽车价格不断降低成为现实。全新的T型车被称为“便宜小汽车”，走入寻常百姓家，获得了前所未有的成功。从此以后，人类的生活方式和思维方式发生了翻天覆地的变化，汽车时代到来了。可以说，称T型车为“20世纪最重要的汽车产业创新”毫不为过。

19世纪末20世纪初，内燃机已经被发明与使用，并成功运用在汽车上。圆转炉提高了铸铁的效率，之后，更加先进的平炉炼钢工艺迅速成为美国钢铁生产的主要方法。把铁矿石炼成钢铁的鼓风炉越造越大，到第一次世界大战时的日产量已达到1 000吨。1900年，随着美国南部石油油田不断被发现，石油产量取得很大的提升，其价格大幅度降低，大部分工业和家庭开始选择石油作为其动力和取暖原料。20世纪初，美国一跃成为全球最大的经济体。1900年，美国的人均收入比英国多100美元，是法国的近2倍，是日本的近10倍，国民收入远高于其他国家，实现了国家富强、大众富裕，购买汽车成为美国民众的主要消费方式。

1895年，杜里埃兄弟（Duryea Brothers）建立了美国第一家制造汽油引擎的汽车工厂。然而，直到20世纪初，汽车仍然停留在奢侈品层面，只有富人买得起。亨利·福特（Henry Ford）发誓要“制造一辆为大众服务的汽车”。在哈罗德·威尔斯（Harold Wills）的协助下，1908年3月，福特终于成功地推出了设计简洁、价格低廉、耗油量小的T型车。T型车是一种简化了的厢式小轿车，全部黑色。T型车一经推出，便迅速打开了市场，在其后持续的20年里，外观没有太大变化。1913年，T型车的销量达到168 220辆，供不应求。新的生产方式势在必行。

从1913年开始，福特汽车公司就摒弃了旧式的静态组装法，首创一种动态的生产方式：在工厂上部完成各个零件的加工制造之后，通过传送机、管道等方式，运送到下部的各个楼层的生产车间。这些零部件及所有的必需品，全部提前堆放在沿线选定的位置上。将汽车车身和底盘一排60个依次摆开，分别安放在“木马”上，“木马”被放在传送轨道或传送带上，由卷扬机钢索缓缓牵动。受过训练的组装工，每个人只需完成一项简单的任务，随工件移动，时而行走，时而“乘坐”，就可以按程序进行整车的装配。而汽车零部件则按领班和管理人员控制的速度送给工人。这就是如今尽人皆知的“流水线”。在当时，这种生产方式可谓独树一帜。

福特聘请了当时最著名的建筑设计师阿尔伯特·卡恩（Albert Kahn），专门设计并建造了高地公园工厂。经过不断试错，1913年8月，“流水线”大批量生产方式正式投入运行。装配一辆T型车整车所耗费的时间就从原来的约12.5小时缩短为1.5小时。流水线生产方式使福特汽车公司的产量从1908年的6 158辆猛增到1917年的815 931辆，10年间增长了约130倍。每辆T型车的成本和售价也相应地大幅下降，从1910年的780美元，降至次年的690美元，到1914年已降至360美元。

1923 年，一辆 T 型车售价降到了 265 美元。这个价格已经在很多人的购买能力之内。然而，福特还不满足。1914 年，他把工人的薪酬提高了一倍，在福特公司实行 5 美元/日的工资制，这在较广的范围内带动了一次加薪风潮。与此同时，另外一个效果显现出来——想想看，只要花费 3～4 个月的工资，就可以买一辆全新的 T 型车！事实上，相当一部分增发的薪酬，又以购买 T 型车的方式，回到了福特的腰包。“狡猾”的福特用这一招“欲擒故纵”，对汽车的大众消费运动起了推波助澜的作用。T 型车真正做到了“走入寻常百姓家”。

1921 年，T 型车产量已占到世界汽车产量的一半以上。从 1908 年第一辆 T 型车面世到 1927 年停产，T 型车的销售数量多达 1 500 万辆。“福特流水线”也成为标准化产品的机械化生产的代名词。

资料来源：根据互联网公开信息改编。

［思维索引］

（1）个性决定创新。在创新的研究中，创新者的个性往往会被忽视。然而，创新在很大程度上是一种创新者的心理活动，是个性的结果。在 T 型车的创新过程中，福特的个性扮演了重要角色。甚至可以说，T 型车的创新在一定意义上就是福特个性的体现。福特的个性表现在节俭、朴素、实用、大众化等方面。他生于农家，长期做工，具有当时普通人的价值观念。恰恰是这种价值观孕育出了福特颇合时宜的汽车创新理念，即汽车要造得“更多、更好、更便宜”。福特曾不止一次表述他的这一理念：“我将为广大的民众生产汽车。它将大得足以供家庭使用，同时又小得足以让一个人驾驶和保管。它将用最好的材料制造，由最好的工人制造，根据现代机械能提供的最简单的设计制造……但它的价格将如此低廉，让任何一个有一份好工作的人都能拥有一辆，并和他的家庭在上帝展示的巨大空间里享受美好的时光。”最终，他造出了“让农民不再存有戒心的车子（农民曾设置路障，不让汽车通过)”。不仅如此，他还建立了一个遍布各地的经销商网络，“让即使边远地区的美国人也能像买双雨靴那样容易地买到 T 型车”。

个性决定创新的案例，在产业界一而再、再而三地出现。在我国，史玉柱的“巨人王朝”、马云的“阿里帝国”都是他们个人性格的外在体现。在其他国家，百年老店的诞生也往往和创始人的性格息息相关。对此，我们不能不对产业革命中的典型人物的性格进行深入研究，以更加准确地揭示这一过程中创新活动的内涵。

（2）产业创新需要突破性思维。产业的创新需要原始思维模式的突破，这往往需要在原理、技术、方法等某个或多个方面实现重大变革。当其他厂家依然靠手工生产汽车时，福特创造性地将“流水线”的概念付诸实施，改革了工业生产方式。他用动态模式取代了静态模式，把连续生产和自动化、专业化生产集中在一起，形成流水线的装配作业，既降低了成本，又推动了汽车产业的进步。

二、创新思维与解决问题

（一）问题与发现问题

问题是创新的核心，发现问题是创新的起点。我们经常随意地用问题来描述需要改善和创新的情况，不管这些情况是真实存在的或者是想象的。

问题意识是一种能对问题的产生和发展方向做出正确预测的能力。没有问题意识，很多问题就无从谈起，更说不上要去解决它，现状就得不到改善，能力就得不到提升。

1. 问题的含义

问题是目标（或理想）与现实之间的差距，是需要思考或研究才能解决的疑难和矛盾（或题目）。其中，思考或研究的任务就是设计某种行动，这种行动能使事物从其现有的状态达到需要的状态。

读一读

有一家动物园的管理人员公园在饲养袋鼠时，会让袋鼠在篱笆里面跑来跑去，好让所有游客都能清楚地看到袋鼠活动时的情形。但是，动物园的管理人员发现，所有的袋鼠都会跑到长颈鹿那边，这种现象让管理人员很紧张。

因为袋鼠的身高是 1.5 米，而篱笆只有 2 米高，袋鼠用力一跳就可以跳出篱笆。管理人员经过仔细研究以后，决定把篱笆从 2 米围到 2.5 米高。但是，围起来的第二天，袋鼠又统统都跑出去了。管理人员打电话询问动物学家：袋鼠最高到底能跳多高？动物学家告诉管理人员一个事实：袋鼠最高只能跳到 2.5 米。所以说，篱笆应该没有问题，可能是篱笆本身的结构存在问题。管理人员马上将篱笆拍照，迅速传真给动物学家。动物学家发现，果然是篱笆本身的结构不对。因为管理人员没有注意到袋鼠的两只前爪很有力，篱笆是网做成的，袋鼠就是通过网格爬出去了。

因此，管理人员在加高篱笆的同时向内弯折篱笆。因为一旦折进去，袋鼠爬到最上面时自然就会掉下来。完成篱笆改造后的第二天，管理人员发现所有的袋鼠又都跑出去了。管理人员更加奇怪了，百思不得其解，只好将所有的篱笆再加高，并且再加第二道、第三道篱笆，这样的“抗争”持续了很久。但是，一个月之后，管理人员发现袋鼠又全跑到长颈鹿那边去了，于是管理人员绝望了。

为什么现在篱笆的高度已经有 10 米多高了，甚至已经比长颈鹿还要高，袋鼠还是都能跑出去呢？原来，管理人员每次喂完袋鼠之后，总是忘了关门。

资料来源：根据互联网公开信息改编。

2. 问题的类型

根据分类标准的不同，问题的类型也不同。从解决问题的取向上来看，问题可以分为发生性问题、探索性问题、设定性问题等；从对立面来看，问题可以分为显著的问题与潜在的问题、对外的问题与对内的问题、直接的问题与间接的问题、单一的问题与复合的问题、假定的问题与真正的问题、形式的问题与内在的问题等。

一般而言，问题可以划分为三类：一是救火类问题，指的是看得见、已经发生的问题。这是"现在状态"，把它恢复为原来的"应有状态"的问题，这种问题不必特别具有"问题意识"亦能掌握；二是发现类问题，指的是需要寻找的、需要做到更好的问题。这是因为对现状不满足，问题才浮现出来。换言之，"现在状态"已知道，但对"应有状态"应去追究，或去思考。当然，发现"应有状态"需具有强烈的"问题意识"；三是预测类问题，指的是新创的、未来应该如何的问题。这是描绘出"将来应有状态"，和该时点的"现在状态"相比，掌握其差距，即将来与现状经由比较才成为问题。换言之，即"现在状态"是否会无法形成"应有状态"的问题。

3. 问题与问题点

简单地说，问题应该是作为一种结果发生和存在的，而问题点则是隐藏在问题产生的诸多原因之中的。习惯上，我们把引起问题的那些原因称为问题点。

需要注意的是，并不是所有引起问题的原因都可称为问题点，只有那些能够加以解决并且有必要加以解决的原因才能称为问题点，而这些问题点也是我们分析问题时必须关注的重点。

4. 创新始于发现问题

创新活动源于问题，如果没有问题，创新就无从谈起。我们最容易忽视那些最显而易见的事物。而具有创新意识的人，能够从眼前那些最不起眼的现象中发现问题，找到创新的种子。观察能力是进行创新的基本能力。观察是思维材料的来源，是认识活动的起点。人类历史上许多重大发现、发明和设想，都起源于对事物的细心观察。生活中，我们要注意观察事物的客观性、系统性、准确性和典型性，善于多角度看问题，善于从观察中发现问题，从"学答"到"学问"。

读一读

1948年秋日的某天，万里晴空，瑞士工程师乔治·德·梅斯特拉尔（Georges de Mestral）看到天气如此之好，便带上爱犬外出打猎。一出门，狗狗就撒开了欢，满林子里乱窜。打了一上午猎，梅斯特拉尔感到有些累，就找了个地方，打算稍事休息，恢复体力。谁知，刚刚坐下，梅斯特拉尔一下子又站了起来，隐隐觉得被什么东西扎了一下：原来自己一屁股坐在了一种叫作牛蒡草的植物上了，这种草上长满了刺果，自己肯定是被扎到了。于是他换了个地方坐下，马上又疼得站了起来，仔细检查后，他发现牛蒡草的刺果挂在了自己的裤子上，只得将其逐一摘干净。

吃过饭，梅斯特拉尔又开始招呼自己的爱犬，狗狗闷闷不乐地跑了过来，梅斯特拉尔伸手摸了摸狗狗却被扎了下手，定睛一看，爱犬身上扎满了刺果，低声呜咽地望着自己，可怜兮兮，他只好放弃打猎计划，着手去除爱犬身上的刺果。然而，他花了很长时间也没有把狗狗清理干净。他不禁疑惑，牛蒡草的刺果怎么会有这么大的黏着力呢？衣物、还是动物毛，它都能黏住安身，而且，显然它更青睐狗毛。在好奇心驱使下，梅斯特拉尔带了一些牛蒡果回去研究，在显微镜下观察，他发现牛蒡果上有无数小钩，正是这一个个的小钩，让它结实地粘在织物和动物毛上。

了解到原理后，梅斯特拉尔想，能不能仿照牛蒡果的结构，制出一种牢靠的搭扣呢？经过了半年的试验，他成功了，终于创造出了一种新型搭扣——“纬格罗”，由A、B两块织物构成，A布织有许多钩状物，B布上则织有许多小圆球，轻轻一对，它们就紧紧地黏在一起。

不久，“纬格罗”就被推广到全世界，经过后来的不断研究、改进，实现了批量生产，广泛地被应用于各行各业，如电子、家居、汽车、飞机、工艺品等，要是说这是20世纪最重要的50项发明之一，也一点不为过。

资料来源：根据互联网公开信息改编。

（二）界定与分析问题

1. 正确地界定问题

要正确地界定问题，就要做到以下三点：一是认清解决这个问题要达到什么目的；二是正确地描述问题；三是站在更高层次上认识问题。

界定问题是解决问题的基础。美国著名哲学家、教育家约翰·杜威（John Dewey）曾说过，一个界定良好的问题，已经解决一半了。界定问题要弄清楚问题的性质、范围、程度和特点。界定问题的性质就是要清楚“这是什么问题”；界定问题的范围是指清楚问题发生以及影响的广度，即问题影响所涉及的范围；界定问题的程度是指清楚问题发生或影响的深度，也就是问题影响的严重程度，主要应从发生问题的后果角度进行界定；界定问题的特点是指清楚所发生的问题与其他类似情况有何不同，存在什么特别之处。

总而言之，界定问题就是研究清楚到底要解决什么问题。如果还没看清问题，一开始就直接找方法，很容易陷入盲目尝试的误区。只有正确地界定问题，才能有一个解决问题的最佳着眼点。

读一读

查理是许多公司的企业管理顾问，他闯荡江湖的绝招就是“问问题”。

有一次，一家专门在欧洲机场做咖啡餐饮的连锁公司请查理帮忙，想找出提升业绩的方法。查理把几个机场的店长找来，然后开始问问题。

“你们感觉业绩不能提升的最大问题是什么？”

“人太多。”其中一个店长说。

“什么意思？”

“就是店里老是客满。”

“客满有什么问题？”

“你知道，在机场的旅客进了咖啡店，一屁股坐下来就不动了，一直等到要登机才会起身。他们不会多点东西，只是占着位子……"

"对，其他客人也进不来，所以店里老是客满，看起来好像生意很好，其实业绩不佳。"另一个店长附和道。

"好，问题是旅客占着位子不走，那怎么办？怎么让客人快点走呢？"查理问。

"把椅子换成硬的，让他坐得不舒服，这样他们就待不久。"

"我的办法是盯住客人，只要他的杯子一空，就过去清理桌子……"

"如果客人不动呢？"

"我刚才没说完，接着问他要不要再点些什么。"

"如果客人不再点单，那应该怎么办？"

"那就叫每个服务员每隔30秒就过去问他要不要再点些什么。"

"不，说正经的，我认为可以在每张桌上装个定时器，坐得超过时间就加钱，跟出租车一样，时间也算钱嘛！"

"不，这不实际，我认为只要加收座位的钱，很多人就会选择站着吃喝，吃喝完就走人。"

"不，加收不好，不如把带走吃的算便宜点……"

大家你一言，我一语，查理眼看大家吵得快不可收拾了，赶快拉回正题，说："好，大家刚才说的都是要做些什么才能让客人早点离开，有没有不做什么就可以达到目的的办法？"

"不做什么？关店不卖东西吗？"

"有点接近了，你们有没有注意客人在店里眼睛都在看哪里？"查理提示。

"看航班显示屏！"

"客人在咖啡店里，都是等着要登机。如果有航班显示屏，他们就会安心等待，不怕不清楚状况。"

"所以，如果把航班显示屏关掉，假装坏掉，他们便坐不安心，一定不会坐很久的。"

"一直都关掉吗？"

"不，等客人少了，便把显示屏打开，其他的客人就会进来。"

"然后呢？"

"等客人多了，再把显示屏关掉，假装出了故障。"

"各位，你们真是一流的店长，我想我们找到答案了。"查理很兴奋。

后来，这家机场连锁餐饮公司果然业绩大增。

所以，找不到答案的时候就找问题，问题找到了，答案自然就出来了。

资料来源：根据互联网公开信息改编。

2. 准确地描述问题

6W2H法，也叫八何分析法或6W2H标准化决策和评价模型，是一种通用决策方法，当然它也是一种通用创造技法。在企业管理和日常工作生活和学习中有着十分广泛的应用。6W2H法是一个以价值为导向的标准化思维流程。人们在追求理想和目标的过程中，都要从目标（Which）→原因（Why）→功能（What）→场所（Where）→时间和程序（When）→组织或人（Who）→如何做（How to do）→价值（How much）八个方面提出问题，并从中选择性价比最高的方法和路径来实现预定目标。

（1）目标（Which）——选择对象。公司选择什么样的道路？公司选择什么样的产品？例如：在住宅工业化的过程中，是选择钢结构、木结构还是预制混凝土结构？是做项目型公司还是做产品型公司？

（2）原因（Why）——选择理由。为什么要生产这个产品？能不能生产别的？例如：如果现在做项目型公司不挣钱，能不能做产品型公司？

（3）功能（What）——功能如何。这个产品的功能如何？它能满足哪些客户和人群的需求？例如：对房地产开发商而言，小户型酒店式公寓的功能与本质是投资需求还是单身白领的过渡性住房需求？

（4）场所（Where）——什么地点。生产是在什么场所进行的？为什么偏偏要在这个地方？换个地方行不行？到底应该在什么地方？这是选择工作场所应该考虑的。例如：对房地产开发商而言，小户型酒店式公寓建设在经济开发区是否合适？又如："到有钱的地方去赚钱"不仅适合房地产公司的开发区域选择，也适合个人就业地点的选择。

（5）时间和程序（When）——什么时候。时间与节奏的把握是十分重要的，例如：制造企业的"Just-In-Time"理念、房地产大盘的"分期开发、分期开盘"理念。

（6）组织或人（Who）——选择责任单位或责任人。这个事情是谁在负责？为什么要让他负责？如果他是"万金油"，那么根据《道德经》中"知者不博，博者不知"的论断，是不是可以将"博者"换为"知者"？

（7）如何做（How to do）——如何提高效率。如何提高效率？最简单的法则就是采用标准化产品。如果公司的组织比较完备，那么是否还可以采取"帕累托改进"？如果公司的组织还不够完善，是否可以采用"卡尔多-希克斯改进"。

（8）价值（How much）——性价比如何？《道德经》有云："三十幅共一毂，当其无，有车之用。埏埴以为器，当其无，有器之用。凿户牖以为室，当其无，有室之用。故有之以为利，无之以为用。"意思是：用三十根辐条制造的一个车轮，当中空的地方可以用来装车轴，这样才有了车的作用。用泥土烧成的器皿，当中空的地方可以用来放东西，这样才有了器皿的作用。因此，万物皆有其价值，可以利用，物与物的交换以价值为基础，有可以换无，无可以换有，一切取决于个人心中的性价比。

一般而言，可以通过以上八个方面选择和确定创新问题，并将其作为创造活动的对象。如果从这八个方面已经找不出需要解决的创新问题，可以认为该对象暂时没有改进的必要。

3. 清楚地分析问题

提出问题并对问题进行准确描述后，我们便需要用适当的方法对问题进行分析。常用于分析问题的方法主要有以下几种：

一是 YY 提问法。YY（Why Why）提问法是人们常用的一种反复提问法，通过不断地问“为什么”，挖掘问题产生的所有原因，直到找到根本的原因为止。

二是因果分析图（又称鱼骨图分析法）。因果分析图由日本管理大师石川馨发明，故又名石川图。它是一种发现问题“根本原因”的方法。其特点是简洁实用，深入直观。因果分析图看上去有些像鱼骨，又称鱼骨图。问题或缺陷（即后果）标在“鱼头”外。在“鱼骨”上“长出鱼刺”，并按出现机会的多寡列出可能产生问题的原因，这有助于说明各个原因之间是如何相互影响的。

三是逻辑树分析法。逻辑树分析法是一种有条理的计划方法，能确保目标和行动计划之间的直接因果关系。逻辑树是将问题的所有子问题分层罗列，从最高层开始，并逐步向下扩展。把一个已知问题当成树干，然后考虑这个问题和哪些问题或者子任务有关。每想到一点，就给这个问题（也就是树干）加一个“树枝”，并标明这个“树枝”代表什么问题。

四是帕累托分析法。帕累托分析法（Pareto Analysis）是制定决策的统计方法，用于从众多任务中选择有限数量的任务，以取得显著的整体效果。帕累托分析法使用了帕累托法则，即做 20%的事可以产生整个工作 80%的效果的法则。

（三）两种解决问题的有效方法

1. 六顶思考帽

六顶思考帽是法国心理学家爱德华·德·波诺（Edward de Bono）博士开发的一种思维训练模式，这也是一个全面思考问题的模型。它提供了“平行思维”的工具，避免将时间浪费在互相争执上。六顶思考帽强调的是“能够成为什么”，而非“本身是什么”，是寻求一条向前发展的路，而不是争论谁对谁错。运用六顶思考帽，将会使混乱的思考变得更清晰，使团体中无意义的争论变成集思广益的创造，使每个人变得富有创造性。

具体而言，六顶思考帽是指使用六种不同颜色的帽子代表六种不同的思维模式。任何人都有能力使用以下六种基本思维模式：

（1）白色思考帽。白色是中立而客观的。戴上白色思考帽，人们思考的是关注客观的事实和数据。

（2）绿色思考帽。绿色象征勃勃生机。绿色思考帽寓意创造力和想象力，具有创造性思考、头脑风暴、求异思维等功能。

（3）黄色思考帽。黄色代表价值与肯定。戴上黄色思考帽，人们从正面考虑问题，表达乐观的、满怀希望的、建设性的观点。

（4）黑色思考帽。黑色代表质疑与否定。戴上黑色思考帽，人们可以运用否定、怀疑、质疑的看法，合乎逻辑地进行批判，尽情发表负面的意见，找出逻辑上的错误。

（5）红色思考帽。红色是情感的色彩。戴上红色思考帽，人们可以表现自己的情绪，也可以表达直觉、感受、预感等方面的看法。

（6）蓝色思考帽。蓝色思考帽负责控制和调节思维过程，即负责控制各种思考帽的使用顺序，规划和管理整个思考过程，并负责做出结论。

读一读

作为思维工具，六顶思考帽不仅被世界许多著名商业组织采用，也被美国、日本、英国、澳门等50多个国家在学校教育领域内设为教学课程。六顶思考帽在解决讨论教学法中出现的问题时所起的作用如下：

第一，六顶思考帽在讨论教学法中的应用较好地解决了讨论效率低、变讨论为个人攻击的问题。在小组讨论教学法中，小组就是一个典型的团队。在准备较好的讨论中，讨论本身是真正的思维和观点碰撞、对接的平台，而我们在其中难以达成一致，往往不是因为某些外在的技巧不足，而是因为从根本上对他人观点的不认同。在这种情况下，六顶思考帽就成为特别有效的沟通框架。所有人要在蓝帽的指引下按照框架的体系组织思考和发言，每一组学生在同一时间各自带上不同的思考帽，各自去思考问题的一个侧面，不仅可以有效避免冲突，而且可以就一个话题讨论得更加充分和透彻。因此，讨论教学法应用中的六顶思考帽不仅可以压缩讨论时间，还可以加强讨论的深度，提高讨论效率，减少个人攻击。

第二，六顶思考帽在讨论教学法中的应用提高了学生的参与广度。在讨论教学法中，我们常常看到讨论为少数学生所把持的现象，其他学生的参与度不够。这一问题的产生主要是由部分学生（尤其是成绩欠佳的学生）讨论前准备不足导致的。假设一个人需要考虑某一个任务计划，那么有两种状况是他最不愿面对的：一种是头脑之中的空白，不知道从何开始；另一种是头脑的混乱，过多的想法交织在一起造成思维的淤塞。六顶思考帽可以帮助其设计一个思考提纲，按照一定的次序思考下去，它只能允许思考者在同一时间内只做一件事情。思考者要学会将逻辑与情感、创造与信息等区分开来。

就这个思考工具的实践而言，它会让大多数人感到头脑更加清晰，思维更加敏捷。因此，六顶思考帽可以为那些能力不足的学生提供讨论前准备的思路，做好了准备，就必然会引发其参与讨论的积极性和主动性。

第三，六顶思考帽在讨论式教学法中的应用能够有效减少甚至避免讨论离题的现象。在讨论教学法中，学生由于讨论中的一些问题而转移讨论中心的现象也屡见不鲜，这除了与讨论的题目及组织有关外，与讨论中学生的思考和控制也有一定的关系。六顶思考帽限定了思考的界限和范围，要求在同一时间只讨论问题的一个方面，只戴一顶帽子，而问题所有方面的思考又是在蓝帽子指挥下进行，从而有效避免了讨论偏离主题现象的出现。如在讨论进行前，教师和学生首先使用红色思考帽，确定需要达到的目标；其次，使用白色思考帽收集信息，使用绿色思考帽帮助发现可能的解决途径，使用黄色思考帽从可能的方法中找出最好的；再次，使用黑色思考帽找出缺点和不足；最后，使用红色思考帽评估选择最好的办法；而蓝色思考帽要自始至终地控制参与整个思考过程。六顶思考帽从一开始就为我们限定思维框架，使我们沿着框架逐一思考，这样我们就能很好地控制自己的思维，而不为问题复杂的方面所左右。没有了这种复杂导致的混乱，学生在思考问题时也就减少了离题的可能性。

六顶帽子的思考模式，是一种因于环境与角色，可以发挥每个人长处，并可以有效地解决各种困难的完整的思考模式。六顶思考帽的方法直接关注和约束人们的行为，而不是力图改变人们的思想个性，不但适用于成年人，而且可以直接运用于青少年的思考与探索过程。它在讨论教学法中的应用就证明了它在解决教育教学问题方面巨大的潜力。

资料来源：根据互联网公开信息改编。

2. 思维导图

思维导图（The Mind Map）是表达发散性思维的有效图形思维工具，它简单又有效，是一种实用的思维工具。

思维导图运用图文并重的技巧，把各级主题的关系用相互隶属与相关的层级图表现出来，把主题关键词与图像、颜色等建立记忆连接。思维导图充分运用左右脑的机能，利用记忆、阅读、思维的规律，协助人们在科学与艺术、逻辑与想象之间平衡发展，从而开启人类大脑的无限潜能。思维导图因此具有人类思维的强大功能。

思维导图是一种将思维形象化的方法。放射性思考是人类大脑的自然思考方式，每一种进入大脑的资料，不论是感觉、记忆或是想法——包括文字、数字、符码、香气、食物、线条、颜色、意象、节奏、音符等，都可以成为一个思考中心，并由此中心向外发散出成千上万的关节点，每一个关节点代表与中心主题的一个联结，而每一个联结又可以成为另一个中心主题，再向外发散成千上万的关节点，呈现放射性立体结构，而这些关节的联结就可以视为记忆，如同大脑中的神经元一样互相连接，也就是个人数据库。思维导图又称心智导图、脑图、心智地图、脑力激荡图、灵感触发图、概念地图、树状图、树枝图或思维地图。

读一读

请在30秒内将下面21个词语记下来：樱桃园、香蕉、菠萝、黄色、樱桃、开花、果核、加勒比海、热带的、橘子、带尖的、鸡尾酒、钾、苹果、医生、走开、夏娃、馅饼、果汁、柑橘类、维生素C。

用常规方法很难在短时间内记住上述多组看似毫无关联的词组，但是当我们厘清各个词组之间的关联并将其图形化后，记忆的难度便降低很多，如图3-1所示。

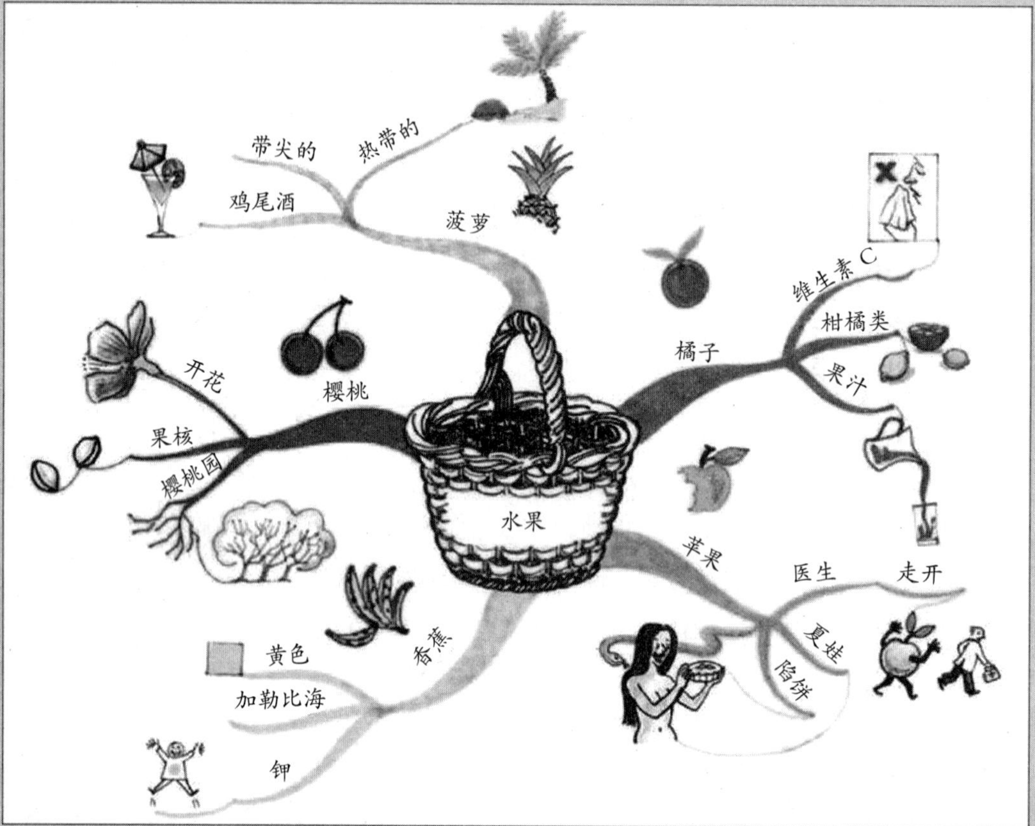

图 3-1 思维导图

三、创新思维的应用

（一）模仿创新

模仿创新即通过模仿而进行的创新活动，一般包括完全模仿创新和模仿后再创新两种模式。伴随着经济全球化，我国中小企业在国际、国内市场上面临的竞争将更加激烈。中小企业如何依靠技术进步求得生存与发展，如何依靠技术优势扩大市场占有率是当前我国经济发展面临的一个重要课题。创新是企业持续发展的根本所在，而中小企业因其经营环境及自身能力的制约，常常陷入需要以创新推进企业发展却又难以承担创新投入与风险的两难困境。模仿创新是中小企业创新模式的一种理性选择。“先驱”有时候也会成为“先烈”，例如：第一个做图形操作系统的不是微软或者苹果，而是施乐。

练一练

1996 年 11 月，ICQ 诞生，瞬间风靡全球，到 1998 年已经垄断了我国即时通信市场。作为全世界第一款互联网即时通信软件，ICQ 在获得大量用户追捧的同时，引来了众多的模仿者，QQ也是其中之一。1998年，ICQ被美国在线以2.87亿美元收购，那时其用户数已经超过1 000万。

1999年，QQ推出。当时的QQ只有两个员工，也就是创始人马化腾和张志东，他们蜗居在深圳的一个民房里埋首研发半年而成的初代产品受到了普通民众的欢迎，而在很多“社会精英”看起来，这就是ICQ的“国产山寨”。

2010年，腾讯市值达300亿美元，而ICQ估值仅3亿美元。2013年，ICQ被俄罗斯DST公司以1.875亿美元收购。

2015年，腾讯市值达2 062美元，而ICQ估值仅2.7亿美元。

那么问题出现了，在腾讯开发即时通信软件的时候，ICQ早已成熟并进入我国市场，而且已经有三款汉化的产品在被使用，QQ是怎样后来居上的呢？其实，最初的QQ很粗糙，但是中文界面使得QQ迅速引起了市场的关注。如果仅仅如此的话，QQ不可能获得后来的成功，因为这个时候市场上已经相继诞生了一批同类型的即时通信软件，如PICQ、TICQ、GICQ、新浪寻呼、雅虎即时通等。

此时如果只是凭借单纯的模仿，QQ很快会成为互联网业的又一个泡沫。但凭借一系列的创新技术，QQ迅速在同类型软件中杀出重围。

在竞争方面，ICQ在被美国在线购买后，三位创始人因为不愿意离开以色列而退出，财大气粗的美国在线此时正在浏览器市场上与微软“死磕”，所以并没有投入精力于ICQ。张志东后来曾与美国在线的高管在一个场合交流，他问对方，为什么在购买了ICQ之后却没有好好经营？对方竟不知如何回答。国内的三个汉化对手——台湾资讯人受到种种政策上的限制，始终不知道如何经营格局庞大的内地市场；南京北极星是一家主业为棋牌游戏的公司，在即时通信软件上缺乏坚决的投入；飞华开发的PCICQ只是广州信息港众多服务项目中的一个，从来没有被看成是一个战略性的产品。

在技术方面，腾讯做了几项日后看来非常成功的微创新，这决定了腾讯后来的地位。

第一，ICQ的全部信息存储于用户端，一旦用户换电脑登录，以往添加的好友就会消失，而QQ的用户资料存储于云服务器，在任何终端都可以登录聊天。

在第一次技术讨论会上，马化腾提出了一个听上去与技术无关的、很古怪的问题：“我们的用户会在哪里上网？”在1998年底的美国，个人计算机已经非常普及，很多中产家庭拥有一台以上的计算机，绝大多数的白领都有属于自己的计算机，可是在当时，中国人均拥有计算机的数目尚不足1%，当时全国有240万网民，70%以上是25岁以下的青少年，他们都没有属于自己专用的计算机。1996年5月，在上海出现了第一家网吧——威盖特电脑室，经营者购置了50台计算机，以每小时40元的费用供年轻人使用。到1998年底，全国出现了近一万家网吧，使用价格也下降到每小时10元至15元不等，这些网吧成为中国青年网民最重要的上网场所。在腾讯公司当时所在的办公楼二楼，就有一个规模不小的网吧。马化腾的问题指向一个微妙的技术创新点：ICQ把用户内容和朋友列表都存储在电脑的客户端上，“在美国，这几乎不是一个问题，因为每个人都有一台自己的电脑，内容放在哪里都无所谓。可是在中国就大大不同了，那时还很少人有自己的电脑，用的大多是单位的，或是网吧里的电脑，当他们换一台电脑上线的时候，原来的内容和朋友列表就都不见了，这是一件让人非常烦恼的事情”。而无论是资讯人，还是北极星或飞华都没有发现，或是故意忽略了这个问题。但腾讯解决了这个痛点：在技术底层上，腾讯将朋友列表从客户端搬到了服务器，避免了网吧用户丢失好友的烦恼，任何人在任何一台电脑上网，都能找到自己的朋友列表。“这个技术难度其实是不大的，关键是我们把它当成最重要的事情来看待，适应了当时中国的上网环境。”负责后台架构的张志东说。在张志东的支持下，腾讯大胆采用了UDP网络协议技术，而不是ICQ所采用的TCP协议，这虽然使开发的难度加大，却可以大大节约服务器的成本，使得腾讯可以在资金非常窘迫的情况下，坚持更长时间。后来的发展也证实，随着电脑、手机终端更新的速度越来越快，人们对固定设备和场所的依赖越来越低，ICQ将客户信息储存在物理终端上，最终也导致客户流失量越来越大。

第二，依托国情，改善用户体验。

负责客户端开发的吴宵光则解决了软件的体积问题。当时，我国的网络基础建设无法与欧美国家相比，仍处在非常原始的窄带状态中，网速非常慢。吴宵光曾回忆说，“那时国内还没有综合业务数字网（ISDN），上网是用拨号的，普遍的上网带宽是14K、28K，54K就是很快的了，而一个ICQ的软件下载起码要有3到5兆的体积，1兆相当于1 024K，下载一个软件要几十分钟，速度之慢是可以想象的。”这时候，吴宵光发挥了他的技术天才，把整个软件的体积控制在了220K。张志东说：“刚刚开发完第一个内部版本的时候，全部完成只有220K，我拿给马化腾看，他不太相信，以为是没包括动态库打包的部分，实际上这已经是完整的独立可运行版本。”在当时的带宽条件下，用户下载这样的一个版本只需5分钟左右，相对于其他类似ICQ的产品，无疑是“杀手级”的。外界评价第一版QQ是“一个不可多得的天才产品，体积很小，但是深度很大，一直到用户发展至一亿级时，仍然能够支撑”。张志东否定了这个传言，他说：“在1999年，以当时团队的经验，最初只能支持几千人在线，架构支撑能力的扩展是被用户一路紧逼出来的。”

第三，QQ首创离线消息发送功能和隐身登录功能，可以随意选择聊天对象，可以有自己的个性化头像。而ICQ只能在好友在线时才能聊天。

ICQ只能与在线的好友聊天，而且只能按照用户提供的信息寻找好友。QQ则设计了离线消息功能，它还允许用户直接添加当时在线的陌生网友为“好友”，这无疑扩展了其社交功能。

第四，ICQ通过给企业定制即时通信软件获利，而QQ坚持通过面向消费者的免费服务寻求商业化机会。

除了上述的几个创新之外，最初版本的QQ还针对ICQ的缺陷进行了一些修订。例如：ICQ的用户头像显示缺乏个性，统统是一个用户名字和一个标准的头像样式，在线为绿色，离线为灰色；QQ则提供个性化头像选择，它提供了年轻人都很熟悉的卡通形象——唐老鸭、加菲猫、皮卡丘、大力水手等，这让用户能展现自己的个性；QQ还设计了消息提示音，技术团队为了“什么声音听上去很熟悉”而讨论了很久，最后马化腾认定“大家最熟悉的声音是寻呼机的呼叫声”，于是他用自己的寻呼机录下了“嘀嘀”声，这成为最经典的"腾讯音"。

资料来源：根据互联网公开信息改编。

练习： Facebook 在中国的模仿者需要考虑哪些要点，或做出什么样的创新呢?

1. 模仿创新的特点

(1) 积极跟随性。一是体现在技术方面，二是体现在市场方面。在技术方面，模仿创新不做新技术的开拓探索者和率先使用者，而是做有价值的新技术的积极追随者、学习者和改进者。在市场方面，模仿创新也不是独自去开辟全新的市场，而是充分利用并进一步发展开拓探索者所开辟的市场。

(2) 市场开拓性。模仿创新在市场方面同样具有开拓性。开辟新市场、激发新需求是技术创新的一个重要特点和内容，模仿创新亦不例外。模仿创新不仅是抢占开拓探索者已开辟的市场空间，而且包含对新市场空间的进一步拓展和扩充。

(3) "看中学"的积累性。学习积累机制是技术创新中的核心问题，是支持技术创新得以顺利开展的重要基础。开拓探索者的积累主要依赖于自我学习，除了基础知识可来源于外部外，大部分相关知识和专业技能都是"做中学"的结果。而模仿创新的积累来源是多方面的，开始主要是通过"看中学"，即通过观察、选择、模仿率先创新者的行为，从他们的成功和失败中学习，在模仿中吸取大量的外部知识，培养和提高自身的技能。这样有投资少、时间短、效率高的特点，这是模仿创新竞争力的重要根基。

(4) 资源投入的中间聚积性。模仿创新省去了新技术探索性开发的大量早期投入和新市场开发建设的大量风险投入，因而能够集中力量在创新链的中游环节投入较多的人力和物力，使得创新链上的资源分布向总部聚积。这样一方面保证了模仿创新企业并不丰富的创新资源的集中利用，另一方面保证了在工艺改进、质量控制、成本控制、大批量生产管理等方面形成强势技术积累，形成了模仿创新竞争力的又一重要根基。

2. 模仿创新的形式

(1) 内部开发型。内部开发是指没有其他企业的参与和介入，仅依靠企业内部人员进行模仿创新的项目开发。这种模仿创新方式不仅可以防止技术专长的泄露，也可以杜绝合作伙伴有意的机会主义行为。更重要的是，技术开发通常都伴随着知识和信息的交流，以及开发工作效率和自身创新能力的提高，但这种模仿创新方式也存在一定的局限性，它要求中小企业具有较强的科研能力。

(2) 联合开发型。联合开发是指中小企业在平等互利的基础上，结成较为紧密的联系，互相取长补短，共同开发市场，从而有利于自己的创新和发展。采用联合开发战略的中小企业可以更有效地利用有限的资金和技术力量，弱弱联合，优势互补，克服单个企业无法克服的困难和危机，取得模仿创新成果。我国中小企业可采取以下措施：一是行业协作性模仿创新联合方式，即产业相关度较高的若干小企业组成联盟，利用本行业的资源、人才、技术等优势，组成技术开发小组，以合同形式明确规定各方的权利和义务，进行项目开发；二是区域联合创新方式，即由地方科委、企业、大专院校、科研院所等单位本着互惠互利的原则自愿参加，地方科委根据国家的产业政策和经济政策，协调企业、科研院所、金融部门为某一项目成立专门的技术开发小组，以合同形式明确规定各方的权利、义务以及要实现的目标，推动区域科技进步和经济发展。

（3）依托型。依托是指中小企业选择大企业配套的技术项目，作为大型企业的零部件供应商，积极与大型企业保持技术协作，实现企业间的优势互补、协同发展。这种方式一方面可尽量减少与大企业的竞争，另一方面可以利用大企业以求得自身生存。由于大企业的经营规模庞大、市场销售稳定，能够给中小企业带来稳定的市场，因而减少了中小企业的经营风险。而且中小企业通过为大企业配套生产，在资金、技术、市场管理、信息等诸多方面会得到大企业的支持，技术提升速度会大大加快，经营管理经验及创新能力也会大大提升。这些因素都有利于中小企业缩短研究开发周期，降低创新成本。如日本的松下电器公司，与它协作的中小企业约有 1 200 多家，它所需的零部件 70%～80%都是由中小企业提供的。

（4）开放型。开放是指中小企业自身模仿创新的能力很低，不能做到自主开发或联合开发，要依托社会力量来实现技术创新项目的开发，企业所需的技术、资金、人才市场、管理等，都可靠社会力量来提供。中小企业依据自身某一项或某几项特长，如有资金、有设备、有市场、有组织协调能力等，处于模仿创新的主体地位，吸引社会开发力量向企业聚集。这种方式要求企业有较强的协调能力和宽容性，因为企业不可能独占技术创新成果，技术创新成果往往会由多位开发者共享，但是对自身技术创新能力较弱的小企业来说，这是一种合适的选择。这种选择的主要方式是企业与地方科委、科研院所、高等院校等之间的合作。地方科委、科研院所与高等院校是我国智力最密集的地带，聚集着各研究领域的人才。由于中小企业技术力量较为薄弱，无法推动模仿创新活动或难以提高模仿创新的层次水平，只有充分利用社会力量，发挥各自优势，实行技术和资源的互补，才能达到缩短模仿创新周期、提高模仿创新质量、降低创新风险、实现成果共享和共同发展的目标。据美国小企业管理署的资料，在没有大学参与的科学研究与试验发展（Research and Development，R&D）活动中，大、中、小企业的回报率都为 14%，而在有大学参与的 R&D 中，大企业的支出回报率为 30%，中小企业为 44%。

（5）虚拟 R&D 机构。随着社会由工业社会步入知识经济社会，企业 R&D 活动创新的来源无处不在。中小企业可以与高校、科研机构建立长期、稳定、密切的关系，把它们作为企业的 R&D 机构，但在行政上不存在隶属关系，即作为企业的虚拟的 R&D 机构。虚拟 R&D 机构的虚拟性不在于职能上，而在于组织方式和体制上。虚拟 R&D 机构技术研究成果可以作为一种投入要素，折价入股中小企业；中小企业也可以采用技术买断方式，一次性收购。这种方式对缺乏技术力量的中小企业进行模仿创新是极大的补充和加强。以上这些模仿创新方式的划分都是相对的，对于具体的中小企业模仿创新行为而言，其状况是复杂的，中小企业既可以根据企业的情况选择单一的模仿创新方式，也可以综合地选择模仿创新方式。

3. 模仿与“山寨”的区别

“山寨”被用以指代一切复制、抄袭的行为。据了解，“山寨”一词最先来自香港。在香港，小规模经营的工厂或家庭小作坊被称为“山寨厂”，其出产的产品也被港人讥为“山寨货”。在粤语中，“山寨”一词也有“不正规”或“不正统”的意思。具体而言，“山寨”就是指有嫌疑仿冒或伪造第三方产品的行为，其主要特点为仿造性、快速化、平民化。“山寨”的主要表现形式为通过小作坊起步，快速模仿成名品牌，主要涉及手机、游戏机等领域，由此衍生的词汇有山寨机、山寨明星、山寨鸟巢等。“山寨文化”善打擦边球，经常游走在行业政策的边缘，容易引起争议。

模仿与“山寨”的区别在于是否有自己的创新，是否侵犯知识产权。“山寨”是依靠抄袭、恶搞等手段发展壮大起来的反权威、反主流且带有狂欢性、解构性、反智性以及后现代表征的亚文化的大众文化现象。“山寨”是一个含义复杂的抽象概念，“山寨手机”只是一个最广为人知的现象，从手机之外的其他很多行业中，其实都可以找到“似山寨而又非山寨”的现象。将这些现象与“山寨”进行一番比较，有助于我们厘清哪些是“山寨”定义中的核心要素。康帅傅方便面、云碧饮料、斯大舒胃药、旺子牛奶、周佳牌洗衣粉、NLKE 运动鞋……虽然山寨产品使得整个产业的产品更新速度加快，带给消费者所谓“高性能低价格”的享受，但这类产品由于得不到规范，因此，在技术、资金有所保障时，质量尚有可能保证；一旦扩张失衡，资金或技术受限，必定以牺牲产品质量，甚至是安全性为代价。同时，它使得企业自主创新能力下降，给企业创新造成负面影响，严重危害真正的模仿创新。

练一练

西班牙服装品牌 ZARA 的成功模式，可以用“模仿大品牌设计、低价切入市场、迅速更新产品”来概括。这种模式与山寨手机的模式有异曲同工之妙，后者之所以能抢占市场，就是因为它为市场提供了大量低价、多功能、款式新颖的手机，打动了那些与 ZARA 客户一样希望享有“一流设计、二流品质、三流价格”产品的中低端手机客户。然而，它们诞生的基础却有所不同：ZARA 模式的背后，是其高效率的协同供应链运作体系；而山寨手机的背后，则是无数分工明确的小企业对市场做出快速反应的产业链协作模式。

对于创意即是生命的时尚产业来说，ZARA 模式始终摆脱不了不可持续的质疑。在当前的盈利水准下，ZARA 每年支付上千万欧元侵权费尚不致命，但假如停止对顶级品牌的模仿，并不具备敏锐时尚触觉的 ZARA 将何以为继?

资料来源：根据互联网公开信息改编。

练习：请列举一个已经成功的企业或品牌，提出自己的模仿创意。

（二）微型创新

有人说，创新好比站在巨人肩上摘果子，而微型创新就是爬到巨人肩上之后伸出的那只手。创新并不只是狭隘的发明专利，它也可以是对服务流程进行的改进，对售后服务甚至说明书的改造——所有影响用户的改善都是创新。德鲁·博迪（Drew Boyd）和雅各布·戈登堡（Jacob Goldenberg）通过对全球顶尖公司上百种畅销产品的分析发现，创新虽然只是在现有框架内进行微小改进，结果却非同凡响。创新并不意味着颠覆和发明，可能只需要对产品做一些更细致的改进即可。作为普通消费者，我们不难发现，对于我们的日常用品，企业其实只要做出微小改进，感觉就会大不相同。

微型创新就是基于用户需求的应用创新，从小处着手，单点突破，贴近用户需求和心理，快速出击，不断试错的过程。只有通过微型创新的积累，最终才会形成产品革命性的改变。

1. 微型创新的特点

(1) 以改变和挖掘现有技术或创意为基础。科技的发展一直都是以持续微型创新的方式前进的，无论是软件的升级、技术的突破，还是新模式的诞生等，都是众多微型创新在彼此碰撞与组合中产生的，而这些伟大的产品推动了整个人类生活水平的提升。

读一读

小米在进入手机行业时，一个很重要的微型创新就是强调“快”。其实“快”这个痛点一直存在，但在小米之前，没有一家手机公司把“快”当作战略诉求点，其根本原因就是未能深度理解用户。而小米手机使用的技术和造型等基本没有革命性的改变，配置也并非同类产品最高，但其带给用户的最直观感受就是与其他安卓系统手机相比，用好几年后也不会变慢，这一特点吸引了大量原非苹果手机用户。

资料来源：根据互联网公开信息改编。

(2) 低技术难度，每个人都可以参与。微型创新强调的是单点突破、微小集成的创新模式，可以不需要很高难度的技术作为支撑，创新者可以将自己置于客户的立场，根据体验和需求即可进行微型创新。

读一读

在贵州师范学院的智能阳台农业创业项目中，项目组遇到一个难题：如何使客户相信管道栽培蔬菜的安全性，即证明生产出的蔬菜未使用过农药。传统的方法是做一系列农药残留测定，这样做的话，每个样品检测都要耗资数千元，且不能完全使客户信服。后来，项目组采用水培循环的营养液养鱼的方式，利用“鱼对农药和重金属残留非常敏感”这一常识，解决了这个问题。

资料来源：根据互联网公开信息改编。

(3) 低成本，竞争压力小。微型创新往往只是在原方案的基础上做较少的改动，创新和试错成本较低。同时，由于微型创新着眼细微之处，不同企业间创新的着重点不同，因此可以在一定程度上减小竞争压力。

(4) 以想象力为动力。微型创新要求创新者具有良好的想象力。以下六种思维方式在微型创新里有大量体现：一是“关爱别人，自己受益”。二是“打破，才能得生机”。三是“知彼知己，百战不殆”。四是“敢想敢做，不被外界扰动，用自己的目光去审视客户，用自己的办法去解决问题”。五是“想了，就要做”。六是“时时求主动，处处占先机，以最小的代价，求得利益最大化”。

(5) 以微小的改动造成巨大的系统变化。科技创新领域每时每刻都在发生技术突变、模式创新、整合效应等，这些都是微型创新。微型创新是普遍存在的，大到一种新型技术的诞生，小到一种模式的变化，每时每刻都在发生，它们不仅来自大型科技企业，也有很多来自小的创业团队。例如：Pinterest 通过图片美感这种价值维度创造出一种新的互联网模式，现在它的估值已经高达 15 亿美元；手机 QQ 浏览器在一次更新中，把底层架构与功能拆分，形成"平台＋功能插件"的手机软件模式，获得了市场的认可……这些都是非常成功的微型创新。在科技创新领域，任何一种新型技术或者新型模式的诞生，都有可能颠覆整个行业生态，甚至对整个互联网系统产生深远影响，这就类似于蝴蝶效应，即微小的扰动可能会造成系统巨大的变化。例如：360 将付费杀毒改变为免费杀毒，仅这一点的变化，就重塑了杀毒行业。因此，微型创新虽然看似微小，但其实并不微小。

读一读

知识引擎刚刚萌芽时，大家更多关注的是它可能成为下一代搜索引擎，但是其带来的真正影响远非如此。如果从过滤信息角度来看，知识引擎将会具有高效过滤信息的功能，这就意味着"Google＋"能够提供比 Facebook、Twitter 更好的服务，甚至可能远远超越它们；如果从与用户关系的角度来看，现有的绝大多数服务都是跟随着用户的实时需求变化的，当用户需要购物时，就会去淘宝、京东、亚马逊，当用户想看新闻时，就去网易、搜狐、新浪……但是知识引擎完全可以实现用户的绝大多数需求，这些事情它都可以完成，甚至连闹钟都可以"下岗"了。

资料来源：根据互联网公开信息改编。

2. 微型创新的适用范围和思维方法

微型创新适用于已有广泛现存基础性产品或设计的需求市场，是从用户角度出发的应用创新，以微小聚焦、微小迭代的方式满足用户需求。如何深度理解用户，并进一步吸引用户？这就要靠痛点思维和创意点思维。

(1) 痛点思维。痛点，即多数用户使用现存产品时不满意的地方。找痛点是一切产品、创新、营销的基础。例如：搜狗输入法刚起家时，解决了用户一个很小的痛点，那就是帮助用户快速打出"八荣八耻""李宇春"等新的热词。

人人都是痛点的发现者。企业发掘产品缺陷或改进措施的途径，最重要的就是收集用户对产品的建议或回馈。但可惜的是，只有很少一部分企业能够真正重视这些建议或回馈。在经历过初期的多次忽视后，多数用户对提出建议、获得改善的想法失去信心，一旦有新的同类产品可以解决某一痛点问题，用户会很快转向其他商家。

数据挖掘是找痛点的重要武器。例如：京东进入金融领域靠的就是微型创新。京东通过数据发掘和整合，判断出"时效性和经济性兼顾"是小微企业贷款的痛点，于是把贷款审批速度从原先的一天之内提高到分钟级。京东金融推出几个月内，京东的供应链金融总额就达到几十亿元，贷款利率相当于银行基准利率上浮 10%～30%，深受广大小微创业者的青睐。

(2) 创意点思维。微型创新的“微”很多时候体现在解决问题的某个“点”，它可能是问题点、痛点，也可能是切入点、创意点。抓住某个创意点，往往能起到焕然一新的效果。

读一读

盛记有个很“给力”的微型创新：一个可以剪彩的菜，即给一个鱼头煲增加了贵宾剪彩环节。一个一百多元的菜，立马让顾客有了高端、大气、上档次的体验。虽然成本就是一张纸，但背后的用户体验很令人“尖叫”。“尖叫”指数也可作为衡量产品的简单指标，即产品是否被用户在朋友圈转发。

资料来源：根据互联网公开信息改编。

(三) 错位及越位创新

人类文明的发展基本都遵循着“占位→越位→错位”的演化历程。从介入者的角度而言，相应出现了“领先者”“跟进者”和“后来者”三种不同的介入方式。“占位”即“领先者”通过创建行业标准来获得“领先者优势”。“越位”是“跟进者”对“领先者”的赶超，在前人止步的地方起步，以“集大成”的方式把众多领先优势汇集起来，以登上更高的山峰，“越位”需要更多的努力、毅力和实力。而“错位”不是在“越位”止步的地方起步，因为“集大成”之后已经基本没有可供“后来者”继续攀登的余地。因此，“错位”只能选择出乎前人意料而另辟蹊径的道路。这是人类科学文化发展的总趋势。错位及越位创新打破了传统的对称化演进格局，让“后来者”直接以“错位”的方式完成对“领先者”的“越位”。

1. 错位及越位创新的特点

(1) 不对称性。即利用竞争双方在“不对称”状态下关注点和视角方面的差异进行创新。错位是一切智谋策略的“总原理”。强胜弱，凭力；弱胜强，靠智。因为策略的特点就在于靠“智”不靠“力”，从“围魏救赵”到“瞒天过海”、从“欲擒故纵”到“调虎离山”，可以说，以“三十六计”为代表的古代智谋策略的基本原理都在于“错位”，“田忌赛马”也是这样的典型实践。

(2) 非竞争性和非目标性。即避开“领先者”对某些传统目标的优势，避开趋同性的竞争手段，追求独树一帜、别具一格，拓宽自己的空间，即“不做别人做的，只做别人不做的”。

一个实力不强的小微企业，经过细致的市场调研，总会发现强势企业或主流产品的某个弱点，可以集中力量进行优化攻坚，变总体劣势为个体优势而占领市场。上海、广州等高层次市场往往比较注意生产高档次的产品，而忽视高层次市场中也需要的低档次产品，这时，那些实力不强的企业生产一些低档次产品，就可能巧占市场优势。一些中小企业常常选择大厂不能生产，小厂又不愿生产的低档次产品进行生产和经营，也能顺利地将产品打入上海、广州等大城市市场。

读一读

河南三全食品有限公司专业生产饺子、汤圆等速冻食品，早期市场知名度很低，只在河南本地市场上销售。随着企业实力的增强和产品质量的提高，三全逐步将产品打入全国中高层次市场，就是得益于采用了错位竞争。我国不少工业产品也是先打入亚非地区市场，再向欧美市场升级。“错位”转移策略的特点，就是先站稳脚跟，再逐步升级。这是企业占领市场的稳妥之策。

资料来源：根据互联网公开信息改编。

2. 错位及越位创新的基本原理

从策略上讲，错位及越位创新既包括以“差异化”取代“固定性”，也包括拉开“预想”和“现实”之间的“海拔”，即错开竞争者和客户的期待。

人类生存除了离不开“饮食男女”等生理性欲求，还有一点也绝对离不开，那就是“希望”。人总是要生活在希望里，希望产生了期待，期待产生了人类心理活动的所有一切。但是，如果一个人每次得到的恰恰都是他预期的，他反而会失望——不再有“意外”，也就等于谋杀了他的希望。因此，只有“意外”才符合人类潜意识心理的真正预期。

正是基于人类的生理本性和心理属性，“错位”才真正“屡试不爽”。因此，出奇制胜对品牌来讲往往是最佳招数，因为品牌不是个“一次性”概念，品牌精神背后需要的是忠诚，形成“忠诚”的心理基础在于不断的期待，而只有“意外的惊喜”才能让人产生不断的期待，这就要求我们一切策略的出发点都从“错位”——打破对方期待——开始。

（四）颠覆式创新与包容性创新

1. 颠覆式创新

颠覆式创新最早出现在哈佛教授克莱顿·克里斯坦森（Clayton M. Christensen）的《创新者的窘境》一书中，他指出，创新不再等同于科技进步，而是用不同的方法来做事情。克里斯坦森把创新叫作 Disruptive Innovation，即“颠覆式创新”，创业者与其正面迎战行业巨头，不如走跟它们完全不同的道路。例如：大家都在追求产品越来越复杂、功能越来越全面的时候，做一个更简单、更方便、更便宜的产品，就是一种创新。颠覆式创新适用于行业内现有企业忽视或急于摆脱的市场，而非大家都重视的、竞争白热化的市场。

读一读

2013 年，在《创业家》杂志社举办的年度黑马大赛中，安翰光电技术（武汉）有限公司获得冠军。安翰光电夺冠项目的核心在于：其开发了世界首创的遥控式胶囊内窥镜机器人系统。这个很小的胶囊，集成了各种各样的传感器。胶囊进入人体后，医生可以遥控胶囊在体内的运动，了解病变部位的情况。这一产品主要运用于消化道病变的早期诊断。消化道肿瘤是我国最主要的致死疾病之一，相较中晚期，早期消化道肿瘤的发现有着更高的治愈率，但早期检查发现率还比较低，以往的胃镜检查更是一个令患者痛苦的经历：一根长长的管子从喉咙直穿到胃里，即使患者被局部麻醉，整个胃镜的检查过程，患者的感受如同受酷刑一般，呕吐不止，欲哭无泪，做了一次的人再也不想做第二次。可惜的是，饱受胃病折磨的人常常需要做胃镜。这个延续了近百年历史的常规检查，成为胃病患者无法逃避的痛点。安翰光电用颠覆式创新思维解决了这一问题。有了遥控式胶囊内窥镜机器人系统之后，患者喝一口水，吞一颗胶囊，躺二十分钟，就能知道胃里有没有息肉或者其他病变。患者不用再预约麻醉，也不用再忍受胃镜的痛苦，检查完毕，胶囊会随着胃肠道里的食物一起被排出。

资料来源：根据互联网公开信息改编。

2. 包容性创新

由财政部和世界银行联合举办的“亚太地区包容性创新政策论坛（2012）”提出了一个新的词汇——“包容性创新”。简单地说，“包容性创新”就是指“人人能参与创新，人人能分享创新”。创新的内容很丰富，如技术创新、制度创新、产品创新、市场创新、组织创新等。创新的主体涉及面也很广，如政府、企业、社会组织、个人等。强调“包容性创新”，是因为大家看到了一个事实——创新并没有让所有人受益，甚至有些人群因为创新的发展而更加边缘化了。例如：信息技术的快速发展、互联网的深化应用使一些弱势群体与强势群体间的差距进一步扩大了，这就是人们常说的“数字鸿沟”。“包容性创新”关注的核心是弱势群体（或称边缘群体）。这些弱势群体可能是农民、边远地区者、城市低收入阶层，也可能是老人、残疾人、移民、监狱里的服刑人员等。不同的国家，弱势群体的对象可能有很大差别，甚至一个国家内部在不同的发展阶段，其弱势群体的对象也会发生变化。在评价一个系统的包容性创新能力时，要看是否为基层人民提供经济实惠和便利的产品或服务。

（1）包容性创新的概念。即通过创新举措满足低收入消费者各个层次的需求，达到企业和消费者的共赢。包容性创新由包容性增长引申而来。包容性增长是指让每个人都能为经济增长做出贡献并享受成果，它关注的是宏观经济层面，强调政府的角色与作用，通过对宏观经济的调控让低收入群体获益。而包容性创新则是站在企业的角度，通过创新实现企业的“包容性机会”。“包容性机会”即为企业通过创新举措满足低收入消费者各个层次的需求，达到企业和消费者的共赢。追求共赢是包容性创新的核心理念：一方面，消费者从包容性创新中获得对产品和服务需求的满足，改善生活质量，甚至提高收入；另一方面，企业通过包容性创新发现新的市场，获得盈利，实现持续增长。

（2）包容性创新的途径。在实施包容性创新时，企业需要遵循一些基本原则：瞄准消费者需求；创造价格优势；实现共赢。从消费者的需求层次入手，再结合我国的包容性创新实践，存在三种可能的包容性创新路径：

第一，满足基本生活需求。企业聚焦在产品层面，根据消费者的期望重新设计产品，以满足消费者对产品的需求。虽然一些产品对成熟市场的消费者来说已经是生活必需品，但对于低收入群体，可能尚未普及；有些产品则价格昂贵，低收入群体虽然有需求，但是负担不起；还有一些针对成熟市场的产品可能根本不适合低收入群体，即使有能力消费，消费者也会觉得没有给自己带来任何价值而压抑需求。同时，低收入群体大多分布在农村地区，居住分散，基础设施建设不足，导致产品和服务的渠道无法下沉，消费者即使有需求也存在“买不到”的尴尬局面。针对这些情况，企业应当采取低价、高质、贴近消费者的创新举措，如很多国企推行的“家电下乡”活动等。

第二，满足谋生需求。实现包容性增长的一个重要方式是通过增加就业来摆脱贫困。同样，企业可以通过包容性创新为低收入群体创造就业机会，提高他们的谋生技能。为了实现这一目标，企业要打破消费者自身能力或外部环境的局限，创造“让消费者参与市场活动”的机会，如搭建机会平台、提供就业工具、提供技能培训等。

第三，满足精神需求。除了对物质上的追求，低收入群体也追求精神生活。在这个层面上，企业对消费者的关注已经超出经济范畴，更多地追求包容性创新的社会影响，帮助低收入群体实现生活质量的全面改善。要满足这种需求，企业单靠自身的力量是远远不够的。同时，因为低收入市场较为分散，资源又不足，企业需要进行大量投入，所以通过合作来降低成本和风险势在必行。在寻找合作伙伴的过程中，企业同样要以共赢作为目标，让所有参与者都能获得收益。除了外部的合作，企业同样要在内部整合资源，借助原有业务的积累，推广包容性创新。

练一练

2007年10月，世界银行曾发表过一份报告，题为《释放印度的创新潜力：实现可持续性和包容性增长》，这份报告讨论的是印度如何在保持信息产业、医药卫生等高端产业领先地位的同时，在各个领域推动创新，让创新惠及穷人。

基于此，印度政府进一步提出“包容性创新”理念。由此，印度科技部门的思维方式从“为了科学的政策”转向“为了人民的科学政策”，即金字塔底层的低收入群体不仅应该成为科技创新的受益者，也应该是科技创新的重要参与者。包容性创新在印度不断得到发展壮大，其衡量标准是低投入、高绩效以及可以大规模推广使用。为此，印度政府联合大学、企业出台了系列举措，具体包括：(1) 设立印度包容性创新基金。基金总额为500亿卢比（约合57亿元人民币），专门用于激励传统风险投资不愿意介入的创新链条早期的种子资金阶段，主要支持健康、教育、农业、纺织和手工业等社会民生领域的创新。(2) 设立印度创新型初创企业投资基金，每年投入约100亿卢比（约合11.3亿元人民币），通过公私伙伴关系的组织模式进行管理。(3) 设立印度创新计划。该计划由印度工业联合会与安捷伦公司联合设立，目标是支持草根创新者的创意和发明，印度阿默达巴德管理学院对该计划提供孵化支持，印度工业联合会负责该计划的推广。(4) 设立促进地方创新基金。旨在为各地特色发展问题寻找科技解决方案。(5) 设立促进社会创新基金。支持可能无商业利润但有高社会回报的创意和科技冒险。(6) 探索预算外补助金和创新税收激励的新方式。专门为政府所属研发机构、学术机构和大学中的新思想、新设计以及甘冒失败风险的创意提供支持。(7) 构建“蜜蜂网络”。该网络主要是通过教育、农业、乡村发展、小型企业、研究所等相关机构的帮助，与各类政府和民间机构协作，共同发起全国性创新成果特别是金字塔底层群体创新成果的搜集、展示和推广活动。

在包容性创新的引导下，印度设计出了 2 500 美元左右的汽车、70 美元的电冰箱、45 美元的平板电脑等，其理论和实践得到了国际好评。2012 年，印度国家创新委员会的“创新十年”计划获得欧洲创意战略和创新研究院颁发的赫尔墨斯革新大奖之“最具人性化创新政策奖”。

传统观点认为，创新是昂贵的，需要大量高素质的人才、资金和资源。一般而言，我们会用研发投入经费、科研人员数量、产出专利数量等指标来评价一个系统的创新能力，但按照这些传统指标衡量，在服务业、过程和商业模式的创新就很难被衡量出来。因此，这类市场如被开发出来，则将积少成多，不容小觑。

资料来源：根据互联网公开信息改编。

练习：针对太阳能发电机在山区的应用，提出至少 1 项包容性创新的创意。

(五) 原始创新

1. 原始创新的含义

原始创新是指前所未有的重大科学发现、技术发明、原理性主导技术等创新成果。原始创新意味着在研究开发方面，特别是在基础研究和高新技术研究领域取得独有的发现或发明。原始创新是最根本的创新、最能体现智慧的创新。

2. 影响原始创新的因素

(1) 科学创新能力的积累。科学创新能力由现有的科学人才、研究经费、图书情报、仪器设备等有形因素和科学体制、科研管理、科研环境等无形因素综合形成。一个团队的科学创新能力对其原始创新起着最基本的制约作用，体现其整体科研能力。

(2) 基础研究人才的积累。即合理数量及结构的基础研究人才的积累。科学范式的转换和变革往往不能由一个或几个杰出的科学家去实现，必须依靠团队和几代人的努力。

(3) 学术传统的积累。学术需要传统，它可以使年轻人知道哪个问题值得研究，哪个方向有发展前途，对一个国家的科学发展至关重要。但学术传统不是一两年，甚至 10 年、20 年就可以建立起来的，它是一个国家在科学研究方面的较长时间的历史积淀。学术传统可以是区域性的，也可以是某个机构所特有的，例如：波敦克效应（Podunk Effect，马太效应的一种表现形式）指的就是科学家因所处的机构不同造成科研成果产出的差异。据统计，在百余年诺贝尔科学奖的历史中，世界排名前 5 名的研究型大学的获奖人数占获奖总人数的 37%。因此，在创新研究中应该强化创新基地的名牌效应。

(4) 学术思想或知识的积累。任何原创性的思想都是继承与发展的辩证统一。每个科研人员都必定在自己的科研生涯中，以某种方式与以往的学术思想或知识发生联系，或是接受它，或是抵御它。

(5) 个体的积累。既包括科研人员个人经验或经历的积累，如参与较高层次的科研、学术交流活动，与高精尖的科学家共事等，也包括家族知识基因的遗传和家庭教育等方面的代际积累，这在一定程度上构成了有原创性贡献的科学家的"天赋"，体现在他们对前辈的价值理念、治学态度、研究方法以及思维习惯的潜移默化的继承上。

能力训练

一、案例分析

城市的家中也能种菜

2014 年，陈某从一所农业大学食品科学专业毕业，成为一名按部就班的"上班族"，但他不甘于每天过同样的生活，毕业没两年，就辞职"下海"了。

陈某回到母校，依托母校的创新创业学院开始了自己的创业之路。他的创业想法是：现在人们大多居住在楼房，吃的蔬菜都是从市场上购买的，如果能够开发出一种在家里也能种菜的设备，也许会有销路。

2016 年，陈某开发出了第一代蔬菜种植盘，通过水培营养液在室内完成了绿色蔬菜的种植。这个种植盘虽然工艺简单，但是很受小学生欢迎。学生们可以通过水培蔬菜观察植物生长过程，种植盘短短一年时间就卖出了 3 万套。但这并不是陈某理想中的种菜机，他想研发出一种像家用电器一样摆在家里、既能种菜又具有观赏作用的机器。于是，他又开发出了像大型鱼缸一样的种菜机，利用灯光来补充阳光照射的不足。在新设备开发的过程中，陈某充分寻求母校的支持，其所需的水培营养液也由他与自己的老师、同学共同研制完成。

通过不断完善，这个种菜机现在已更新到了第四代，实现了种菜、养鱼一体化，如今已经进入不少家庭和餐厅。

资料来源：根据互联网公开信息改编。

思考：陈某创业成功的因素有哪些？

二、能力测试

创业与创新有着本质上的契合，创业在本质上是人们的一种创新性实践活动。从某种程度上讲，创新的价值就在于将潜在的知识、技术和市场机会转化为现实生产力，实现社会财富的增长，造福于人类社会。而实现这种转化的根本途径就是创业。

下面是一份创新创业项目设想，请你根据给出的项目名称、项目简介、项目背景、项目解决的问题、项目内容等信息，运用创新思维，为该项目制定经营策略（提示：可以从人力资源、宣传方式、融资手段、优惠策略、店面设计等方面入手）。

（一）项目名称

"宠物一条龙服务"创新创业项目。

（二）项目简介

如今，随着人们对宠物钟爱程度的提升，越来越多的商家开始重视宠物市场的消费潜力，"宠物经济"日趋红火。许多大城市都开设了多家宠物用品店、宠物美容店、宠物医院等。据了解，许多宠物用品店、宠物美容店和宠物医院都是最近两年才开设的。大多市民饲养宠物除了一些基本的开销外，会不惜金钱让宠物享受各种服务。但各类宠物店之间普遍没有合作，我们这个项目就是把这些店联系起来，让顾客能更方便地照顾宠物。除此之外，我们会在宠物去世后，提供针对宠物的化妆服务，提供专供宠物的墓园或者骨灰堂，实现“宠物一条龙服务”。

（三）项目背景

“现在生活条件优越了，养宠物就像花钱去健身一样，能得到精神上的慰藉，花点儿钱是值得的”——这是许多人的心声。的确，宠物的地位空前提高，许多人每个月会花费相当的金钱在宠物身上。同时，现在人们的工作压力比较大，宠物可以带给人们一定的慰藉，甚至有人把宠物看作自己的孩子。可见，宠物经济在未来的前景非常广阔。另外，现在市面上没有“宠物一条龙服务”，尤其是当一些场合不让宠物入内或由于工作或者出差无法自己照顾宠物时，就需要宠物寄养。在宠物去世后，如何让宠物像人一样安然离去也是一个未解决的问题。“宠物一条龙服务”则满足了人们对于宠物的所有基本要求。

（四）项目解决的问题

（1）解决人们无暇照顾宠物，以及解决宠物衣食住行、生老病死等各方面的问题，满足消费者的需求。

（2）通过洽谈，促使市面上的各类宠物店合作，形成一体的宠物爱护中心。通过协调统一、统筹兼顾，能尽量减少人力、物力等资源的浪费和闲置，同时节约成本，并能全面地为宠物、为人进行服务。

（3）提供更多就业岗位，只要爱护动物、有爱心，经过培训就可上岗。

（4）采用新颖的一条龙服务形式，不仅开拓了更大的市场，为宠物们获取了更多权益，也开启了全新的消费形式。

（5）进一步促进市场的繁荣和发展，进一步改变人们的消费观念和生活方式。

（6）为保护动物尽一点绵薄之力。

（7）和国际接轨。一些发达国家对于宠物的服务已较为成熟，如有专门的宠物餐厅、宠物游乐场等，我们也应及时和国际接轨。

（五）项目内容

1. 经营内容

帮助有宠物的家庭更高效、更优质地照顾宠物，提供各种服务，从衣食住行到生老病死。

2. 主要项目

（1）提供日间看护。可以随时通过互联网看到宠物的一举一动。有专业照看人员，专门的食粮、玩具、清洁用品等。提供宠物技能培训的专业人员。

（2）提供宠物美容。宠物美容包括刷理、梳理、耳/眼部的清理、修剪趾甲、洗澡、烘干和修剪。消费者可根据经济情况，有选择地给宠物做相应的项目。

（3）宠物商店。提供给宠物各种玩具、衣服等。

（4）宠物医院。对于生病的宠物进行及时的照料；为宠物接种疫苗、接生等。

（5）殡仪美容。对于不幸去世的宠物会有专业的葬仪师为其美容入殓。

（6）提供专门的宠物墓园或者骨灰堂。为宠物提供一个最终安息的场所，满足主人的思念之情。

（7）免费提供宠物饲养建议，并且进行一对一指导。

（8）提供上门服务。只需一通电话或者微信留言，12 小时内即可上门服务。

（六）发展原则

（1）真实原则：对消费者不欺不瞒，对宠物友善平等。

（2）互利原则：在真诚的基础上，做到主顾双方平等互惠。

（3）科学原则：保证为顾客（宠物）所提供的服务科学可靠；真正做到切实可用。

（4）守信、准时原则：不辜负顾客的信任，对于顾客的任何疑问都会细心讲解。

（5）尽职尽责原则：用最大的责任心努力满足顾客的需求。

（6）创新原则：对于如何更好地经营、管理“宠物一条龙服务”项目，我们会汲取各种有创意的新方法，并且尽力付诸实践。

（七）面向群体

有宠物且很难有充足的时间、精力照顾好宠物的家庭。对于真心喜爱和支持“宠物一条龙服务”的群体，我们会主动联系并给予一定的优惠；对于觉得“宠物一条龙服务”是浪费资源的顾客，我们会上门讲解，并且提供前期免费服务，让其慢慢接受。

（八）市场分析

（1）因为市场至今还没有这方面的一条龙服务，所以在市场竞争上，我们处于一个相对优势的位置。但也正因为如此，市场的打开又将面临一个大的问题，即很多人会觉得这项服务是资源浪费。随着经济水平的提高，这项服务的前景非常广阔。为了使更多人的观念转换，一个创新的、有说服力的广告宣传是必要的。

（2）统筹市面上的各类宠物店，可实现店家和顾客的双赢。

（3）有广大的服务对象。虽然起步可能有些困难，但只要坚持下去、诚信经营，就一定会形成口碑，吸引更多的人群，互利共赢。

（经费来源、收费标准、预想问题等略）

解析：

经营策略可包含：

（1）人力资源：爱动物，有爱心，具有一定照顾宠物的经验和吃苦耐劳的精神，交际能力强、语言组织能力强者优先。在此基础上采取有秩序的管理模式。

（2）宣传方式：开业期间可在资金允许的基础上，发放大量的宣传单，先吸引消费者眼球，再打入家家户户内部做宣传。

（3）融资手段：为了弥补资金上的缺乏，可邀请合作者进行融资。

（4）优惠策略：开业期间可采取五折优惠、免费服务、会员服务等优惠策略。

（5）店面设计：店面设在引人瞩目的地方，店面设计上要新颖独特，体现智慧、有爱的形象。

（6）硬件设备：各种宠物食粮、宠物玩具、宠物美容器具等。

评价：以上 6 点为参考经营策略，如果受测试者回答的内容涉及 6 点参考项，则其创新思维的应用能力很强；如果受测试者回答的内容涉及 3 点或更少参考项，则其创新思维的应用能力一般；如果受测试者回答的内容涉及 2 点或更少参考项，则其创新思维的应用能力较差。

参考文献

[1] 宫承波．创新思维训练教程［M］.2版．北京：中国广播影视出版社，2016.

[2] 吴兴华．创新思维方法与训练［M］．广州：中山大学出版社，2019.

[3] 周欢伟，段丽华．创新创业基础［M］．北京：机械工业出版社，2018.

[4] 莫勇波，张李敏．成功者之剑：创新密码［M］．北京：人民邮电出版社，2015.

[5] 徐建极．产品经理的20堂必修课［M］．北京：人民邮电出版社，2013.

[6] 胡飞雪．创新思维训练与方法（升级版）［M］．北京：机械工业出版社，2019.

[7] 田新蕊，王海英．创新能力实用教程［M］．北京：石油工业出版社，2009.

[8] 徐林.20几岁，思路决定出路［M］．北京：中国纺织出版社，2017.

[9] 赵俊亚，李明．大学生创新创业教育［M］．北京：清华大学出版社，2019.

[10] 李尚之，汤超颖．创新思维的训练手册：脑体操［M］．北京：清华大学出版社，2017.

[11] 周苏，王硕苹．创新思维与方法［M］．北京：中国铁道出版社，2016.

[12] 蒋祖星．创新思维导论［M］．北京：机械工业出版社，2019.

[13] 赵洁，石磊，丁丽娜．创新思维与TRIZ创新方法［M］．北京：人民邮电出版社，2018.

[14] 李剑锋，张淑卿，赵玉红．大学生创新思维与案例分析［M］．北京：光明日报出版社，2017.
[15] 赵炎．创新简史：打开人类进步的黑匣子［M］．北京：清华大学出版社，2019.
[16] 袁蕴洁．大学生创新创业指导［M］．上海：上海交通大学出版社，2017.

图书在版编目（CIP）数据

创新思维训练／孔婷婷主编．--北京：中国人民大学出版社，2021.1
21世纪高职高专规划教材．公共课系列
ISBN 978-7-300-28601-3

Ⅰ.①创… Ⅱ.①孔… Ⅲ.①创造性思维-思维训练-高等职业教育-教材 Ⅳ.①B804.4

中国版本图书馆CIP数据核字（2020）第182460号

21世纪高职高专规划教材·公共课系列
创新思维训练
主　编　孔婷婷
副主编　刘培培　卢　猛
Chuangxin Siwei Xunlian

出版发行	中国人民大学出版社		
社　　址	北京中关村大街31号	**邮政编码**	100080
电　　话	010－62511242（总编室）		010－62511770（质管部）
	010－82501766（邮购部）		010－62514148（门市部）
	010－62515195（发行公司）		010－62515275（盗版举报）
网　　址	http://www.crup.com.cn		
经　　销	新华书店		
印　　刷	北京密兴印刷有限公司		
规　　格	185 mm×260 mm　16开本	**版　　次**	2021年1月第1版
印　　张	12.5插页1	**印　　次**	2023年3月第5次印刷
字　　数	278 000	**定　　价**	33.80元

信息反馈表

尊敬的老师:

您好！为了更好地为您的教学、科研服务，我们希望通过这张反馈表来获取您更多的建议和意见，以进一步完善我们的工作。

请您填好下表后以电子邮件、信件或传真的形式反馈给我们，十分感谢！

一、您使用的我社教材情况

您使用的我社教材名称			
您所讲授的课程		学生人数	
您希望获得哪些相关教学资源			
您对本书有哪些建议			

二、您目前使用的教材及计划编写的教材

您目前使用的教材	书名	作者	出版社
您计划编写的教材	书名	预计交稿时间	本校开课学生数量

三、请留下您的联系方式，以便我们为您赠送样书（限1本）

您的通信地址			
您的姓名		联系电话	
电子邮箱（必填）			

我们的联系方式:

地　址：苏州工业园区仁爱路158号中国人民大学苏州校区修远楼

电　话：0512-68839320　　传　真：0512-68839316

网　址：www.crup.com.cn　　邮　编：215123